21世纪大学电子信息类专业规划教材

数据采集与处理技术

（第3版）

下册

马明建 编著

内容提要

本书为下册——基础篇的知识扩展。本书共分6章，主要内容包括：数据的串行端口采集、基于USB-CAN总线模块的数据采集、全球定位系统(GPS)数据采集、数据采集系统的抗干扰技术、数据采集系统设计、数据采集系统实例。

本书概念清晰、文字流畅、图文并茂、便于自学。书中附有大量工程应用实例和程序，其中大部分系作者近年来科研工作的经验总结，具有内容新颖、实用和工程性强的特色，其目的是希望帮助读者在实际应用中能正确、合理地设计数据采集系统。

本书可作为高等院校机电一体化、智能化仪器仪表、计算机应用、自动控制、机械设计制造及其自动化、农业机械化与自动化等专业本科生、研究生的教材，也可作为从事相关专业的工程技术人员的参考书。

图书在版编目(CIP)数据

数据采集与处理技术 下册/马明建编著. —3版
—西安：西安交通大学出版社，2012.7(2017.1重印)
ISBN 978-7-5605-4440-3

Ⅰ.①数… Ⅱ.①马… Ⅲ.①数据采集②数据处理 Ⅳ.①TP274

中国版本图书馆CIP数据核字(2012)第142916号

书　　名 数据采集与处理技术(第3版)下册
编　　著 马明建
责任编辑 屈晓燕　贺峰涛　田华

出版发行 西安交通大学出版社
(西安市兴庆南路10号　邮政编码710049)
网　　址 http://www.xjtupress.com
电　　话 (029)82668357　82667874(发行中心)
(029)82668315(总编办)
传　　真 (029)82668280
印　　刷 虎彩印艺股份有限公司

开　　本 787 mm×1092 mm　1/16　**印张** 16.625　**字数** 395千字
版次印次 2012年7月第1版　2017年1月第3次印刷
书　　号 ISBN 978-7-5605-4440-3
定　　价 26.00元

读者购书、书店添货或发现印装质量问题，请与本社发行中心联系、调换。
订购热线：(029)82665248　(029)82665249
投稿热线：(029)82668254
读者信箱：eibooks@163.com

第3版说明

本书自2005年再版以来，Windows XP操作系统在PC计算机上大量采用、USB接口和CAN总线技术在数据采集中得到应用，以及全球定位系统(GPS)在各行业得到了应用。为了满足本科生、研究生教学和工程技术人员参考，并使本书内容反映相关技术更新带来的数据采集技术变化，本书第3版在以下方面进行增补：

第1章增加数据采集的发展历史和应用的内容。

第2章增加采样定理二(带通信号采样定理)、采样定理三(重采样定理)，详细推导了量化信噪比公式。

第8章增加Windows XP数据采集板卡编程内容，主要讲述用户态(Ring3)取得Debug权限的数据采集板块编程，并辅以Delphi 6.0数据采集程序实例作说明。

此外，本书第3版新增加两章内容，第12章讲述基于USB-CAN总线模块的数据采集，并辅以一个工程实例作说明。第13章讲述全球定位系统(GPS)数据采集，并辅以一个工程实例作说明。

通过以上章节内容的充实，进一步增强本书的数据采集理论知识、Windows XP数据采集方法和工程应用知识、基于USB-CAN总线模块的数据采集方法和工程应用知识、全球定位系统(GPS)数据采集方法和工程应用知识，从而提高本书的参考价值。

由于增加了以上章节内容，使得本书第3版的页数大幅增加。为了便于本科生教学与研究生教学，以及工程技术人员参考使用，本书第3版分为上、下册出版。

为了便于教学，本书赠送48学时的多媒体课件、部分习题与思考题点评，有需要的教师可以和出版社联系，也可以通过E-mail:mmj@sdut.edu.cn与作者联系。

作者

2011年12月

再版说明

本书于1998年9月首次出版，时至今日，全国已有许多高等院校采用本书用于本科生和研究生教育，在传授数据采集与处理技术知识方面发挥了一定的积极作用。

由于本书第1版写作于1995年11月，止笔于1997年2月，因此，书中的部分内容和工程实例深深地打上了20世纪90年代中前期技术的烙印。

自1998年以来，时光已过去了7年。7年的时间在历史的长河中微乎其微，但是这几年信息技术领域的科学技术有了很大的发展，出现了许多新技术、新方法，间接或直接地引发数据采集技术出现了一些变化。为了能紧跟信息技术发展的步伐，充分展现数据采集技术的变化，使本书保持较强的生命力，作者在1998年版的基础上，对书中的内容"吐故纳新"，将陈旧过时的内容去掉，增加一些紧跟技术发展方面的内容，希望能对读者提供有力的帮助。

作者

2005年3月

前言

回顾20世纪科学技术的发展，对人类的经济建设和生活最具有影响力的莫过于计算机的发明。特别是自70年代初以来，微处理器的问世促使微型计算机技术迅速发展和应用，在世界范围内引起了一场新的技术革命，并推动人类社会进入到信息时代。作为微型计算机应用技术的一个重要分支——数据采集与处理技术，集传感器、信号采集与转换、计算机等技术于一体，是获取信息的重要工具和手段，随着微型计算机的应用与普及，它在科学研究、生产过程等领域中发挥着越来越重要的作用。在科学研究中应用数据采集与处理技术，将提高人们对各种瞬态现象进行研究的能力；在生产过程中应用数据采集与处理技术，将能迅速地对各种工艺参数进行采集，为计算机控制提供必需的信息，从而实现生产过程的自动控制。因此，数据采集与处理技术是机电一体化、智能化仪器仪表、自动控制、计算机应用、机械设计制造及其自动化、农业机械化与自动化等专业的学生和相关专业的工程技术人员必备的专业知识。

本书主要讲述数据采集与处理中的基本理论、基本概念，数据采集器件的工作原理、性能和使用，系统的误差分配及估算，数据采集系统硬件和软件的设计方法。目的是希望帮助读者在实际应用中能正确、合理地设计数据采集系统。

本书有三个主要特点：

1. 系统性。本书对数据采集与处理系统从整体上进行论述，既讲述数据采集与处理中的基本理论、概念，又讲述工程上的应用；既涉及硬件设计的知识，又涉及软件设计的知识。

2. 实用性。本书写作的指导思想是以实用为前提，将理论与应用紧密地结合起来；在语言描述上力求简明扼要、通俗易懂；在内容组织上注意知识的完整性、突出重点，并提供了大量的插图和图表，以使读者易于理解和掌握，便于自学。另外，书中还附有大量的应用实例和程序，其中大部分系作者多年来科研工作的经验总结，并在实际工作得到应用和验证，可供读者在开发数据采集系统时参考引用，相信对读者会有很大的帮助。

3. 要点清晰。本书对数据采集与处理中的基本概念、原则和注意事项，均外加框线，其格式如下(以“量化”的概念为例)：

> **量化**就是把采样信号的幅值与某个最小数量单位的一系列整倍数比较，以最接近于采样信号幅值的最小数量单位倍数来代替该幅值。这一过程称为“量化过程”，简称“量化”。

以突出基本概念、原则，并提醒读者在应用中应该注意的事项。

本书强调基本理论、基本概念，突出软件与硬件结合，着重介绍设计方法，加强实际应用。在写作过程中注意将国内外的新技术、新原理和新方法融会进本书。

本书分为上、下册，共有16章。

本书上册为基础篇，包含10章，各章节内容简要如下。

第1章主要讲述数据采集的发展历史和应用、数据采集的意义和任务、数据采集系统的基本功能和结构形式、数据采集软件的功能，还讲述数据处理的类型和任务。

第 2 章重点讲述模拟信号数字化处理中的基本理论、方法，包括采样过程、采样定理、量化与量化误差、编码，还讨论几种采样技术的应用、频率混淆的原因及消除频率混淆的措施。

第 3 章讲述模拟多路开关的工作原理和主要技术指标，常用集成多路开关芯片、多路开关的电路特性和多路开关的使用。

第 4 章讲述测量放大器的电路原理、主要技术指标，集成芯片和测量放大器的使用，还讲述隔离放大器的结构和应用。

第 5 章讲述采样/保持器的工作原理、类型、主要性能参数和集成芯片，还讨论系统采集速率与采样/保持器的关系，以及采样/保持器使用中应注意的问题。

第 6、7 章讲述 A/D 和 D/A 转换器的分类、主要技术指标、工作原理。在详细讲述几种 8 位、12 位 A/D 和 D/A 转换器的基础上，给出 A/D 和 D/A 转换器与单片机、PC 机的硬件接口电路及调试方法和步骤，并讲述在实际工作中如何选用 A/D 转换器芯片的方法。

第 8 章讲述两种商品化的数据采集接口板卡的结构、主要技术参数、使用与程序编写方法，Windows 98 数据采集板卡编程，还讲述 Windows XP 数据采集板卡编程，给出 Delphi 6.0 编程实例，实例程序无需驱动程序支持，可在 Ring3 用户态直接对数据采集板卡(I/O 端口)操作，实现模拟信号数据采集。

第 9 章讲述与数字信号采集相关的 8255A 芯片及板卡，还讲述 BCD 码并行数字信号的采集、车速脉冲信号的采集计数。

第 10 章讲述采样数据由无工程单位数字量变换为有工程单位数字量时的标度变换，还讲述采样数据的数字滤波、采样数据中奇异项的剔除及采样数据的平滑处理。

本书下册为扩展篇，包含 6 章，各章节内容简要如下：

第 11 章讲述串行端口的数据采集，在讲述串行数字信号的基本概念和通信标准的基础上，着重讨论 PC 机与单片机的通信技术，给出具体的设计实例、通信接口电路、通信程序框图、通信程序等。也讲述 Visual Basic 的 MSComm 控件基本知识和在串口数据采集中的应用。鉴于数据采集系统向分布式、集散化方向发展，本书还讲述 RS－485 总线模块、EDA9033E 电参数采集模块的硬件、使用及编程方法。

第 12 章讲述 USB 和 CAN 总线的基本情况，并讲述基于 USB-CAN 总线模块的数据采集方法，辅以一个工程实例作说明，以便读者理解和掌握。

第 13 章讲述全球定位系统(GPS)数据采集，讲述 GPS 的组成、WGS 84 与 2000 中国大地坐标系、WGS 84 大地坐标系转换为高斯-克吕格坐标系的方法、NMEA 0183 协议、GR－213U 接收机、SPComm 串口通信控件简介和安装方法，并辅以一个完整 Delphi 6.0 程序对 GPS 数据采集做说明，以便读者理解和掌握，同时此程序也可供读者在开发 GPS 数据采集系统时参考。

第 14 章讲述数据采集系统常见的干扰，并讨论抑制干扰的措施，还讨论在编程中容易忽视的软件干扰问题及软件抗干扰措施。

第 15 章讲述数据采集系统的设计原则、设计步骤、系统 A/D 通道的确定及微型计算机的选择，讲述系统误差的分配及估算。

第 16 章讲述 7 个数据采集系统实例。

书中提供的所有程序分别在 Quick BASIC 4.5、Visual Basic 6.0、Delphi 5.0/6.0、C＋＋ Builder 6.0 和 MASM 5.0 宏汇编下调试通过，可直接为读者所采用。

本书主要是根据作者多年来教学、科研工作经验的积累而写的，同时参考了有关文献，作者在此向收录于本书的国内外参考文献的作者表示诚挚的谢意。

由于作者学识水平有限，疏漏之处在所难免，敬请广大读者批评指正。

作者

2011年12月

目　录

第11章 数据的串行端口采集

在过程控制等工业现场，一般各个生产参数监测点分布较广、相距计算机较远，且外界干扰较强，在这种情况下采用A/D板卡来采集数据，如果模拟信号的传送线路太长，分布参数和干扰的影响容易引起模拟信号的衰减，从而直接影响A/D转换的精度。

采用串行端口采集数据，即在各个生产参数监测点分别设置数据采集模块，使得模拟信号的传送线路不长，降低分布参数以及干扰的影响，保证A/D转换的精度。由采集模块采集模拟信号并转换成数字信号，然后通过串行通信线、串行端口(RS-232)传送到计算机，将较好地解决板卡采集数据存在的问题。

11.1 数字信号的异步串行传送

在讨论串行端口数据采集之前，首先介绍与之有关的知识。

11.1.1 数据异步串行传送的概念

1. 数据传送的基本方式

在数据采集系统中，微型计算机与传感器、仪器之间的数据传送方式有两种。

①并行数据传送，即数据各位同时传送。

②串行数据传送，即数据一位一位按顺序传送。

图11-1所示是这两种数据传送方式的示意图。从图11-1可以看到，在并行数据传送中，数据有多少位就需要多少条传送线；串行数据传送只需要一对传送线，故串行数据传送能节省传送线，特别是当数据位数很多和远距离数据传送时，这一优点更加突出。串行数据传送的主要缺点是传送速度比并行数据传送要慢。

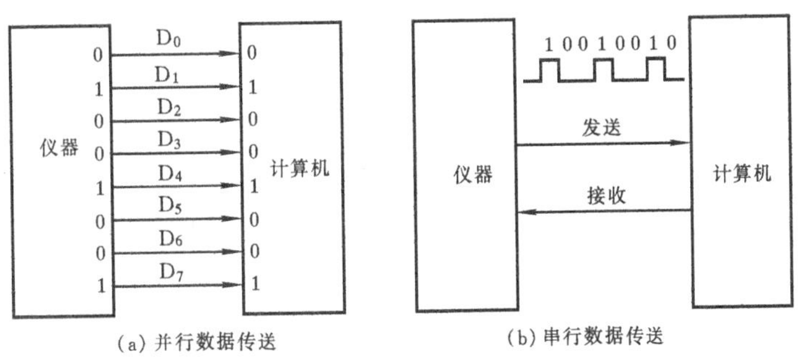

(a) 并行数据传送　　(b) 串行数据传送

图11-1 数据传送方式

所谓“异步”是指相邻两个数据之间的停顿时间长短不一样，尽管同一数据内各位的定时和顺序是非常严格的。因此，数据异步串行传送，是将数据中的每一字节的各数据位按时间先后逐位传送。为了能正确地传送数据,需要了解数据串行传送的格式。

2. 数据串行传送的格式

目前,数据的串行传送多数是采用异步方式(或称非同步方式),这种方式不要求在数据发送端与接收端利用公共的时钟脉冲,故不必像同步方式将时钟信号随数据一起传送。

在数据异步串行传送过程中,为了让接收端识别一个数据的起始及结束,在数据的前后分别设置起始及停止位,数据异步串行传送的格式如图 11-2 所示。由图可知,1 帧数据是由以下 4 个部分按顺序组成的。

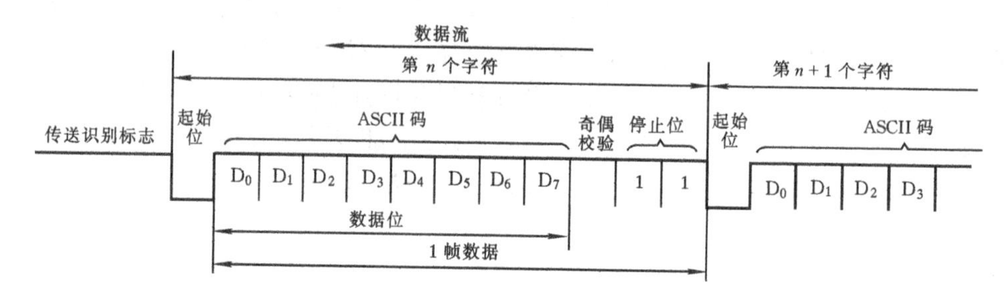

图 11-2 数据异步串行传送的格式

(1) 起始位

当通信线上没有数据传送时,线路处于逻辑“1”状态。当仪器要发送一个字符数据时,首先发出一个逻辑“0”信号,这个逻辑低电平就是起始位。起始位的位数是 1 位。起始位通过通信线传向计算机,当计算机检测到这个逻辑低电平后,就开始准备接收数据位信号。因此,起始位所起的作用就是表示数据传送开始。

(2) 数据位

当计算机接收到起始位后,紧接着就会收到数据位。数据位的位数可以是 5、6、7 或 8 位的数据。在字符数据传送过程中,数据位从最小有效位(最低位)开始传送。

(3) 奇偶校验位

数据位发送完之后,可以发送奇偶校验位。奇偶校验位用于有限差错检测,通信双方在通信时须约定一致的奇偶校验方式。就数据传送而言,奇偶校验位是冗余位,但它表示数据的一种性质,这种性质用于检错,虽有限但很容易实现。奇偶校验位可有可无,可奇可偶。

(4) 停止位

在奇偶位或数据位(当无奇偶校验位时)之后发送的是停止位。可以是 1 位、1.5 位或 2 位。停止位是一个字符数据的结束标志。

按规定,起始位为“0”电平,停止位为“1”电平。若不需在数据传送过程中作校验,则奇偶校验位也可用来表达数据。一帧数据的结束和下一帧数据的开始可以紧接相连,也允许有一段空闲时间,在此期间通信线路总是处于逻辑“1”状态(高电平)。例如 ASCII 字符“5”的串行传送格式如图 11-3 所示。

3. 波特率和接收/发送时钟

(1) 波特率

通信线上的字符数据是按位传送的,每一位的宽度(即位信号持续时间)由数据传送速率确定,数据传送速率用波特率(Baud Rate)来表示。波特率是这样规定的:单位时间内传送的

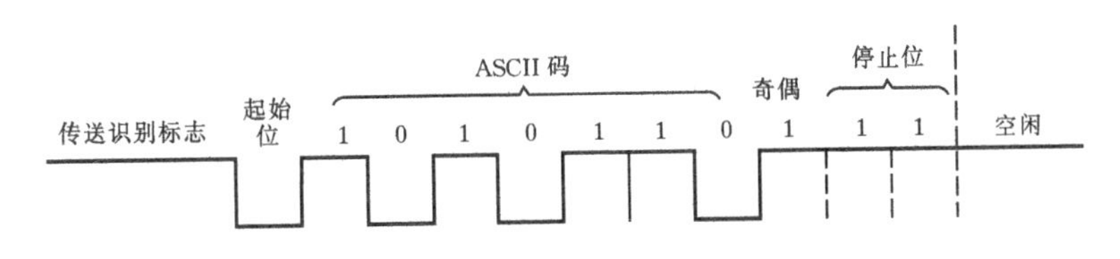

图 11 - 3　ASCII 字符“5”的串行传送格式

数据位数，即

1 波特 = 1bit/s

例如，仪器最快传送速率为 10 字符/s，每个字符 11bit，则波特率为：

11bit/字符 × 10 字符/s = 110bit/s = 110 波特

位时间(每位宽度) t_d 等于波特率的倒数：

$$t_d = \frac{1}{110\text{ 波特}} \approx 0.0091\text{ s} = 9.1\text{ ms}$$

标准的数据传送速率为 75、110、250、300、600、1200、2400、4800、9600 及 19200 波特。

串行信号的表达形式，一般采用 ASCII 字符码，每个字符码由 7～8 个数据位组成，在传送过程中还需另加表示数据起始及结束的标志位，故每一个字符码实际上由 11～12 位组成。若以每秒传送多少个字符码来衡量，则其典型传送率为 8～2000 字符码/s。

在数据异步串行传送中，计算机(接收端)与仪器(发送端)保持相同的传送波特率，并以每个字符数据的起始位与仪器保持同步。起始位、数据位、奇偶位和停止位的约定，在同一次传送过程中必须保持一致，这样才能成功地传送数据。

(2) 接收/发送时钟

二进制数据序列在串行传送过程中，以数字信号波形的形式出现。不论接收还是发送，都必须有时钟信号对传送的数据进行定位。接收/发送时钟就是用来控制通信设备接收/发送字符数据速度的，该时钟信号通常由外部时钟电路产生。

在发送数据时，发送设备在发送时钟的下降沿将移位寄存器的数据串行移位输出；在接收数据时，接收设备在接收时钟的上升沿对需接收数据采样，进行数据位检测，如图 11 - 4 和图 11 - 5 所示。

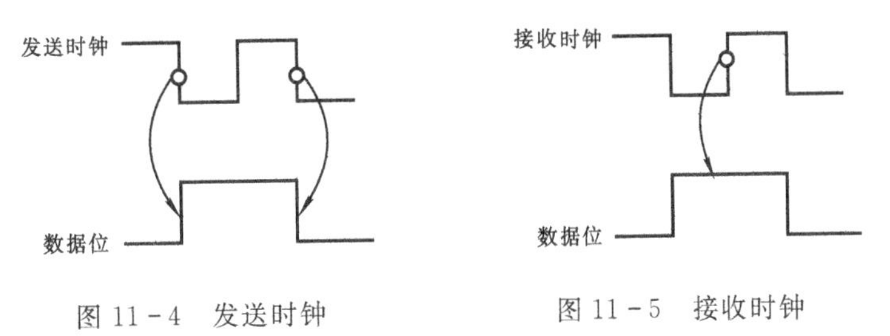

图 11 - 4　发送时钟　　　图 11 - 5　接收时钟

接收/发送时钟频率与波特率有如下关系：

$$\text{收/发时钟频率} = n \times \text{收/发波特率}$$

或

$$\text{收/发波特率} = \text{收/发时钟频率} \div n \qquad n = 1、16、64$$

在异步传送方式中，n = 1、16、64，即可以选择收/发时钟频率是波特率的 1、16 或 64 倍。因此，可由要求的传送波特率及所选择的倍数 n 来确定收/发时钟频率。

例如,若要求数据传送的波特率为300波特,则

$$收/发时钟频率=300\ \mathrm{Hz} \quad (n=1)$$
$$收/发时钟频率=4800\ \mathrm{Hz} \quad (n=16)$$
$$收/发时钟频率=19.2\ \mathrm{kHz} \quad (n=64)$$

收/发时钟的周期 T_C 与传送的数据位宽度 t_d 之间的关系是

$$T_C=\frac{t_d}{n} \quad (n=1、16、64)$$

收/发时钟频率对于收/发双方之间的数据传输达到同步是至关重要的,下面通过对串行数据采样的讨论来说明。

(3) 串行数据的采样

在串行数据的接收端,采样时刻必须同发送端数据每位的输出取得一致。但在异步传送系统中,发送端和接收端各有自己的时钟,其周期可能稍有差别。为获得可靠的采样,应尽量使每次的采样正好发生在数据各位的中央,其方法是把接收端的初始采样频率设为波特率的 n 倍(一般为16或64),以便较精确地测得起始位及确保以后各位的采样时刻正好处于数据各位的中央附近。

接收端的采样过程如下。

① 起始位检测　接收端以 n 倍波特率对传输线进行快速采样,当首次测到"0"电平,就认为起始位开始,并继续采样($\frac{n}{2}-1$)次均为"0"电平时,则确定它为起始位(不是干扰信号)。通过这种方法,不仅能够排除接收数据线上的噪声干扰,识别假起始位,而且能够相当精确地确定起始位的中间点,从而提供一个准确的时间基准,且最后一次采样正处于起始位的中间点。若在($\frac{n}{2}-1$)次采样期间只要出现一次非"0"情况,即被视为噪声干扰,并自动返回初始时的采样状态,重新做起始检测。

② 数据位采样　从起始位中央起,每隔 nT_C 时间(一个数据位时间)对数据传输线采样一次,共采样 m 次(m 为数据位数,包括奇偶位),使每次的采样基本上均处于每个数据位的中央。

③ 停止位检测　当完成对数据最后一位采样后,仍以原间隔时间检测停止位。若测到的两个停止位均为"1"电平,则认为被接收到的停止位合格。紧跟着又做快速采样,以寻找下一个数据的起始位,返回到步骤①。若发现测到的停止位不符合要求,则发出错信号,表示发送与接收之间的同步有较大误差,须重新做同步调整。

串行信号的采样过程如图11-6所示。

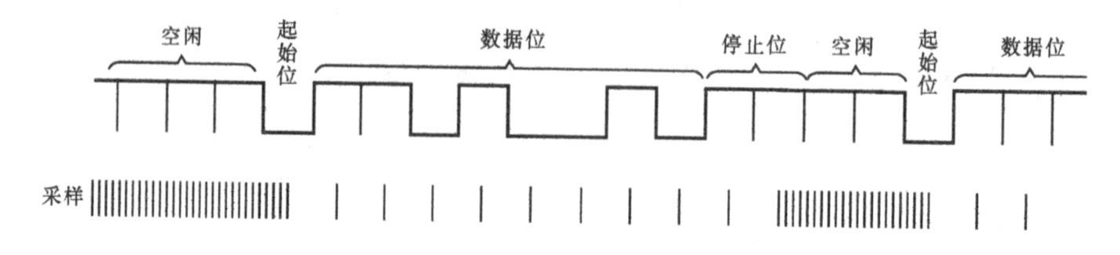

图11-6　串行数据的采样过程

由以上的讨论可以知道,收/发时钟频率对于收/发双方之间的数据传输达到同步是至关重要的。

4. 单工、半双工、全双工通信方式

数据串行通信时，要把数据从一个地方传送到另一个地方，必须使用通信线路。数据在通信线路两端的工作站之间传送。按照通信方式，可将数据传输线路分成以下三种。

(1) 单工方式

在单工方式下，通信线路的一端连接发送设备，另一端连接接收设备，它们形成单向传送，即只允许数据按照一个固定的方向传送。如图 11－7 所示，数据只能由 A 站传送到 B 站，而不能由 B 站传送到 A 站。

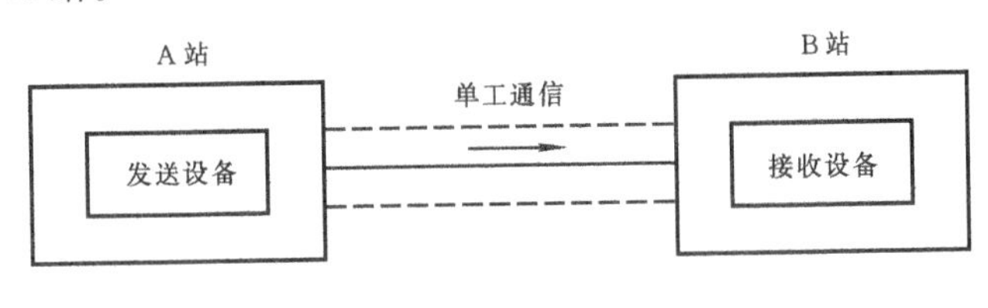

图 11－7　单工方式

(2) 半双工方式

在半双工方式下，通信线路仍然是一端连接发送设备，另一端连接接收设备，但两端都是通过收发开关接到通信线路上，如图 11－8 所示。在这种方式中，数据能从 A 站传送到 B 站，也能从 B 站传送到 A 站，但是不能同时在两个方向上传送，即每次只能一个站发送，另一个站接收。

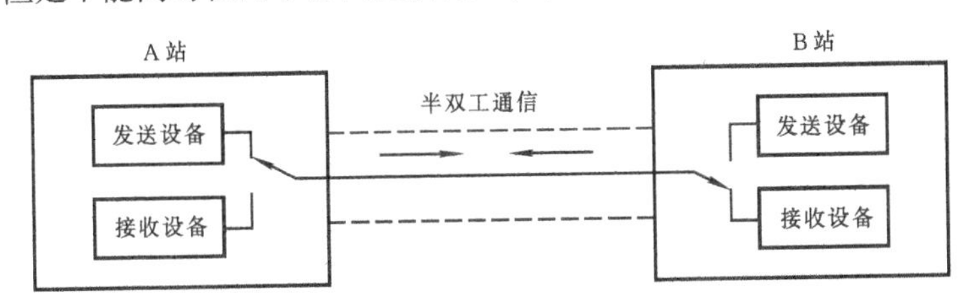

图 11－8　半双工方式

图 11－8 中的收发开关并不是实际的物理开关，而是由软件控制的电子开关，通信线两端通过半双工通信协议进行功能切换。

虽然半双工方式比单工方式灵活，但它的效率依然很低。从发送方式切换到接收方式所需的时间一般大约为数毫秒，这么长的时间延迟在对时间较敏感的交互式应用(例如远程检测监视和控制系统)中是无法忍受的。重复线路切换所引起的延迟积累，正是半双工通信协议效率不高的主要原因。半双工通信的这种缺点是可以克服的，方法很简单，即采用信道划分技术。

(3) 全双工方式

在全双工方式中，通信线路的每一端都有发送设备和接收设备，如图 11－9 所示。通信线路两端可同时发送和接收，数据可同时在两个方向上传送。

有一点需要注意，尽管许多串行通信接口电路具有全双工通信能力，但在实际使用中，大多数情况下只工作于半双工方式，即两个工作站通常并不同时收发。这种用法并无害处，虽然没有充分发挥效率，但简单实用。

由于数据串行传送具有以上特点，因此在一般数据采集系统中，微机与远距离传感器之间数据的传送宜采用全双工方式；集散型数据采集系统中的上、下位微机之间的数据传送也采用

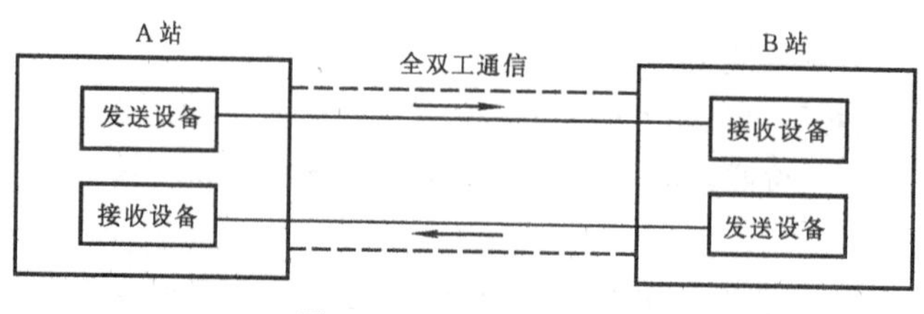

图11-9　全双工方式

全双工方式。

11.1.2　数据串行通信协议基本模型

在分布式、集散式数据采集系统中,主机与从机(或上位机与下位机)连接组成网络时,必须遵循相关标准。用于信息技术的数据通信标准为ISO7498标准的OSI(Open System Interconnection,开放系统互连)模型物理层的协议标准,该标准是为计算机相互连网通信而制定的严格的分层模型,将通信任务划分为七层,如图11-10所示。

每层的标准任务及控制网络要求见表11-1。

应用层
表示层
会话层
传送层
网络层
数据链路层
物理层

图11-10　OSI模型物理层

表11-1　OSI模型物理层各层的标准任务及控制网络

OSI层	标准任务	控制网络要求
物理	物理接口定义 收发器接口	介质收发器
数据链路	介质访问方案 纠错、成帧	介质访问,冲突避免/控制,成帧,数据编码,循环冗余检测,错误检测
网络	路由器选择,逻辑寻址,非MAC接口	寻址,单点式,多点式,广播式,路由器
传送	数据传输 端对端通信	端对端确认,重复测控,自动重试
会话	同步,对话结构	身份认证,网络管理
表示	数据压缩 用户数据转换	连网结构,数据释疑
应用	用户语义,文件传输	标准化的连网结构、数据对象

11.1.3　数据串行通信接口标准

数据串行传送除了要有软件的支持外,还必须依靠必要的接口硬件来实现。不同的微机采用的接口硬件是不一样的,例如,8031单片机用片内的$P_{3.0}$和$P_{3.1}$引脚实现数据串行传送,而PC机内采用8250芯片,向机外提供两个支持国际上通用的RS-232C标准的串行接口实现数据串行传送。但是,不管接口硬件如何不同,数据串行传送是遵照RS-232C标准的规定进行的。为了能顺利地传送串行数据,有必要了解RS-232C标准。

1. RS－232C 标准

RS－232C 标准是由美国电子工程学会推荐的一种串行通信标准，也称 EIA 标准。遵照此标准的接口称为 RS－232C 串行接口。RS－232C 串行接口是一个 25 针插头(座)，其针脚定义如表 11－2 所示。其中 2、3、4、5、6、7、8、20、22 针脚用于异步串行通信，第二通道的有关针脚用于同步串行通信。

表 11－2 RS－232C 标准信号

针脚	符号	功　　能	针脚	符号	功　　能
1		保护地	14		第二通道发送数据
2	TXD	发送数据	15		传输信号单元定时
3	RXD	接收数据	16		第二通道接收数据
4	RTS	请求发送	17		接收信号单元定时
5	CTS	清除发送	18		未分配
6	DSR	数据准备好	19		第二通道请求发送
7	GND	信号地	20	DTR	数据终端准备就绪
8	DCD	接收线路信号检测	21		信号质量检测
9		接收线路建立测试	22	RI	音响指示
10		接收线路建立测试	23	DSRD	数据信号速率选择
11		未分配	24		发送信号单元定时
12		第二通道接收线信号检测	25		未分配
13		第二通道清除发送			

RS－232C 标准规定信号的电平为：－12V 表示“1”；＋12V 表示“0”。这样的规定使“0”信号与“1”信号的电平差别较大，从而增强了抗干扰的能力。

需要指出的是，目前有许多厂家生产的串行口产品只提供用于异步通信的信号(即 2、3、4、5、6、7、8、20、22 针脚信号)，其余信号均未提供。原因是在很多应用场合并不需要这些信号。此外，在上述针脚信号中，有相当一部分是为了支持调制解调器而定义的，如果串行口不是用于调制解调器，则这部分信号就可以不使用。

表 11－3 为 RS－232C 电气特性表。

表 11－3 RS－232C 电气特性表

性能参数	技术指标
不带负载时驱动器输出电平 V_0	＜25 V(－25 V～＋25 V)
负载电阻 R_L 范围	3 kΩ～7 kΩ
负载电容(包括线间电容)C_L	＜2500 pF
空号(SPACE)或逻辑“0”时	
驱动器输出电平	＋5 V～＋15 V
在负载端	＞＋3 V
传号(MARK)或逻辑“1”时	
驱动器输出电平	－5 V～－15 V
在负载端	＜ －3 V
输出短路电流	＜0.5 A
驱动器转换速率	＜ 30 V/μs
驱动器输出电阻 R_0	＜300 Ω(在断电条件下测量)

由表 11－3 可知，RS－232C 信号线上的总负载电容量不得超过 2500 pF。它采用单端驱动非差分接收电路，若电缆线电容为 150 pF/m(或 125 pF/m)时，则传输线的最大长度不应超过 15 m(或 20 m)。传输线变长时，电容量增大，传输的位速率高时，电容的充放电电流就增加，以致使接收端(负载端)的信号减弱，严重时甚至使信号无法辨认，因此最大传送速率限制在 20 kbit/s(2 万波特)以下。

采用 RS－232C 标准时，其所用的驱动器和接收器(负载侧)分别起 TTL-EIA 和 EIA-TTL 电平转换作用，如图 11－11 所示。由于均采用单端非差分接收电路，故易于引入附加电平：一是来自于干扰，用 e_n 表示；二是由于两者地(A 点和 B 点)电平不同引入的电位差 V_S，如果两者距离较远或分别接至不同的馈电系统，则这种压差可达数伏，从而导致接收器产生错误的数据输出。

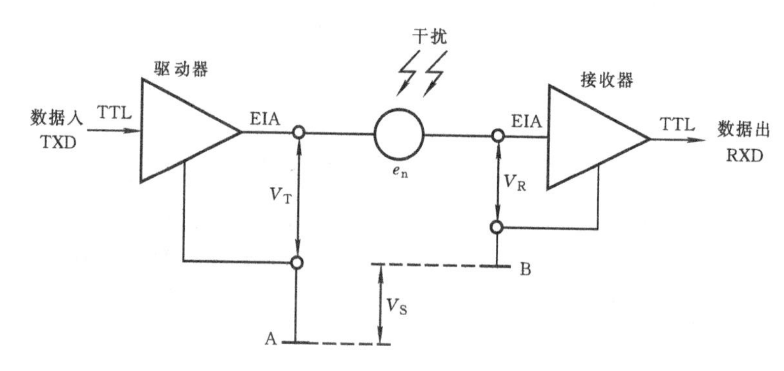

图 11－11　单端驱动非差分接收电路(RS－232)

RS－232C 用于远距离串行通信时，必须使用调制解调器(Modem)，增加了成本。在分布式数据采集控制系统和工业局部网络中，传输距离常介于近距离(<20 m)和远距离(>2 km)之间的情况，这时 RS－232C(25 脚连接器)不能采用，用 Modem 又不经济，因而需要制定新的串行通信接口标准。

2. RS－485 简介

1977 年 EIA 制订了新标准 RS－449，它定义了在 RS－232C 中所没有的 10 个控制信号，规定用 37 脚连接器。RS－449 标准除了保留与 RS－232C 兼容的特点外，还在提高传输速率，增加传输距离及提供平衡电路改进接口的电气特性等方面作了很大努力。与 RS－449 同时推出的还有 RS－422 和 RS－423，它们是 RS－449 标准的子集。

RS－422 标准规定采用平衡驱动差分接收电路，如图 11－12 所示。该电路提高了数据传输速率(最大位速率为 10 Mb/s)，增加了传输距离(最大传输距离 1200 m)。

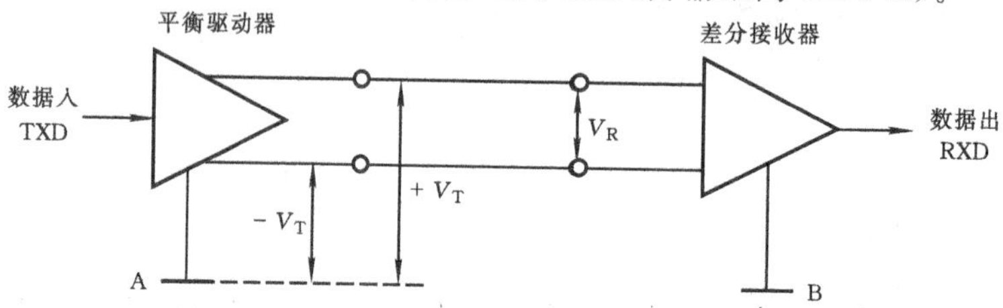

图 11－12　平衡驱动差分接收电路(RS－422)

RS－485 串行接口的电气标准实际上是 RS－422 的变型，它遵循 ISO7498 标准的 OSI 模型物理层的协议标准。RS－485 与 RS－422 不同之处如下。

(1) RS－422 为全双工方式，可同时发送与接收，而 RS－485 一般为半双工方式，即在某一时刻，一端发送，另一端接收，有些情况下也可为全双工方式。

(2) RS－422 采用两对平衡差分信号线，RS－485 只需其中一对。这样，RS－485 在网络多站点互连方面时可节省信号线，便于高速、远距离传送，应用十分方便。其互连方式如图 11－13所示。

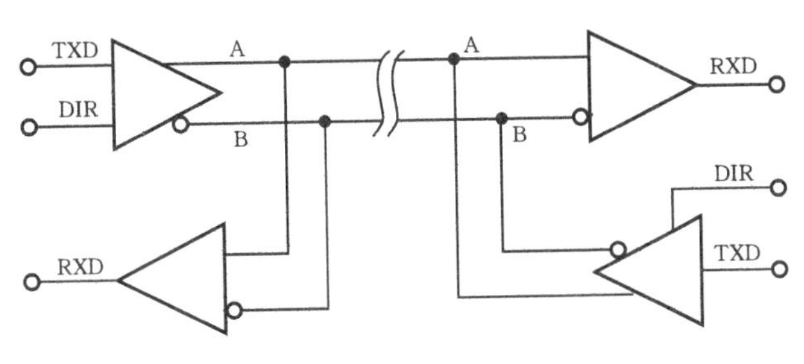

图 11－13　RS－485 互连示意图

(3) RS－485 与 RS－422 的不同还在于其共模输出电压是不同的，RS－485 是－7 V～＋12 V 之间，而 RS－422 在－7 V～＋7 V 之间，RS－485 接收器最小输入阻抗为 12 kΩ，而 RS－422 是 4 kΩ。

RS－485 满足所有 RS－422 的规范，所以 RS－485 的驱动器可以在 RS－422 网络中应用。

从图 11－13 中可知，RS－485 采用的是平衡发送和差分接收方式来实现通信的。在发送端(TXD)驱动器将 TTL 电平信号转换成差分信号 A、B 输出，经传输在接受端(RXD)接收器将差分信号还原成 TTL 信号。两条传输线通常使用双绞线，又是差分传输，因此，有很强的抗共模干扰的能力，同时接收灵敏度也相当高。最大传输速率和最大传输距离也大大提高。如果以 10kbit/s 速率传输数据时，传输距离可达 12 m，而用 100kbit/s 速率传输数据时，传输距离可达 1200 m。如果降低波特率，传输距离还可进一步提高。另外 RS－485 实现了多点互连，最多可达 32 台驱动器和 32 台接收器，非常便于多器件的连接。由于性能优异、结构简单、组网容易，RS－485 总线标准得到了广泛的应用。

11.1.4　PC 机与 8031 多机数据采集系统串行通信

将一台 PC 机与若干台以 8031 单片机为核心的数据采集站组成一个集散型测量系统，是目前微型计算机应用的一大趋势。其具体组成如图 11－14 所示。

1. 通信接口设计

PC 机与 8031 单片机的连接采用零调制三线型，即只需用 RXD、TXD 和地线三线连接 PC 机和 8031 单片机。鉴于 8031 单片机的串行口是一个标准的 TTL 电平接口(即用 3.8V～5V 表示“1”，0V～0.3V 表示“0”)，而 PC 机配置的是 RS－232C 标准(即用－12V 表示“1”，＋12V表示“0”)串行口，二者的电气规范不一致，因此要完成 PC 机与 8031 单片机的数据通信，必须首先解决电平的转换问题。

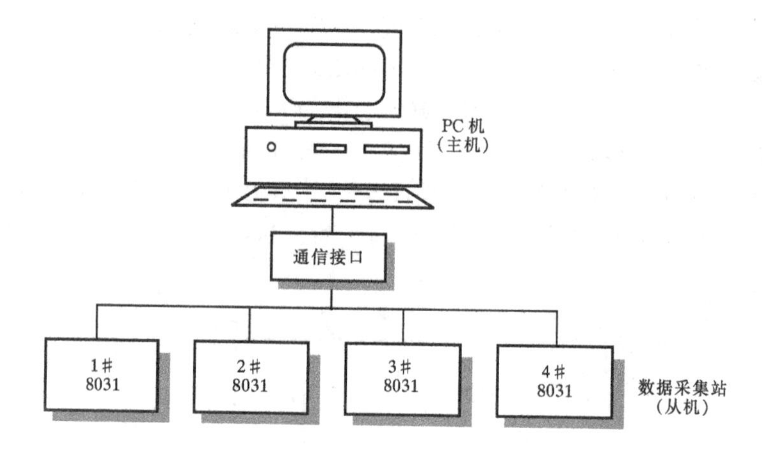

图 11－14　PC 机与单片机构成的多机系统

在某些情况下,可以用 MC1488 发送器和 MC1489 接收器完成电平转换。但必须提供额外的＋12V 和－12 V 电源,这对于不具备 ± 12 V 电源的单片机系统是比较麻烦的。

另外,还可以采用专用 RS－232C—TTL 电平转换集成电路,典型的有 TC232CPE、MX232CPET 等。这些芯片只需 1 个＋5V 电源,外接 4 只 4.7μF 电容,即可产生 ± 12V 电压,输出标准的 RS－232C 接口信号。芯片内含有一个直流变换器、两个发送电平转换器、两个接收转换器,用于单片机绰绰有余,且极为方便可靠,虽然价格略高点,但不失为理想的选择。图 11－15 给出采用 TC232CPE 芯片的 PC 机与一个 8031 单片机的接口原理图。

由图 11－15 可知,一片 TC232CPE 只需单一＋5V 电源供电,即可解决两组信号电平转换。该芯片内部可自动产生 RS－232C 所需的逻辑电平。因此,通过 TC232CPE 芯片就可以使 8031 单片机与 PC 机的 RS－232C 接口直接连接。当 PC 机需要与多个 8031 单片机串行通信时,可参考图 11－16 进行联机。

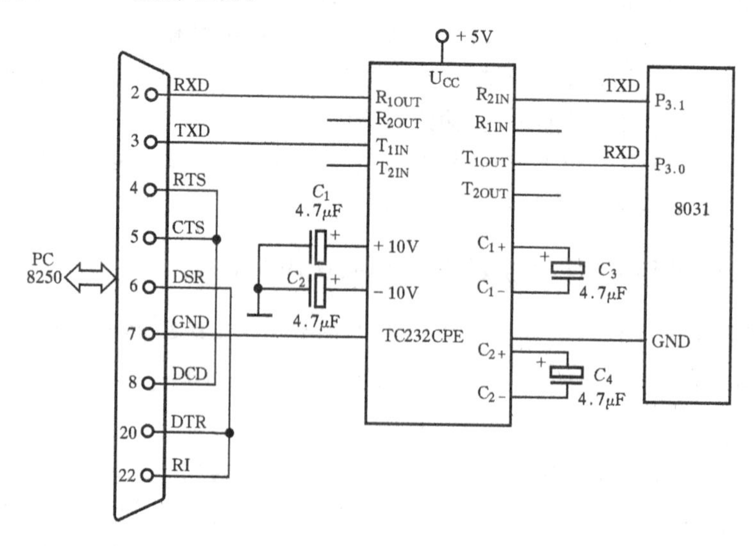

图 11－15　PC 与 8031 单片机串行通信接口原理图

图 11－16 为 1 台 PC 机与 4 个 8031 单片机串行通信的实例。通信采用主从方式,由 PC

机确定与哪个单片机进行通信。为避免互相干扰，4 个单片机的发送线应经二级管隔离后才能并接在 PC 机的接收端(RXD)上。

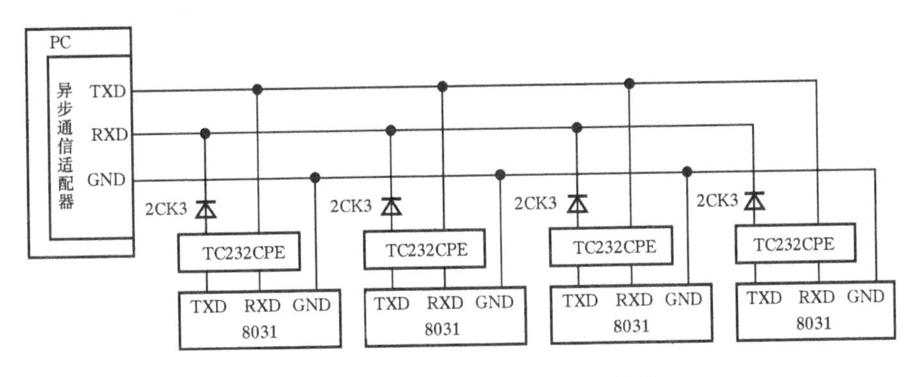

图 11－16　多机数据采集系统组成结构

2. PC 机串行口编程

PC 机的 RS－232C 接口是由通用异步发送/接收器 8250UART 为核心构成的，在 PC 机中基地址分别是 3F8H 和 2F8H。在 PC 机的 BIOS 中提供了专门用于串行通信的中断调用 INT 14H。但由于此中断调用主要是面向调制解调器通信的，用到了握手信号线 RTS、CTS、DSR 和 DTR，所以在与单片机通信时不太方便。因此，这里采用直接访问 8250 芯片的方法，以获得更大的灵活性。

(1) 8250 的内部寄存器

为了能正确地访问 8250 芯片，需要了解 8250 芯片的内部寄存器的情况。

8250 芯片内部共有 10 个可编程的单字节寄存器，用来控制并监视串行口的工作。由于这些寄存器通过与 8250 的 3 个引脚 $A_2 \sim A_0$ 相连的地址线编址，最多只能给出 8 个地址，所以只能直接访问 8 个寄存器，有 2 个口地址分别由 2 个寄存器共用。8250 规定访问这 8 个寄存器时，必须先将 3FBH 的第 7 位置“1”或置“0”。

表 11－4 给出了这 10 个寄存器的端口地址、I/O 功能和寄存器名称。

表 11－4　8250 中的寄存器

端口地址	I/O 功能	寄存器名称
3F8H*	输出	发送保持寄存器
3F8H*	输入	接收数据寄存器
3F8H**	输出	波特率因子低字节
3F9H**	输出	波特率因子高字节
3F9H*	输出	中断使能寄存器
3FAH	输入	中断标志寄存器
3FBH	输出	通信线控制寄存器
3FCH	输出	调制解调器控制寄存器
3FDH	输入	通信线状态寄存器
3FEH	输入	调制解调器状态寄存器

* 线路控制寄存器(3FBH)的第七位置“0”(DLAB＝0)

* * 线路控制寄存器(3FBH)的第七位置“1”(DLAB＝1)

下面将可供用户编程使用的10个内部寄存器的功能和规定作一介绍。

① 通信线控制寄存器(3FBH,只写) 通信线控制寄存器用于控制通信数据格式,即数据位数、停止位数、奇偶校验方式等,该寄存器I/O口地址为3FBH。寄存器各位含义如图11-17所示。

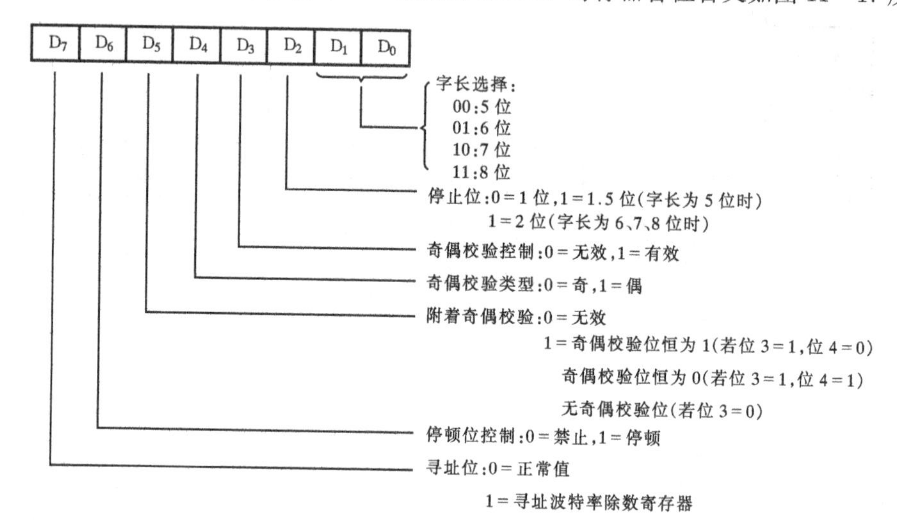

图11-17 通信线控制寄存器各位的含义

其中位0和位1规定字长,位2定义停止位位数,位3定义奇偶校验方式,位4定义奇偶校验类型,位5定义奇偶校验位意义,位6定义通信间断信号特性,位7定义是否访问波特率除数寄存器。CPU可以利用I/O指令对该寄存器进行写操作。

② 通信线状态寄存器(3FDH,只读) 通信线状态寄存器提供串行数据传送和接收时的状态,供CPU判断。各位意义如图11-18所示。

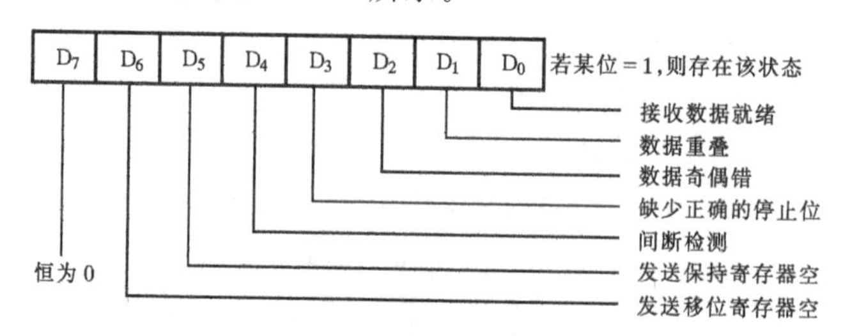

图11-18 通信线状态寄存器各位的含义

其中位1、位2和位3标志三种错误类型,位4是字符数据间断检测位,位5和位6标志传送寄存器和传送移位寄存器状态,位7不用。CPU利用输入指令获得异步通信接口的工作状态。

③ 数据发送保持寄存器(3F8H,只写) 该寄存器包含将要串行发送的数据,其中位0是串行发送的第1位。

④ 数据接收缓冲寄存器(3F8H,只读) 该寄存器存放接收到的数据,其中位0是串行接收的第1位。

⑤ 波特率除数寄存器(3F8H/3F9H,只写) 该寄存器为16位,由高8位和低8位寄存器组成,对时钟输入(1.8432MHz)进行分频,产生16倍波特率的波特率发生器时钟(即BAUDOUT)。

通信程序设计的第一步,是确定通信波特率。对于8250芯片,在设置波特率时,只要向波特率

除数寄存器送入适当的除数即可，除数可以用下面的公式计算出

$$除数 = \frac{1843200}{16 \times 波特率}$$

波特率除数寄存器的值必须在 8250 初始化时预置。为此，必须先把通信线控制寄存器的最高位置 1，然后通过 I/O 口地址 3F8H 和 3F9H 访问波特率除数寄存器的低 8 位和高 8 位。表 11－5 列出了 5 种波特率所需设置的除数。

表 11－5　波特率除数寄存器的值与波特率的对应关系

波特率	波特率除数寄存器的值（十六进制数）	
	高 8 位（H）	低 8 位（L）
300	01	80
1200	00	60
2400	00	30
4800	00	18
9600	00	0C

⑥ 中断允许寄存器（3F9H，只写）　该寄存器允许 8250 四种类型的中断（相应位置 1），按优先次序排列为：

a. 接收线路出错；

b. 接收数据就绪；

c. 发送保持寄存器空；

d. Modem 中断。

中断允许寄存器的低 4 位分别对应上述四种中断，当对应位为 1 时，则允许对应中断信号输入，利用清除中断允许寄存器的最低 4 位，可完全禁止芯片中断系统。该寄存器的各位含义如图 11－19 所示。

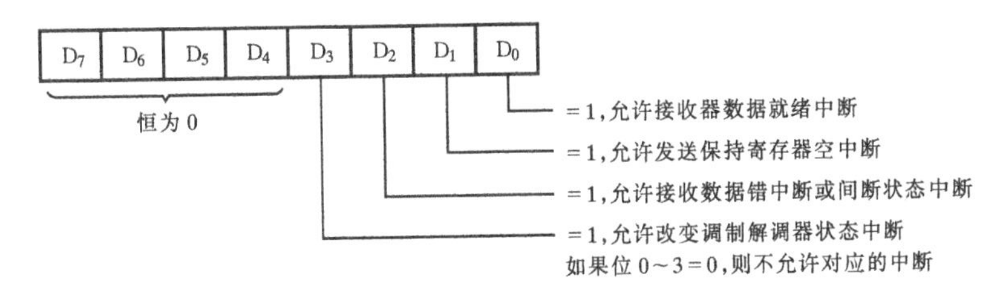

图 11－19　中断允许寄存器各位的含义

⑦ 中断识别寄存器（3FAH，只读）　当系统允许 8250 的一种或几种中断请求信号时，由于 8250 仅能向外发出一个总的中断请求信号，程序为了能识别是哪一个中断源引起中断，以便转入相应的中断处理程序，必须从中断识别寄存器中读出一个中断识别字节。中断识别字节用于标志当前中断类型，其含义如图 11－20 所示。

⑧ Modem 控制寄存器与 Modem 状态寄存器　异步通信控制器可以通过连接一台调制解调器（Modem）或多路通信控制器而实现远程通信。CPU 通过 Modem 控制寄存器实现对 Modem 的控制操作，通过 Modem 状态寄存器了解工作状况，从而顺利地进行数据通信。

Modem 控制寄存器框图如图 11－21(a)所示，其 I/O 地址为 3FCH，该寄存器的低 5 位意

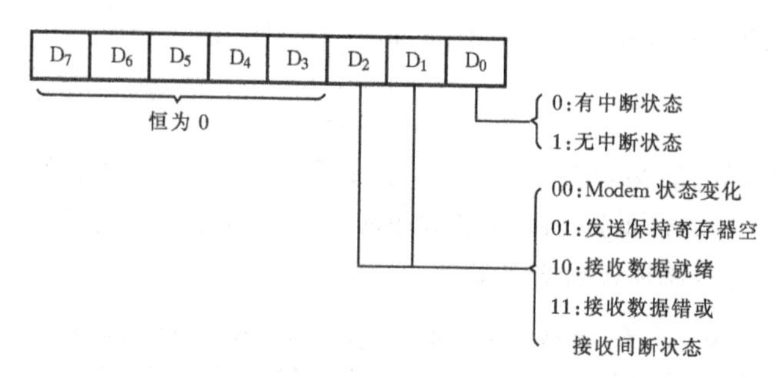

图 11－20　中断识别寄存器各位的含义

义如下：

- 位 0:向 Modem 指出异步通信控制器已处于就绪状态(DTR)。
- 位 1:向 Modem 请求发送数据(RTS)。
- 位 2 和位 3:用来产生两个通用的输出控制信号($\overline{OUT_1}$ 和$\overline{OUT_2}$),视不同需要而使用。
- 位 4:在诊断测试 8250 芯片时,用于使 MCR 和 MSR 不通过 Modem 而自行构成一个闭合回路。

Modem 状态寄存器如图 11－21(b)所示,其 I/O 地址为 3FEH。该寄存器低 4 位是控制输入信号发生变化的状态标志,其初值应置为 0。如果读入 Modem 状态字节中出现置 1 的位,则说明对应输入信号发生变化。Modem 状态寄存器高 4 位保存 Modem 控制信号。

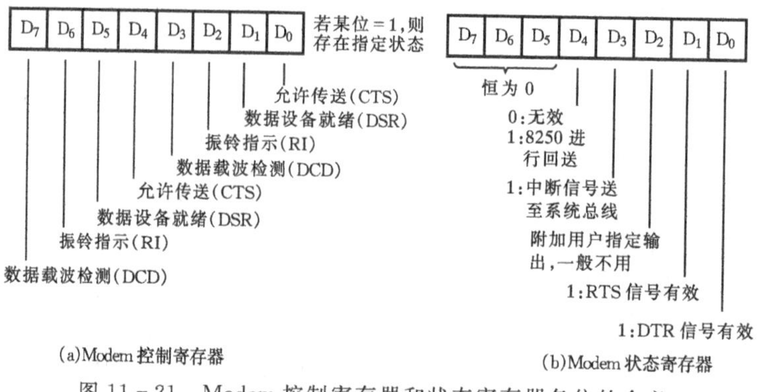

图 11－21　Modem 控制寄存器和状态寄存器各位的含义

- 位 0～位 3:分别用于指明位 4～位 7 对应的 Modem 四个输入信号线的状态改变。
- 位 4:Modem 数据发送结束(*CTS*)。
- 位 5:Modem 处于就绪状态。
- 位 6:查出有振铃信号。
- 位 7:查出有接收信号。

当采用查询方式进行串行通信时,只需要访问其中 6 个寄存器:发送保持寄存器保存将要发送的数据字节;接收数据寄存器保存刚接收到的数据;线路控制及线路状态寄存器用于初始化和监视串行线路;所使用的波特率存于两个波特率因子寄存器中。其余四个寄存器用于调制解调器和中断方式。

(2) 8250 芯片的初始化

用 8250 进行串行口通信时,首先要对其做初始化。所谓初始化,就是用输出(OUT)指令向 8250 的 5 个寄存器(波特率除数寄存器、线路控制寄存器及中断允许寄存器等)写入适当的数值,用来设置波特率、通信的数据格式、是否使用中断、是否奇偶校验等。初始化后,即可采取程序查询方式或中断方式进行通信。

对 8250 初始化的工作一般分为三步。

① 设置波特率 波特率设置是用输出(OUT)指令向 I/O 端口地址为 3F8H 和 3F9H 的波特率除数寄存器的低位和高位置入合适的数值。假设波特率设置为 1200,则波特率除数寄存器的高位置入 00H,波特率除数寄存器的低位置入 60H。注意,应先向 3FBH 地址的通信线控制寄存器的位 7 置入 1,其他位为任意值。相应的 Quick BASIC 程序如下:

```
OUT  &H3FB,&H80  ´置 DLAB = 1
OUT  &H3F8,&H60  ´置产生 1200 波特率除数低位,并写入除数寄存器低位
OUT  &H3F9,&H00  ´置产生 1200 波特率除数高位,并写入除数寄存器高位
```

② 设置通信数据格式 波特率设置好后,接下来是设置通信数据格式。通信数据格式设置是用输出(OUT)指令向 I/O 端口地址为 3FBH 的通信控制寄存器置入合适的数值。假设要设置 8 个数据位、1 个停止位、无奇偶校验,Quick BASIC 程序如下:

```
OUT  &H3FB,&H03  ´设置通信数据格式,将 03H 写入通信线控制寄存器
```

③ 设置中断允许 中断允许设置是用输出(OUT)指令向 I/O 端口地址为 3F9H 的中断允许寄存器置入合适的数值。假设禁止中断,Quick BASIC 程序如下:

```
OUT  &H3F9,&H0   ´禁止所有中断,将控制字 0H 写入中断允许控制寄存器
```

若允许中断或仅允许四种类型中的某几类中断,则可写入相应的控制字到中断允许寄存器中去。

3. 多机通信编程原理

要实现 PC 机与多个单片机的数据通信,在编程时必须注意以下问题。

① 单片机与 PC 机通信的波特率必须相匹配。

② PC 机要有分辨数据是从哪一个单片机发送来的能力。

③ PC 机要有判别单片机优先权的能力。由于单片机有多个,有可能出现两个或两个以上单片机要同时发送数据的情况,因此,PC 机应能按一定顺序允许某一个单片机发送或接收数据,而禁止其他单片机响应。要做到这点就须采用优先权排队原理。

优先权排队的原理是:进入通信排队程序后,PC 机不断向所有单片机按顺序反复发“A”、“B”、“C”、“D”四个信号(设共有四个单片机),然后等待接收单片机发回的信号,其流程图如图 11－22 所示。当 PC 机接收到 A～D 中任一个信号时,都接着发“♯”号标志,则其他单片机接收到“♯”号后,原地等待,这就保证了单片机按先后排队顺序发送数据。

若某个单片机采集完数据后,则进入与 PC 机通信的服务程序,判断 PC 机发的是“♯”,还是“A”、“B”、“C”、“D”。若是自己的代号,就转入发送数据程序,例如 1 号单片机的发送数据流程图如图 11－23 所示。

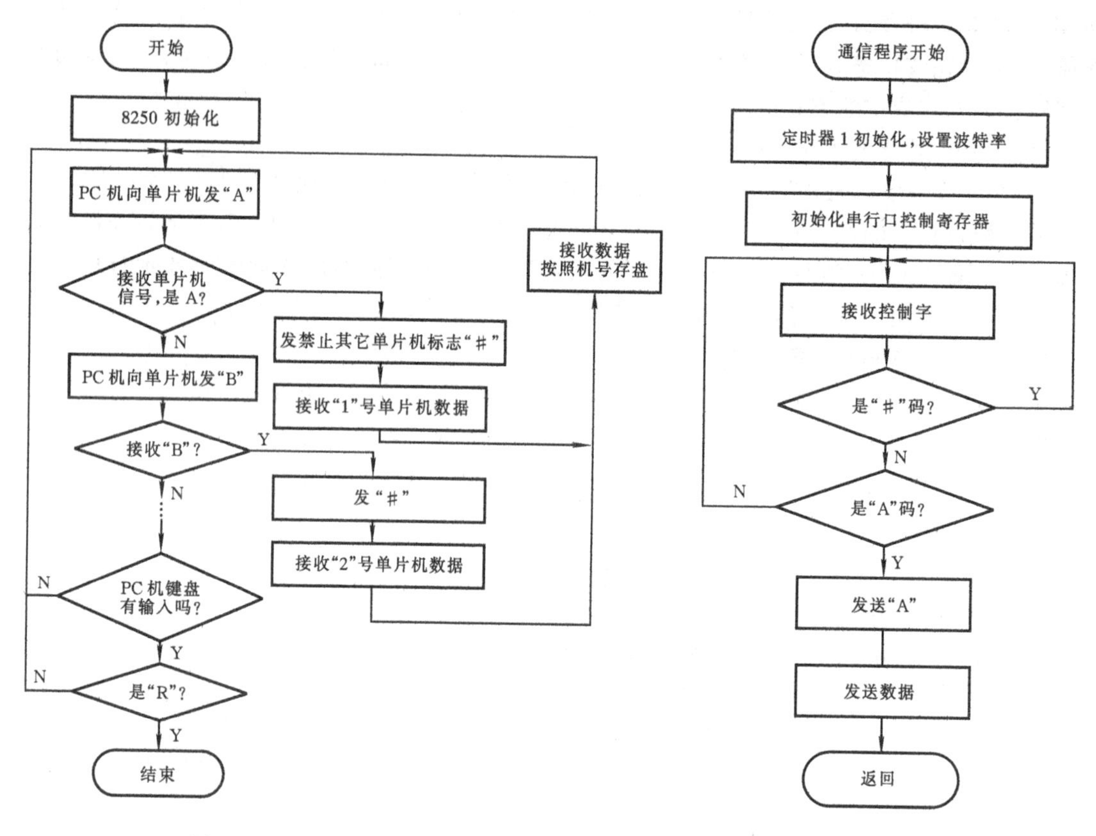

图 11-22　优先权排队流程图　　　　图 11-23　单片机发送数据流程图

如果单片机接收的字符是“#”号,则这时即使单片机有数据也不能发送,只能等待。

对初学者来说,要读懂多机数据通信的程序比较困难,其篇幅也占得太多。为此,本节将多机通信程序进行简化,只介绍一对一,PC 机与单片机之间的数据传送程序,目的是使读者较容易地理解主、从机数据传送的方法。

4. 通信程序设计

(1) PC 机通信程序设计

为使编程简单,PC 机采用 Quick BASIC 语言设计主控和通信程序。程序约定:

- 波特率设置:2400 波特。
- 数据传送格式:1 个起始位,8 个数据位,无奇偶校验位,1 个停止位。
- 数据传送方式:PC 机采用查询方式发送地址码和接收数据。

PC 机采用查询方式编程的程序框图如图 11-22 所示。通信程序清单如下:

```
DECLARE  SUB  FSZF( KZ )        ′说明过程程序
DECLARE  SUB  JSZF( HS )
         REM
         OUT  &H3FB,&H83      ′置 DLAB = 1
         OUT  &H3F8,&H30      ′置产生 2400 波特率除数低位并写入除数寄存器低位
         OUT  &H3F9,&H00      ′置产生 2400 波特率除数高位并写入除数寄存器高位
```

```
          OUT  &H3FB,&H03       ´设置串行口为 8 个数据位,无奇偶校验位,1 个停止位
          OUT  &H3F9,&H0        ´禁止所有中断的控制字写入中断允许控制寄存器
START:    KZ = 65
          CALL  FSZF(KZ)
          CALL  JSZF(HS)
          IF  HS = 65  THEN
              KZ = 35          ´35 为 ASCII 码“#”
              CALL  FSZF(KZ)
              OPEN  "SJUA.TXT"  FOR  APPEND  AS #1
              FOR  I = 1  TO  2
                  CALL  JSZF(HS)
                  PRINT  #1,HS
              NEXT  I
              CLOSE  #1
              GOTO  10
          ENDIF
          KZ = 66
          CALL  FSZF(KZ)
          CALL  JSZF(HS)
          IF  HS = 66  THEN
              KZ = 35          ´35 为 ASCII 码“#”
              CALL  FSZF(KZ)
              CALL  JSZF(HS)
              OPEN  "SJUB.TXT"  FOR  APPEND  AS #1
              PRINT  #1,HS
              CLOSE  #1
              GOTO 10
          END  IF
          IF  HS = 67  THEN
              KZ = 35
              CALL  FSZF(KZ)
              CALL  JSZF(HS)
              OPEN  "SJUC.TXT"  FOR  APPEND  AS #1
              PRINT  #1,HS
              CLOSE  #1
              GOTO  10
          END  IF
          IF  HS = 68  THEN
              KZ = 35
```

```
                CALL  FSZF(KZ)
                CALL  JSZF(HS)
                OPEN  "SJUD.TXT"  FOR  APPEND  AS ＃1
                PRINT  ＃1,HS
                CLOSE  ＃1
        END  IF
10      K$ = INKEY$
        IF  K$  = ""  THEN  10
        IF  K$ = "R"  OR  K$ = "r"  THEN
            PRINT  TAB(30);"—通信结束—"
            END
        ENDIF
        GOTO  START
'
    SUB  FSZF( KZ )
20      V = INP(&H3FD)                         '发送过程中先查询线路状态寄存器,若D5
        IF( V AND &H20) = 0  THEN  20          '位为"0",表示尚未发完一个数据,等待
        OUT  &H3F8, KZ                         '将数据送至3F8H端口
    END  SUB
'
    SUB  JSZF( HS )
30      V = INP(&H3FD)                         '接送过程中先查询线路状态寄存器,若D0
        IF(V AND &H1) = 0  THEN  30            '位为"0",表示数据未准备好,等待
        POKE  HS, INP(&H3F8)                   '读取3F8端口,把接收到的数据放在HS
    END  SUB
```

(2) 8031单片机汇编语言通信程序

单片机的数据通信程序约定:

- 波特率设置:2400波特。
- 数据传送格式:1位起始位,8位数据位,无奇偶校验,1位停止位。
- 工作方式设置:定时器T1设置为方式2,串行口设置为工作方式1。
- 数据传送方式:单片机方面采用查询方式接收地址码和发送数据。

下面给出1号8031单片机的汇编语言通信程序。单片机接收从PC机发来的控制字,与本机标志"A"比较,若相同就将控制字照原样发回PC机,然后发送数据。其中SUBSD和SUBRV分别是发送和接收数据的子程序。

8031单片机汇编语言通信程序如下:

```
BRNCH:      MOV   TMOD,＃20H          ;选择定时器T1方式2,计时方式
            MOV   TH1,＃0F3H          ;主频为6MHz,波特率定为2400
            MOV   TL1,＃0F3H          ;定时器时间常数为0F3FH
            MOV   PCON,＃80H          ;SMOD = 1
```

```
            MOV   A,#40H            ;设串口控制字,工作方式 1,即传送 10 位:
            MOV   SCON,#40H         ;1 位起始位(0),8 位数据位,1 位停止位(1)
            SETB  TR1               ;启动定时器 T1
            CLR   ES                ;中断允许位 ES 为 0,禁止串行口中断
RX_ADDR:    JNB   RI,RX_ADDR        ;若串行口不是接收状态,则等待
            CLR   RI                ;清标志后转移
            MOV   A,SBUF            ;从串行口取字节到累加器 A
            XRL   A,#35             ;判断是否"#"号
            JNZ   RX_COMD           ;不是"#"号,跳转
            SJMP  RX_ADDR           ;是"#"号,返回继续从串行口取字节
RX_COMD:    XRL   A,#65             ;判断是否本机地址"A"
            JZ    IS_ME             ;是本机地址,跳转
            LJMP  RX_ADDR           ;不是本机地址,返回继续从串行口取字节
IS_ME:      MOV   A,#65             ;将 1 号单片机标志"A"(65)回送 PC 机
            MOV   SBUF,A
WAIT0:      JNB   TI,WAIT0          ;若串行口不是发送状态,则等待
            CLR   TI                ;清标志后转移
            MOV   DPTR,#2203H       ;将 2203H~2204H 单元中的数据
            MOV   R0,#02H           ;调用发送子程序 SUBSD 传送给 PC 机
            ACALL SUBSD             ;传送完转回 CJS 准备采集下一个数据
            LJMP  CJS
;发送数据的子程序
SUBSD:      MOVX  A,@DPTR           ;发送@DPTR 起始的发送缓冲区数据
            ACALL HASC              ;发送前调用转换为 ASCII 码子程序
            MOV   SBUF,A
LOOP1:      JNB   TI,LOOP1          ;若串行口不是发送状态,则等待
            CLR   TI                ;清标志后转移
            INC   DPTR
            DJNZ  R0,SUBSD          ;发送一个字符 R0 减 1,不为 0,继续
            RET
HASC:       ANL   A,#0FH            ;十六进制转换为 ASCII 码子程序
            ADD   A,#90H
            DA    A
            ADDC  A,#40H
            DA    A
            RET
```

实践证明,根据上述方案,采用由 PC 机与 8031 单片机组成集散型多机数据采集系统,能较好地发挥系统微机和单片机各自的优点和长处,提高数据采集系统的实时性和数据采集能力,适应大规模数据采集的要求。

11.2　MSComm 控件应用

Microsoft Communication Control(以下简称 MSComm)是 Microsoft 公司提供的 Windows 下串行通信编程的 ActiveX 控件。MSComm 控件是 Visual Basic 中的 OCX 控件。VB 的 MSComm 通信控件具有丰富的与串口通信密切相关的属性及事件,提供了一系列标准通信命令的接口,可以用 VB、Delphi 与 MSComm 控件相结合,创建全双工、事件驱动、高效实用的 Windows 环境下的通信程序。

11.2.1　MSComm 控件方法

MSComm 控件通过串行端口传输和接收数据,为应用程序提供串行通信功能。

MSComm 控件提供下列两种处理通信的方式:

①利用 MSComm 控件的 OnComm 事件捕获并处理 CD(Carrier Detect)和 RTS(Request To Send)信号线上一个字符到达或发生变化的通信事件 。OnComm 事件还可以检查和处理通信错误。

②检查 CommEvent 属性的值来查询事件和错误。如果应用程序较小,并且是自保持的,这种方法可能更可取。

一个 MSComm 控件对应着一个串行端口。如果应用程序需要访问多个串行端口,必须使用多个 MSComm 控件。可以对 MSComm 控件相应属性设置,改变 MSComm 控件对应的端口地址和中断地址。

11.2.2　MSComm 控件属性

MSComm 控件提供了 27 个通信控制属性和 5 个标准属性。

(1) Break 属性

功能:设置或清除中断信号的状态。该属性在设计时无效。

语法:

　　Visual Basic

　　　　[form.]MSComm.Break [={True|False}]

　　Delphi

　　　　[form.]MSComm.Break [:={True|False}];

Break 属性设置为:

　　True　　　　设置中断信号状态

　　False　　　　清除中断信号状态

注释:当设置为 True 时,Break 属性发送一个中断信号。该中断信号挂起字符传输,并置传输线为中断状态,直到把 Break 属性设置为 False 为止。一般仅当使用的通信设备要求设置一个中断信号时,才设置一个短时中断状态。

数据类型:Boolean

(2) CDHolding 属性

功能:查询 CD 信号线的状态确定当前是否有传输。该属性在设计时无效,在运行时为只读。

语法：

Visual Basic

[form.]MSComm. CDHolding [={True|False}]

Delphi

[form.]MSComm. CDHolding [:={True|False}];

CDHolding 属性设置为

True　　CD 信号线为高电平

False　　CD 信号线为低电平

注释：当 CD 信号线为高电平（CDHolding=True）且超时时，MSComm 控件设置 CommEvent 属性为 ComEventCDTO（Carrier Detect 超时错误），并产生 OnComm 事件。

(3) CommID 属性

功能：返回一个说明通信设备的句柄。该属性在设计时无效，在运行时为只读。

语法：

Visual Basic

[form.]MSComm. CommID

Delphi

[form.]MSComm. CommID;

注释：该值与 Windows API CreateFile 函数返回的值一致。在 Windows API 中调用任何通信例程时使用该值。

数据类型：Long

(4) CommEvent 属性

功能：返回最近的通信事件或错误。该属性在设计时无效，在运行时为只读。

语法：

Visual Basic

[form.]MSComm.CommEvent

Delphi

[form.]MSComm.CommEvent;

注释：通信错误或事件发生都会产生 OnComm 事件，CommEvent 属性存放错误或事件的数值代码。

数据类型：Integer

CommEvent 属性返回通信错误常数值来表示不同的通信错误或事件。通信错误常数见表 11-6。

表 11-6　通信错误常数

常数	值	含义描述
ComEventBreak	1001	接收到一个中断信号
ComEventCTSTO	1002	Clear To Send 超时
ComEventDSRTO	1003	Data Set Ready 超时
ComEventFrame	1004	帧错误
comEventOverrun	1006	端口超速。没有在下一个字符到达之前读取字符，该字符丢失
comEventCDTO	1007	载波检测超时
comEventRxOver	1008	接受缓冲区溢出
comEventRxParity	1009	奇偶校验
comEventTxFull	1010	传输缓冲区已满
comEventDCB	1011	检索端口的设备控制块(DCB)时的意外错误

通信事件常数如表 11-7 所示。

表 11-7　通信事件常数

常数	值	含义描述
comEvSend	1	在传输缓冲区中有比 Sthreshold 数少的字符
comEvReceive	2	收到 Rthreshold 个字符。该事件将持续产生直到用 Input 属性从接收缓冲区中删除数据
comEvCTS	3	CTS 信号线的状态发生变化
comEvDSR	4	DSR 信号线的状态发生变化。该事件只在 DST 从 1 变到 0 时才发生
comEvCD	5	Carrier Detect 信号线的状态发生变化
ComEvRing	6	检测到振铃信号。一些 UART(通用异步接收—传输)可能不支持该事件
ComEvEOF	7	收到文件结束(ASCII 字符为 26)字符

(5) CommPort 属性

功能：设置并返回通信端口号。

语法：

Visual Basic

[form.]MSComm.CommPort [=value]

Delphi

[form.]MSComm.CommPort [:=value];

注释：value 可以设置为 1～16 中的任何数(缺省值为 1)。

注意：在打开端口之前，必须设置 CommPort 属性。

数据类型：Long

(6) CTSHolding 属性

功能：确定是否可通过查询 CTS 信号线的状态发送数据。该属性在设计时不能设置，在运行时只能读。

语法：

Visual Basic

[form.]MSComm. CTSHolding [={True |False}]

Delphi

[form.]MSComm. CTSHolding [:={True |False}];

CTSHolding 属性设置为

True　CTS 信号线为高电平

False　CTS 信号线为低电平

注释：如果 CTS 信号线为低电平并且超时时，MSComm 控件设置 CommEvent 属性为 ComEventCTSTO(Clear To Send Timeount)并产生 OnComm 事件。

CTS 信号线用于 RTS/CTS 硬件握手。

数据类型：Boolean

(7) DSRHolding 属性

功能：确定 DSR 信号线的状态。该属性在程序设计时无效，在运行时为只读。

语法：

Visual Basic

[form.]MSComm. DSRHolding [={True |False}]

Delphi

[form.]MSComm. DSRHolding [:={True |False}];

DSRHolding 属性设置为

True　DSR 信号线为高电平

False　DSR 信号线为低电平

注释：当 DSR 信号线为高电平且超时时，MSComm 控件设置 CommEvent 属性为 comEventDSRTO(数据准备超时)并产生 OnComm 事件。

数据类型：Boolean

(8) DTREnable 属性

功能：确定在通信时是否使 DTR 信号线有效。DTR 信号用来指示计算机在等待接受传输。

语法：

Visual Basic

[form.]MSComm. DTREnable [={True |False}]

Delphi

[form.]MSComm. DTREnable [:={True |False}];

DTREnable 属性设置为

True　使 DTR 信号线有效

False　使 DTR 信号线无效(缺省)

注释：DTREnable 属性设置为 True，当端口被打开时，DTR 信号线设置为高电平(开)，当端口被关闭时，DTR 信号线设置为低电平(关)。当 DTREnable 属性设置为 False，DTR 信号线始终保持为低电平。

注意:在很多情况下,把 DTR 信号线设置为低电平用来挂断电话。

数据类型:Boolean

(9) EOFEnable 属性

功能:确定在输入过程中 MSComm 控件是否寻找文件结尾(EOF)字符。如果找到 EOF 字符,将停止输入并激活 OnComm 事件,此时 CommEvent 属性设置为 ComEvEOF。

语法:

Visual Basic

```
[form.]MSComm.EOFEnable [={True|False}]
```

Delphi

```
[form.]MSComm.EOFEnable [:={True|False}];
```

EOFEnable 属性设置为

True　当 EOF 字符找到时 OnComm 事件被激活。

False　当 EOF 字符找到时 OnComm 事件不被激活(缺省)。

注释:当 EOFEnable 属性设置为 False,OnComm 事件将不在输入流中寻找 EOF 字符。

(10) Handshaking 属性

功能:设置并返回硬件握手协议。

语法:

Visual Basic

```
[form.]MSComm.Handshaking [=value]
```

Delphi

```
[form.]MSComm.Handshaking [:=value];
```

value 值设置见表 11-8。

表 11-8　Handshaking 属性的 value 设置值

常数	值	含义描述
comNone	0	没有握手(缺省)
comXOnXOff	1	(XON/XOFF)握手
comRTS	2	RTS/CTS 握手
comRTSXOnXOff	3	RTS 和 XON/XOFF 握手皆可

注释:Handshaking 属性是指内部通信协议,通过该协议,数据从硬件端口传输到接收缓冲区。当一个数据字符到达串行端口,通信设备就把它移到接收缓冲区以使程序可以读它。如果没有接收缓冲区,程序需要直接从硬件读取每一个字符,因为字符到达的速度可以非常快,这很可能会造成数据丢失。

握手协议保证在缓冲区过载时,数据不会丢失。缓冲区过载是指数据到达端口太快而使通信设备来不及将它移到接收缓冲区。

数据类型:Integer

(11) InBufferCount 属性

功能:返回接收缓冲区中等待的字符数。该属性在设计时无效。

语法：

Visual Basic

[form.]MSComm. InBufferCount [=value]

Delphi

[form.]MSComm. InBufferCount [:=value];

注释：InBufferCount 属性值表示在接收缓冲区等待被取走的字符数。可以把 InBufferCount 属性设置为 0 来清除接收缓冲区。

注意：不要把该属性与 InBufferSize 属性混淆。InBufferSize 属性返回整个接收缓冲区的大小。

数据类型：Integer

(12) InBufferSize 属性

功能：设置并返回接收缓冲区的字节数。

语法：

Visual Basic

[form.]MSComm. InBufferSize [=value]

Delphi

[form.]MSComm. InBufferSize [:=value];

注释：InBufferSize 属性值确定整个接收缓冲区的大小。缺省值为 1024 字节。

注意：接收缓冲区越大，应用程序可用内存越小。但若接收缓冲区太小，且不使用握手协议，就可能有溢出的危险。

数据类型：Integer

(13) InputLen 属性

功能：设置 Input 属性从接收缓冲区读取的字符数。

语法：

Visual Basic

[form.]MSComm. InputLen [=value]

Delphi

[form.]MSComm. InputLen [:=value];

注释：InputLen 属性的缺省值是 0。设置 InputLen 为 0 时，使用 Input 将使 MSComm 控件读取接收缓冲区中全部的内容。

该属性在从输出格式为定长数据的计算机读取数据时非常有用。

数据类型：Integer

(14) InputMode 属性

功能：设置 Input 属性从接收缓冲区读取的数据的类型。

语法：

Visual Basic

[form.]MSComm. InputMode [=value]

Delphi

[form.]MSComm. InputMode [:=value];

value 设置值如表 11 - 9 所示。

表 11 - 9　InputMode 属性的 value 设置值

常数	值	含义描述
comInputModeText	0	数据通过 Input 属性以文本形式取回(缺省)
comInputModeBinary	1	数据通过 Input 属性以二进制形式取回

注释:若数据只用 ANSI 字符集,则用 comInputModeText。对于其他数据,如数据中有嵌入控制字符、Nulls 等等,则使用 comInputModeBinary。

(15) Input 属性

功能:返回并删除接收缓冲区的数据流。该属性在设计时无效,在运行时为只读。

语法:

Visual Basic

[form.]MSComm. Input

Delphi

[form.]MSComm. Input;

注释:Input 属性读取的字符数与 InputLen 属性有关,设置 InputLen 为 0,则 Input 属性读取缓冲区中的全部内容。Input 属性读取的数据类型与 InputMode 属性有关,设置 InputMode 为 comInputModeText,Input 属性通过一个 Variant 返回文本数据;设置 InputMode 为 comInputModeBinary,Input 属性通过一个 Variant 返回一二进制数据。

数据类型:Variant

(16) NullDiscard 属性

功能:确定 NULL 字符是否从端口传送到接收缓冲区。

语法:

Visual Basic

[form.]MSComm. NullDiscard [={True | False}]

Delphi

[form.]MSComm. NullDiscard [:={True | False}];

NullDiscard 属性设置为

True　NULL 字符不从端口传送到接收缓冲区。

False　NULL 字符从端口传送到接收缓冲区(缺省值)。

注释:NULL 字符定义为 ASCII 字符 0。

数据类型:Boolean

(17) OutBufferCount 属性

功能:返回在传输缓冲区中等待的字符数,也可以用来清除传输缓冲区。该属性在设计时无效。

语法:

Visual Basic

[form.]MSComm. OutBufferCount [=value]

Delphi

[form.]MSComm. OutBufferCount [:=value];

注释:OutBufferCount 属性设置为0,清除传输缓冲区。

数据类型:Integer

(18) OutBufferSize 属性

功能:以字节的形式设置并返回传输缓冲区的大小。

语法:

Visual Basic

[form.]MSComm. OutBufferSize [=value]

Delphi

[form.]MSComm. OutBufferSize [:=value];

注释:OutBufferSize 属性值定义整个传输缓冲区的大小,缺省值是512字节。

不要将 OutBufferSize 属性与 OutBufferCount 属性混淆,OutBufferCount 属性返回当前在传输缓冲区等待的字节数。

注意:传输缓冲区设置得越大,应用程序可用内存越小。但若传输缓冲区太小,且不使用握手协议,就可能有溢出的危险。

数据类型:Integer

(19) Output 属性

功能:往传输缓冲区写数据流。该属性在设计时无效,在运行时为只读。

语法:

Visual Basic

[form.]MSComm. Output [=value]

Delphi

[form.]MSComm. Output [:=value];

注释:Output 属性可以传输文本数据或二进制数据。用 Output 属性传输文本数据,必须定义一个包含一个字符串的 Variant;传输二进制数据,必须传递一个包含字节数组的 Variant 到 Output 属性。正常情况下,如果传输的是 ANSI 字符串,可以以文本数据的形式发送;如果传输的是包含嵌入控制字符、Null 字符等数据,则要以二进制形式发送。

数据类型:Variant

下例表示传输 AT 命令数据。

```
MSComm. Output:='ATZ'+chr(13);
```

(20) ParityReplace 属性

功能:当发生奇偶校验错误时,设置并返回替换数据流中一个非法字符的字符。

语法:

Visual Basic

[form.]MSComm. ParityReplace [=value]

Delphi

[form.]MSComm. ParityReplace [:=value];

注释:校验位是指同一定数据位数传输的位,以提供简单的错误检查。当使用校验位时,MSComm 控件把在数据中已经设置的所有位(值为1)相加并检查其和为奇数或偶数(根据端口打开时奇偶校验的设置)。

按照缺省规定,MSComm 控件用问号(?)替换非法字符。若设置 ParityReplace 为一个空字符串(""),则奇偶校验错误出现时,字符替换无效。

数据类型:String

(21) PortOpen 属性

功能:设置通信端口的状态(开或关)。该属性在设计时无效,在运行时才可用。

语法:

Visual Basic

[form.]MSComm.PortOpen [=value]

Delphi

[form.]MSComm.PortOpen [:=value];

value 值设置为:

True　端口开

False　端口关

注释:PortOpen 属性设置为 True,打开端口;设置为 False,关闭端口并清除接收和传输缓冲区。当应用程序终止时,MSComm 控件自动关闭串行端口。

在打开端口之前,确定 CommPort 属性设置为一个合法的端口号。如果 CommPort 属性设置为一个非法的端口号,则当打开该端口时,MSComm 控件产生错误 68(设备无效)。另外,串行端口设备必须支持 Setting 属性的设置值。如果 Setting 属性包含硬件不支持的通信设置值,那么硬件可能不会正常工作。如果在端口打开之前,DTREnable 或 RTSEnable 属性设置为 True,当关闭端口时,该属性要设置为 False,否则,DTR 和 RTS 信号线保持其先前的状态。

数据类型:Boolean

(22) RThreshold 属性

功能:确定 MSComm 控件是否产生 OnComm 事件。

语法:

Visual Basic

[form.]MSComm.RThreshold [=value]

Delphi

[form.]MSComm.RThreshold [:=value];

value 值设置为:

0　　MSComm 控件不产生 OnComm 事件

1　　接收缓冲区收到每一个字符都使 MSComm 控件产生 OnComm 事件

数据类型:Integer

(23) RTSEnable 属性

功能:确定是否使 RTS(Request To Send)信号线有效。一般情况下,由计算机发送 RTS 信号到联接的通信设备(调制解调器),以请示允许发送数据。

语法:

Visual Basic

[form.]MSComm. RTSEnable [=value]

Delphi

[form.]MSComm. RTSEnable [:=value];

value 值设置为：

True　　RTS 信号线有效

False　RTS 信号线无效(缺省)

注释：当 RTSEnable 属性设置为 True，端口打开时，RTS 信号线设置为高电平，端口关闭时，RTS 信号线设置为低电平。RTS 信号线用于 RTS/CTS 硬件握手。

数据类型：Boolean

(24) Setting 属性

功能：设置波特率、奇偶校验、数据位和停止位。

语法：

Visual Basic

[form.]MSComm. Setting [=value]

Delphi

[form.]MSComm. Setting [:=value];

注释：value 值由 4 部分组成，格式如下：

"BBBB, P, D,S"

其中　BBBB——波特率；

P——奇偶校验；

D——数据位数；

S——停止位数。

Value 的缺省值为：

"9600, N, 8, 1"

合法波特率有：

110

300

600

1200

2400

9600(缺省)

14000

19200

38400(保留)

56000(保留)

128000(保留)

256000(保留)

合法的奇偶校验值有：

E　偶数(Even)

M　标记(Mark)

N　缺省(Default)

O　奇数(Odd)

S　空格(Space)

合法的数据位值有：

4

5

6

7

8(缺省)

合法的停止位值有：

1(缺省)

1.5

2

数据类型:String

下例将通信端口设置为1200bit/s、无奇偶校验、8个数据位、1个停止位：

```
MSComm. Setting := '1200, N, 8, 1';
```

当端口打开时,如果value值非法,则MSComm控件产生错误380(非法属性值)。

(25) STHreshold属性

功能:设置传输缓冲区中允许的最小字符数,确定数据传输中MSComm控件是否产生OnComm事件。

语法：

Visual Basic

```
[form.]MSComm. STHreshold [=value]
```

Delphi

```
[form.]MSComm. STHreshold [:=value];
```

注释:若STHreshold属性为0(缺省值),数据传输中MSComm控件不产生OnComm事件;若STHreshold属性设置为1,则当传输缓冲区完全空时,MSComm控件产生OnComm事件。

如果传输缓冲区中的字符数小于value,CommEvent属性设置为comEvSend,并产生OnComm事件。

ComEvSend事件仅当字符数与Sthreshold交叉时被激活一次。例如,如果Sthreshold=5,仅当输出队列中字符数从5降到4时,comEvSend事件才发生。如果输出队列中始终没有比Sthreshold多的字符,comEvSend事件绝不会发生。

11.2.3 MSComm控件事件

OnComm事件

功能:无论何时,当CommEvent属性的值变化时,就产生OnComm事件,标志发生了一个通信事件或一个错误。

语法：

Visual Basic

```
Sub MSComm_OnComm()
```

Delphi

```
procedure MSComm_OnComm(Sender:TObject);
```

注释：CommEvent 属性包含实际错误或产生 OnComm 事件的数字。

注意：设置 Rthreshold 或 Sthreshold 属性为 0，分别使捕获 comEvReceive 和 comEvSend 事件无效。

11.2.4　MSComm 控件的错误消息

MSComm 控件的错误(Error)常数见表 11－10。

表 11－10　MSComm 控件的错误(Error)常数

常数	值	含义描述
comEventBreak	1001	接收到中断信号
comEventCTSTO	1002	Clear-to-send 超时
comEventDSRTO	1003	Data-set ready 超时
comEventFrame	1004	帧错误
comEventOverrun	1006	端口超速
comEventCDTO	1007	Carrier Detect 超时
comEventRxOver	1008	接收缓冲区溢出
ComEventRxParity	1009	Parity 错误
ComEventTxFull	1010	传输缓冲区满
ComEventDCB	1011	检索端口的设备控制块时出现的意外错误

11.2.5　Delphi 6 安装 MSComm 控件

在 Delphi 6.0 集成开发环境(IDE)中安装 MSComm32.OCX 控件的方法如下。

(1) 将 MSCOMM.SRG、MSCOMM32.OCX、MSCOMM32.DEP 复制到 C:\Windows\System32 目录。

(2) 运行 Delphi，在 Delphi 集成开发环境(IDE)主菜单上，用鼠标左键点击 Component→Import ActiveX Control，屏幕将出现如图 11－24 所示的 Import ActiveX 窗口。

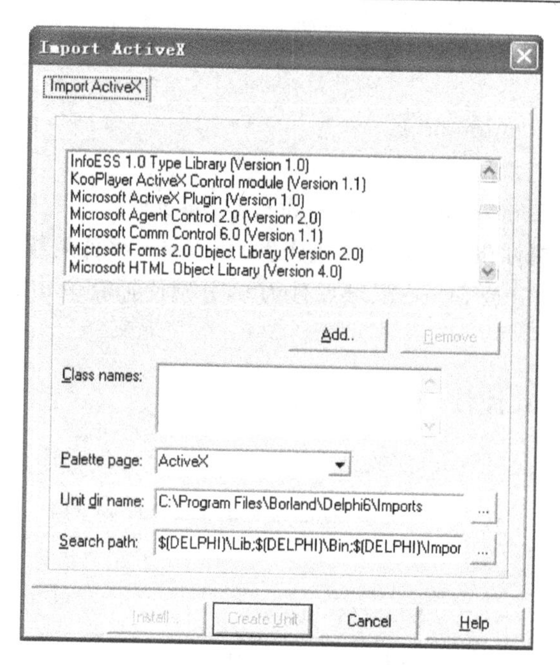

图 11 - 24　Import ActiveX 窗口

(3) 在图 11 - 24 上下滚动选择框中,用鼠标左键点击“Microsoft Comm Control 6.0 (Version 1.1)”项,如图 11 - 25 所示。

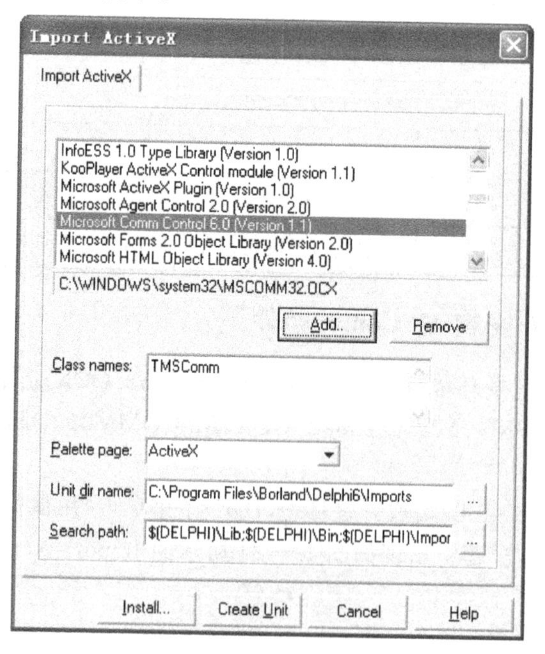

图 11 - 25　用鼠标点击 MSComm 控件

(4) 在图 11 - 25 中用鼠标左键点击“Install”按钮,屏幕将出现如图 11 - 26 所示的 Install 窗口。

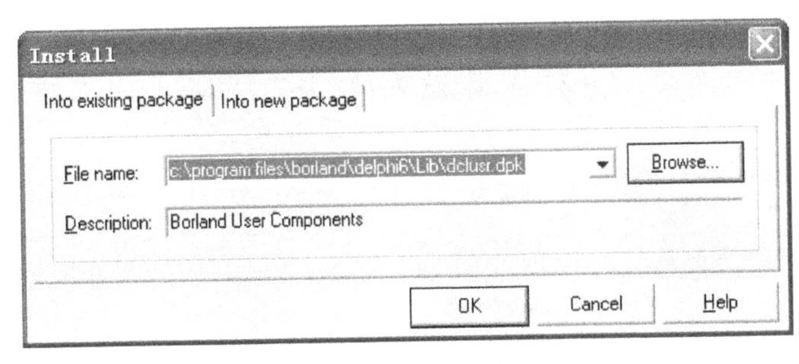

图 11-26　Install 窗口

(5) 用鼠标左键点击 OK 按钮，屏幕将出现如图 11-27 所示的 Confirm 窗口。

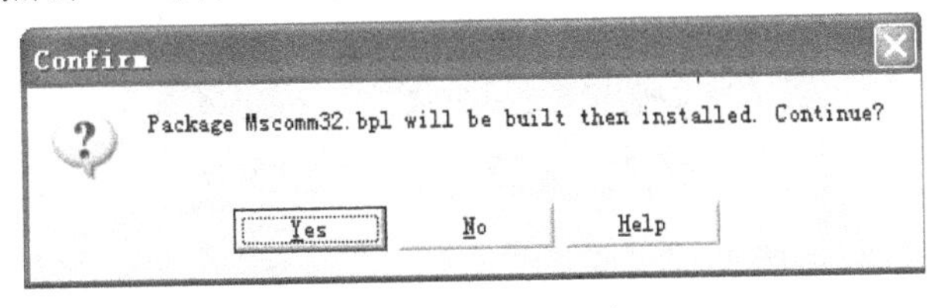

图 11-27　Confirm 窗口

(6) 用鼠标左键点击 Yes 按钮，屏幕将出现如图 11-28 所示的 Information 窗口。

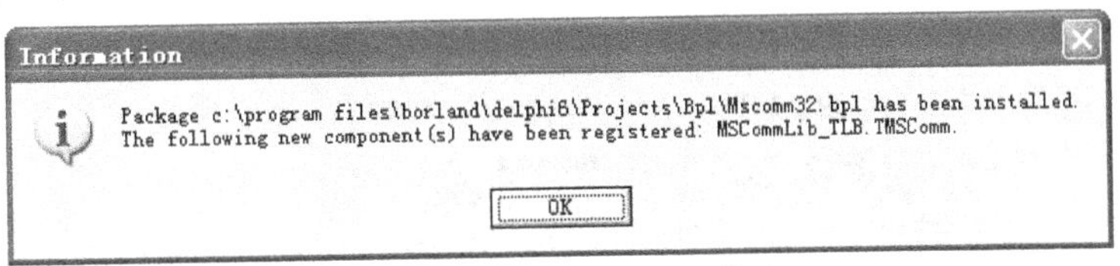

图 11-28　Information 窗口

(7) 用鼠标左键点击 OK 按钮，再点击如图 11-29 所示窗口右上角的×按钮，屏幕上将出现如图 11-30 所示的 Confirm 窗口。

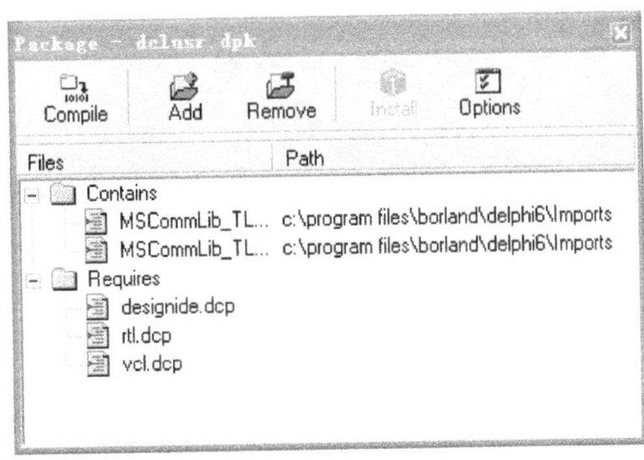

图 11-29　Package 窗口

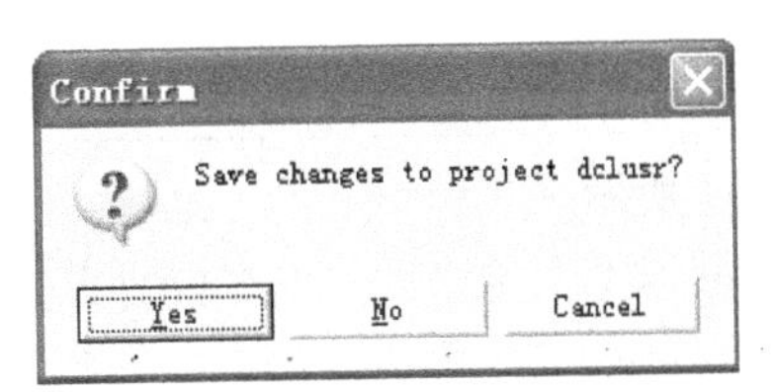

图 11-30　Confirm 窗口

(8) 点击 Confirm 窗口中的“Yes”按钮，在 Delphi 集成开发环境(IDE)主菜单 ActiveX 栏中出现一个电话机图标，如图 11-31 所示，这表示 MSCOMM32.OCX 控件已被安装到 Delphi 集成开发环境。

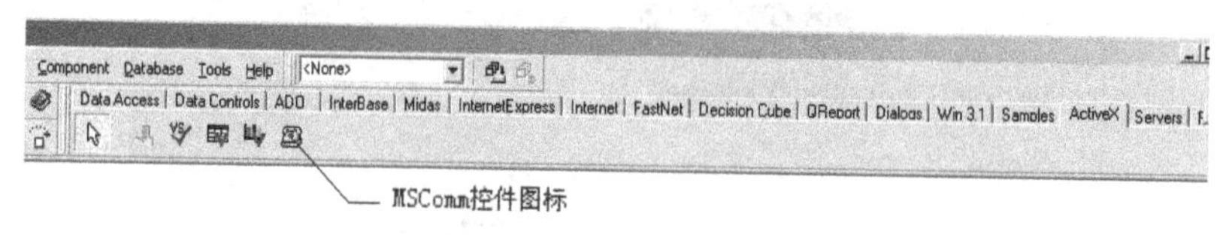

图 11-31 Delphi 的 IDE

为了能正常地使用 MSComm 控件，还需要修改注册表的信息。在 Windows 中点击开始→运行，在运行窗口的“打开”对话框中输入“Regedit”，如图 11-32 所示。

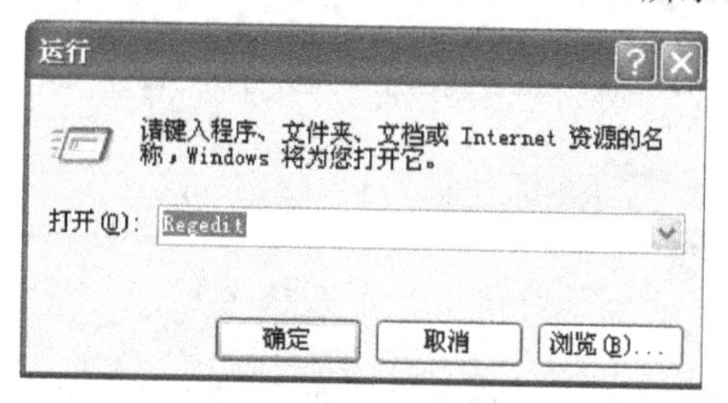

图 11-32 开始菜单的运行窗口

用鼠标左键点击“确定”按钮打开注册表编辑器，如图 11-33 所示。

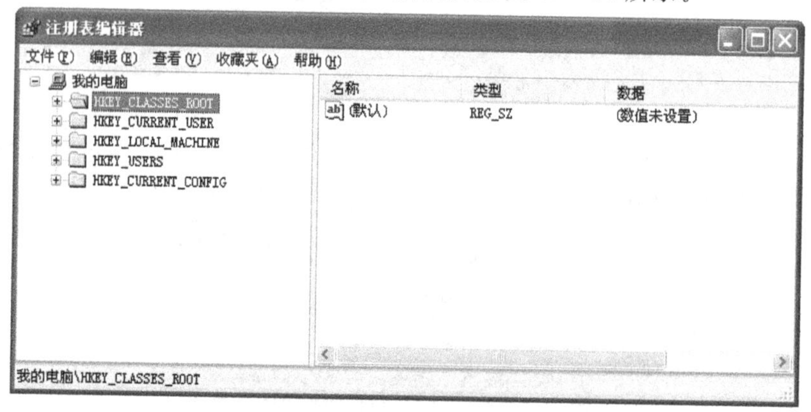

图 11-33 注册表编辑器

在注册表编辑器的 HKEY_ CLASSES_ ROOT_ Licenses 下新建一项：

4250E830-6AC2-11cf-8ADB-00AA00C00905

该项的内容为：

kjljvjjjoquqmjjjvpqqkqmqykypoqjquoun

修改后的注册表如图 11-34 所示。

至此完成了 MSComm 控件的系统注册工作，现在就可以像在 VB 中一样在 Delphi6 中使用 MSComm 控件了。

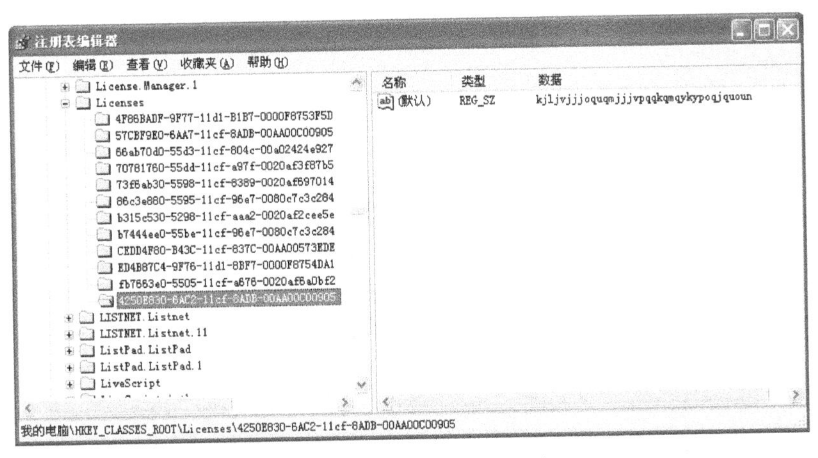

图 11-34 修改后的注册表

11.3 RS-485 总线模块 RM417 编程

11.3.1 RS-485 总线模块 RM417 概况

1. 概述

RM417 为远端模拟量采集模块，它适用于各类工业现场，可采集 16 路直流电压信号，并通过 RS-485 接口与上位机进行实时通信。

RM417 采用 ADS7808 A/D 转换芯片进行 12 位模数转换，可对 0～5 V、±5 V 的信号进行处理。

RM417 采用单片机 89C2051 对 ADS7808 转换的信号进行数据处理，并通过 RS-485 通信线与上位机通信。

RM417 采用光电隔离技术，使模块的抗干扰能力进一步加强。

RM417 模块外观如图 11-35 所示。

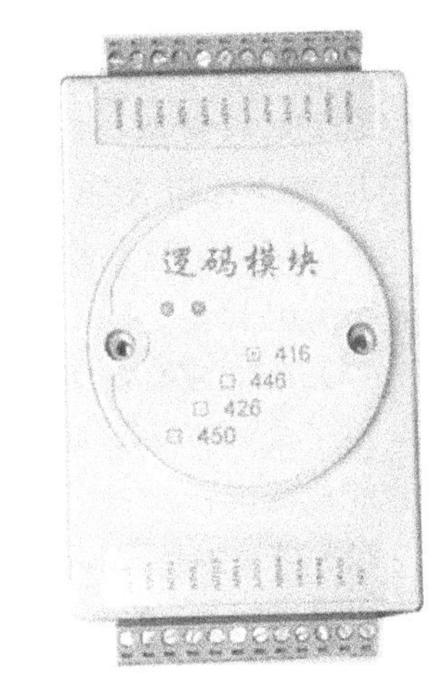

图 11-35 RM417 模块外观

2. 技术指标

通道数：单端 16 通道

输入信号范围：0～5 V，±5 V，0～10 V，0～20 mA，4～20 mA，±20 mA。

A/D 转换分辨率：12bit

A/D 转换速率：20kHz（单通道）

处理芯片：AT89C2051

通信方式：RS-485 接口，2 线制

驱动距离：1200 m

通信格式：9600-8N1

通信协议：被动查询

输出数据格式:12bit 十六进制数据

输出稳定度:±1 bit

隔离电压:≥500 V

供电电压:DC24V±1%,100 mA

端口瞬间电压保护:±10 V

端口 RC 滤波:20 kHz

使用环境要求:

工作温度:−10℃ ～ 55℃

相对湿度:40% ～ 80%RH

存储温度:−55℃ ～ +85℃

3. 工作原理

RM417 远端模拟量采集模块由 CPU、光电隔离、通道转换、A/D 转换、RS－485 接口、模块地址开关和 DC－DC 组成,工作原理如下。

(1) CPU

RM417 模块上的 CPU 选用 AT89C2051,其速度快、内含 2KROM、128ByteRAM,端口驱动能力达 20mA,能较好地适用于远端数据采集。

(2) RS－485 接口

RM417 选用 MAX485CPA 接口芯片,完成 RS－485 数据通信。MAX485 驱动能力达 1200m,传输速率为 250kb/s,可连接 32 个站点,并有±15kV 的抗静电冲击。

(3) A/D 转换

RM417 选用 ADS7808 完成 A/D 转换。ADS7808 是 CMOS 元件、12 位、串行模数转换器(ADC),100kHz 采样速率,具有在短时间内提供高转换精度的优点,低转换噪声,低功耗,20P 窄 DIP 封装。

(4) 光电隔离及 DC－DC

为了进一步保证 ADS7808 的转换精度,模块采用了光隔元件,使现场对 CPU 内程序的干扰也相应减少。

(5) 模块地址选择

打开 RM417 的上盖,可以看到一个 4 位的拨码开关(如图 11－36 所示),这就是模块地址选择开关,模块地址范围为 0～15。

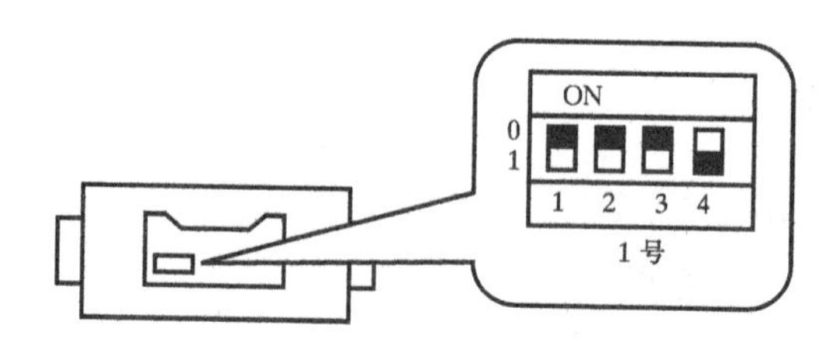

图 11－36　模块地址选择开关

拨动开关在 ON(即上面)为“0”,拨在 OFF(即下面)为“1”;4 对应 Bit 0,3 对应 Bit 1,2 对应 Bit 2,1 对应 Bit 3;Bit 0、Bit1、Bit2、Bit3 形成一个十六进制数的低半字节,构成 0～15 模块

地址。

这样，在一条 485 双绞线上可连接 16 个 RM417 模块，每个模块都由模块地址区分。

注意：同一网内不能有相同地址的模块。

4. 发光二极管

RM417 模块正面有 2 个发光二极管，分别用来表示模块的工作状态，如图 11－37 所示。

红色是运行（RUN）指示，RUN 闪烁，表示模块正常工作；停止闪烁，表示模块故障。

绿色是通信（COM）指示，COM 闪烁一次，表示上位机向模块要一次数据；停止闪烁，表示等待上位机命令。

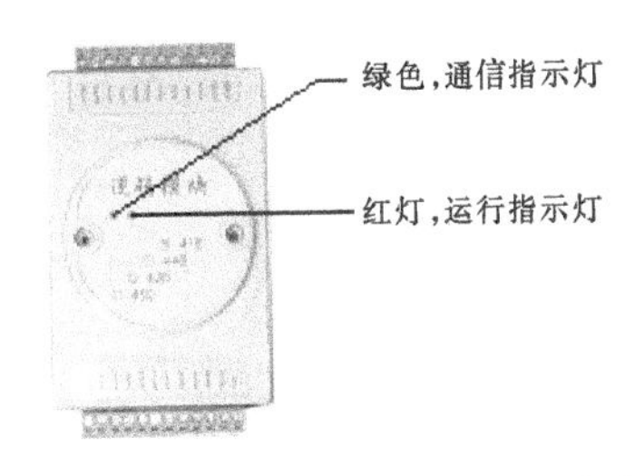

图 11－37　RM417 模块的发光二极管

5. 输入信号范围、类型选择

（1）信号范围选择

打开 RM417 的上盖，可以看到一组跳线，通过跳线可以选择信号输入类型，如图 11－38 所示。

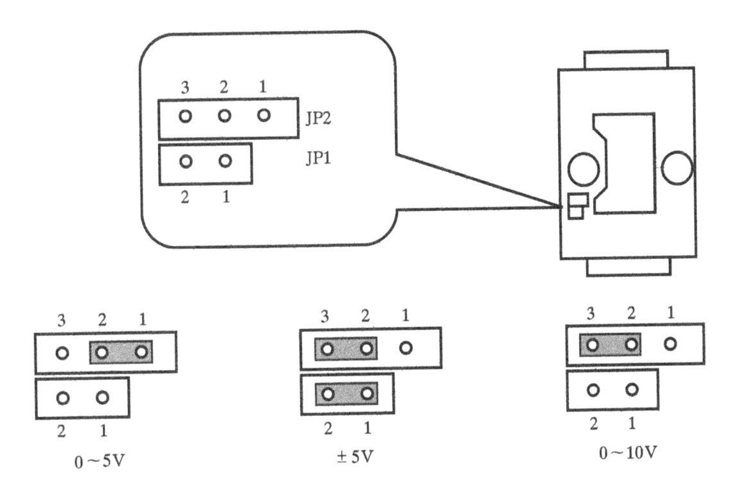

图 11－38　输入信号选择

当输入信号为 0～20mA 时，JP1、JP2 应为 0～5V 输入选择，这时，0～20mA 对应 0～5V。当输入信号为±20mA 时，JP1、JP2 应为±5V 输入选择。

（2）电压/电流信号选择

RM417 模块内有两排跳线针，每排 16 针，2 针为 1 组，共 16 组，每组对应一个通道，如图 11－39 所示。对应的输入通道，短路为电流输入，开路为电压输入。

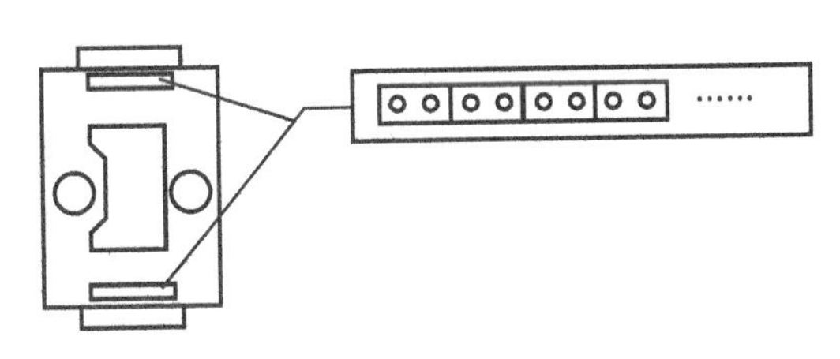

图 11－39　RM417 模块内的跳针

6. 校准

打开RM417的上盖,可以看到三个电位器,这三个电位器可以用于A/D采集的校准,如图11-40所示。

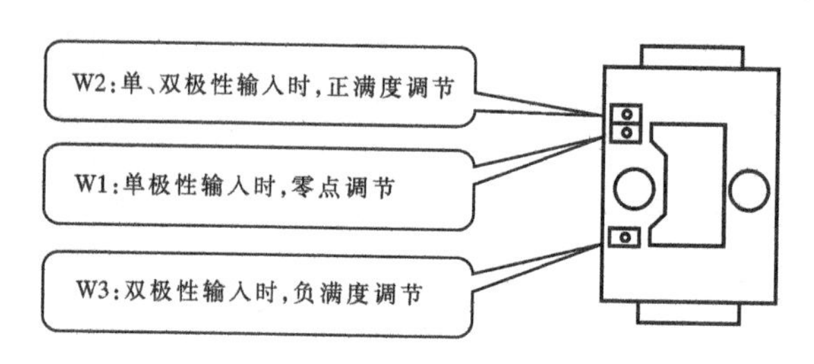

图11-40　RM417模块校准电位器

(1)单极性校准方法

①单极性输入方式0～5V,在第一通道上加入0V,调节W1,通过通信观看要上来的数据,观察第一通道的显示,使数据稳定在0～1之间即可。

②第一通道上加入5V(4.9988V),调节W2,通过通信观看要上来的数据,使数据稳定在4094～4095之间即可。

(2)双极性校准方法

①双极性输入方式±5V,在第一通道上加入－5V,调节W3,通过通信观看要上来的数据,观察第一通道的显示,使数据稳定在0～1之间即可。

②第一通道上加入5V(4.9988V),调节W2,通过通信观看要上来的第一通道的数据,使数据稳定在4094～4095之间即可。

典型电压输入与输出数据的对应关系见表11-11。

表11-11　典型电压输入与输出数据的对应关系

十六进制	十进制	0～5 V输入	0～10 V输入	±5 V输入
0FFF	4095	4.9988	9.9976	4.9976
0CCC	3276	3.9990	7.9981	2.9981
0999	2457	2.9993	5.9985	0.9985
0666	1638	1.9995	3.9990	－1.0010
0333	819	0.9998	1.9995	－3.0005
0	0	0	0	－5.0000

7. 接线方法

RM417 接线方法如图 11-41 所示。

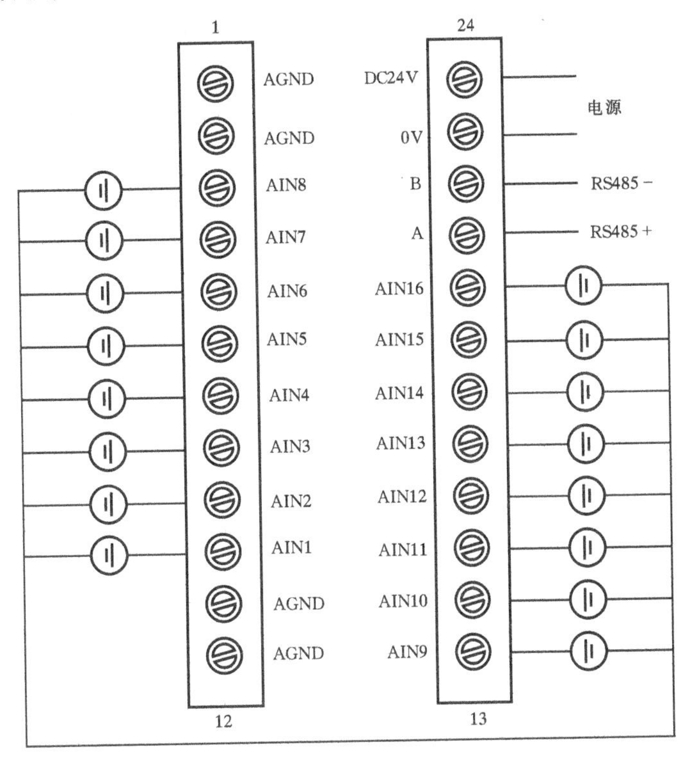

图 11-41　RM417 接线方法

8. 接线端子定义

RM417 接线端子定义见表 11-12。

表 11-12　RM417 接线端子定义

接线端号	接线端定义	接线端描述
1	AGND	模拟量输入信号公共地
2	AGND	模拟量输入信号公共地
3	AIN8	第 8 路模拟量输入端
4	AIN7	第 7 路模拟量输入端
5	AIN6	第 6 路模拟量输入端
6	AIN5	第 5 路模拟量输入端
7	AIN4	第 4 路模拟量输入端
8	AIN3	第 3 路模拟量输入端
9	AIN2	第 2 路模拟量输入端
10	AIN1	第 1 路模拟量输入端

续表 11-12

接线端号	接线端定义	接线端描述
11	AGND	模拟量输入信号公共地
12	AGND	模拟量输入信号公共地
13	AIN9	第9路模拟量输入端
14	AIN10	第10路模拟量输入端
15	AIN11	第11路模拟量输入端
16	AIN12	第12路模拟量输入端
17	AIN13	第13路模拟量输入端
18	AIN14	第14路模拟量输入端
19	AIN15	第15路模拟量输入端
20	AIN16	第16路模拟量输入端
21	A	RS485＋
22	B	RS485－
23	0V	电源地
24	24V	电源24V

9. 模块命令

(1) 命令格式

RM417模块的命令格式见表11-13。

表11-13　RM417命令格式

命令功能	命令格式
读模块数据命令	@ ＋ 地址 ＋ R

RM417模块可根据以上命令格式实现远端数据采集。

(2) 求校验和

RM417模块读数据命令的返回值必须附加校验和或是检查校验和，其具体算法如下：

BCC =(前64个字符的每一位数据的ASCII值的异或) MOD 0X100

例如，读模块数据命令返回数据

0101010101010101010101010101010100000000000000000000000000000000000

前64个字符数据为模块读入的数据，最后两个00为前64个字符数据的校验和。

BCC=(acs("0")+asc("1")+asc("0")+asc("1")+…+asc("0")) Mod 0x100

计算得到　BCC = 00

10. 读取数据命令

功能：用于读取模块所有通道的当前数据。

语法：@ + AA + R

其中，@—— 命令标志符；

AA —— 模块地址，用 2 位十六进制数表示；

R　—— 命令符。

返回：Data + BCC

注释：a. 命令正确时，模块返回 66 个字符数据。

b. 命令不正确时，模块没有返回。

c. Data 为 64 个字符的数据。

d. BCC 为前 64 个字符数据的校验和。

因此，RM417 模块返回 66 个 ASCII 字符，共 66 个字节，这 66 个字符是 16 个通道的数据，每一个通道的值为 4 个 ASCII 字符，共 4×16 = 64 个字符，最后两个字符为校验和。

RM417 模块数据格式如图 11-42 所示。

CH1	CH2	……	CH15	CH16	BCC

图 11-42　RM417 模块数据格式

每一个通道的值不带小数点，小数点的位置根据输入信号的类型确定。

例如，读取的十六进制数据为 0 9 c 4，十进制数为 2500。

RM417 模块在 0～5V 输入时：

0～5V 对应 0000～0FFFH，十进制值为 2500×5 / 4095 = 3.052V。

RM417 模块在 −5V～5V 输入时：

−5V 对应 0000H，0V 对应 0800H，5V 对应 0FFFH，十进制值为 2500×10 / 4095 - 5 = 1.105V。

11. RM417 模块通信联接

RM417 具有一个 RS-485 接口，可以通过 RS-232/RS-485 转换器与 PC 机相连。

在 RS-485 端子处有一个跳线，用于选择终端匹配电阻，以提高信号线长线传输的抗干扰能力(见 14.3.4)。当模块处于 RS-485 双绞线的终点时，应使其短路，选择使用终端匹配电阻，当模块处于 RS-485 线的中间位置时，不要短路这个跳线。

11.3.2　RM417 模块的 MSComm 控件编程

RM417 模块编程方法灵活，读者可以在 Windows 环境下，直接使用 VB 语言和其自带的 MSComm 控件，也可以使用 Delphi 语言调用 MSComm 控件的方法来实现 PC 机与 RM417 模块的通信。

例 11.1　从 1# 模块读数据，并将接收的返回数据显示在计算机屏幕。

1. 使用 VB 语言和其自带的 MSComm 控件对 RM417 模块编程

VB 程序窗体的文本描述如下：

```
VERSION 5.00
Object = "{648A5603-2C6E-101B-82B6-000000000014}#1.1#0"; "MSCOMM32.OCX"
Begin VB.Form Form1
   Caption            =   "RM417 模块 VB 语言通信测试"
   ClientHeight       =   1455
   ClientLeft         =   60
```

```
ClientTop           =   345
ClientWidth         =   10935
LinkTopic           =   "Form1"
ScaleHeight         =   1455
ScaleWidth          =   10935
StartUpPosition     =   3  ´窗口缺省
Begin MSCommLib.MSComm MSComm1
   Left             =   2040
   Top              =   1920
   _ExtentX         =   1005
   _ExtentY         =   1005
   _Version         =   393216
End
Begin VB.CommandButton Command1
     Caption        =   "读数据"
     BeginProperty Font
        Name        =   "宋体"
        Size        =   10.5
        Charset     =   134
        Weight      =   400
        Underline   =   0   ´False
        Italic      =   0   ´False
        Strikethrough =   0   ´False
     EndProperty
     Height         =   495
     Left           =   9360
     TabIndex       =   4
     Top            =   242
     Width          =   1335
End
Begin VB.TextBox Text2
     Height         =   375
     Left           =   8400
     TabIndex       =   3
     Top            =   360
     Width          =   735
End
Begin VB.TextBox Text1
     Height         =   375
```

```
        Left                =   1080
        TabIndex            =   1
        Top                 =   360
        Width               =   6495
    End
    Begin VB.Label Label2
        Caption             =   "校验和"
        Height              =   255
        Left                =   7800
        TabIndex            =   2
        Top                 =   480
        Width               =   855
    End
    Begin VB.Label Label1
        Caption             =   "1#返回数据"
        Height              =   255
        Left                =   120
        TabIndex            =   0
        Top                 =   480
        Width               =   1095
    End
End
Attribute VB_Name = "Form1"
Attribute VB_GlobalNameSpace = False
Attribute VB_Creatable = False
Attribute VB_PredeclaredId = True
Attribute VB_Exposed = False
```

从 1#模块读数据的 VB 程序如下：

```
Private Sub Command1_Click()
    Text2.Text = ""
    MSComm1.PortOpen = True                        '打开通信端口
    MSComm1.Output = "@01R"                        '向 1#模块发出索要数据的指令
    For  Wait = 1 To 10000000                      '等待，确保数据可靠传送
    Next Wait
    Text1.Text = MSComm1.Input                     '接收模块发送的数据
    Call Verify                                    '调用校验过程
    MSComm1.PortOpen = False                       '关闭通信端口
End Sub
Private Sub Verify()                               '校验过程
```

```
    On Error Resume Next
    Rchar = Asc(Mid$(Text1.Text, 1, 1))                    '取字符串第一个字符的ASCII码
    For I = 2 To 64                                        '循环
        Rchar = Asc(Mid$(Text1.Text, I, 1)) Xor Rchar      '将64个字符异或
    Next I
    Vchar = Val("&h" + Mid$(Text1.Text, 65, 2))            '取校验位
    If Rchar = Vchar Then Text2.Text = "正确"
End Sub
```

图 11-43 为运行结果。

图 11-43　RM417 模块 VB 语言通信测试

2. 使用 Delphi 语言调用 MSComm 控件对 RM417 模块编程

在 Delphi 应用程序中，像使用 Delphi 组件一样，在程序窗体 Form 中加入 MSComm 控件，即可编写调用 MSComm 控件对 RM417 模块编程的 Delphi 程序。

RM417 模块 Delphi 语言通信测试程序的窗体如图 11-44 所示。

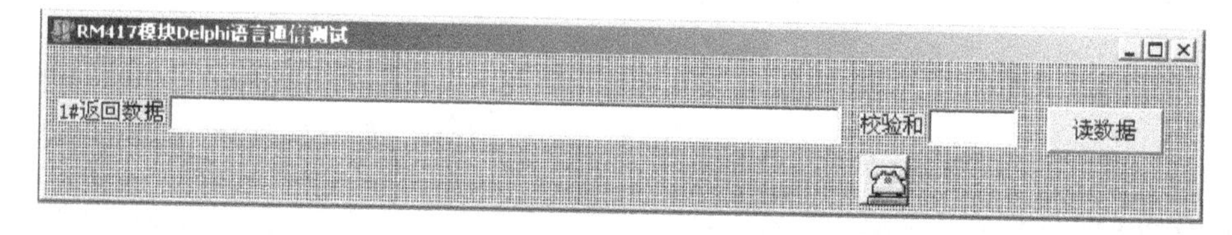

图 11-44　Delphi 程序窗体

从 1# 模块读数据的 Delphi 程序如下：

```
unit RM4171;

interface
uses
      Windows, Messages, SysUtils, Classes, Graphics, Controls, Forms, Dialogs,
      OleCtrls, MSCommLib_TLB, StdCtrls, ExtCtrls;
      procedure Verify1(Sender: TObject);
type
      TForm1 = class(TForm)
        Label1: TLabel;
        Edit1: TEdit;
        Label2: TLabel;
```

```
        Edit2: TEdit;
        Button1: TButton;
        MSComm1: TMSComm;
        procedure Button1Click(Sender: TObject);
private
        { Private declarations }
public
        { Public declarations }
end;

var
      Form1: TForm1;

implementation
{$R *.DFM}

procedure Verify1(Sender: TObject);                  // 校验过程
var
    s : String[2];
    su : Integer;
    i, Rchar, Mchar, Vchar : Integer;
begin
    s : = copy (form1.Edit1.Text, 1, 1);             // 取字符串第一个字符
    su : = Ord (s[1]);                               // 取第一个字符的 ASCII 码
    Rchar : = su;
    For i: = 2 to 64 do                              // 循环
    begin
        s: = copy (form1.Edit1.Text, i, 1);
        su : = Ord (s[1]);
        Rchar : = su Xor Rchar;                      // 将 64 个字符异或
    end;
    s : = copy (form1.Edit1.Text, 65, 2);
    Vchar : = StrToInt ('$' + s);                    // 取校验位
    if  Rchar = Vchar then
          form1.Edit2.Text : = '正确'
    else
          form1.Edit2.Text : = '错误';
end;
procedure TForm1.Button1Click(Sender: TObject);
```

```
var
      Wait : Integer;
begin
      Edit2.Text := '';
      MSComm1.PortOpen := True;              // 打开通信端口
      MSComm1.Output := '@01R';              // 向 1# 模块发出索要数据的指令
      For Wait := 1 To 100000000 do;         // 等待,确保数据可靠传送
      Edit1.Text := MSComm1.Input;           // 接收模块发送的数据
      Verify1(Sender);                       // 调用校验过程
     MSComm1.PortOpen := False;              // 关闭通信端口
end;
procedure TForm1.FormShow(Sender: TObject);
begin
     MSComm1.Settings:='9600,n,8,1';         // 设置波特率、奇偶校验、数据位和停
                                               止位。
end;
end.
```

图 11-45 为运行结果。

图 11-45 RM417 模块 Delphi 语言通信测试

11.4 EDA9033E 电参数模块的数据采集

11.4.1 概述

EDA9033E 模块是一种智能型三相电参数数据综合采集模块,它采用三表法准确测量三相三线制或三相四线制交流电路中的三相电流、三相电压(真有效值)、有功功率、无功功率、功率因数、频率、正反向有功电能、正反向无功电能等电参数。

EDA9033E 模块的输入为三相电压(0～500V)、三相电流(0～1000A),输出为 RS-485 或 RS-232 接口的数字信号,支持的通信协议有:ASCII 协议、十六进制 LC-02 协议、Modbus-ASCII 协议、Modbus-RTU 协议。

EDA9033E 模块可广泛应用于各种工业控制与测量系统及各种集散式/分布式电力监控系统。

EDA9033E 模块能替代一系列电流、电压、功率、功率因数、电量等变送器,可大大降低系统成本,方便现场布线,提高系统的可靠性。其 RS-485 总线的输出兼容于 NuDAM、ADAM

等模块的 ASCII 码指令集，使其可与其他厂家生产的控制模块挂在同一 RS－485 总线上。该模块便于计算机编程，可轻松地构建测控系统。

EDA9033E 模块采用电磁隔离和光电隔离技术，使电压输入、电流输入及输出三部分完全隔离。

11.4.2 主要功能与技术指标

1. 输入信号

三相交流(50/60Hz)电压、电流

输入频率：45～75Hz

电压量程(相电压)：10V、20V、50V、60V、100V、200V、250V、300V、400V、500V

电流量程：1A、2A、3A、5A、10A、20A、50A、100A、200A、500A、1000A

信号处理：16 位 A/D 转换，6 通道，每通道均以 4kHz 速率同步交流采样，模块实时数据为 1s 的真有效值(每秒刷新 1 次)。

过载能力：1.4 倍量程输入可正确测量，瞬间(10 周波)电流 5 倍，电压 3 倍量程不损坏。

2. 通信输出

输出数据：三相相电压 U_a、U_b、U_c；三相电流 I_a、I_b、I_c；有功功率 P、无功功率 Q、功率因数 PF、频率 f、各相有功功率 P_a、P_b、P_c；各相无功功率 Q_a、Q_b、Q_c；正向有功电能、反向有功电能、正向无功电能、反向无功电能等电参数。

输出接口：RS－485 二线制 ±15kVESD 保护、或 RS－232 三线制±20kVESD 保护。

通信速率(bit/s)：1200、2400、4800、9600、19200

通信协议：ASCII 码协议、十六进制 LC-02 协议、Modbus-ASCII 协议、Modbus-RTU 协议。

3. 测量精度

电流、电压：0.2 级

其他电参数：0.5 级

4. 参数设定

模块地址、通信速率、通信协议、电压变比、电流变比、有功无功电量底数均可通过通信接口设定。

5. 模块供电电源

＋5V±10％、＋8～30V、AC60～265V 任选其一。

功耗 ＜ 0.5W。

＋5V 供电：消耗电流小于 70mA，输入纹波应小于 200 mV，输入电压 5V±10％。

＋8～30V 供电：消耗电流小于 70mA，最高输入电压不得超过＋32V。

交流供电(50Hz)：输入电压范围为 60～265VAC，最高输入电压不超过 270VAC。

6. 隔离电压

输入—输出：1000VDC。电流输入、电压输入、AC 电源输入、通信接口输出之间相互隔离。

7. 工作环境

工作温度:－20～70℃

存储温度:－40～85℃

相对湿度:5%～95%RH 不结露

11.4.3 EDA9033E 模块的外形及端子定义

1. EDA9033E 模块的外形

EDA9033E 模块分为以下两种。

(1) EDA9033EA 模块

EDA9033EA 模块将互感器与变送器一体,其外形如图 11-46 所示。

图 11-46　EDA9033EA 模块外形

(2) EDA9033EC 模块

EDA9033EC 模块的互感器为外置,其外形如图 11-47 所示。

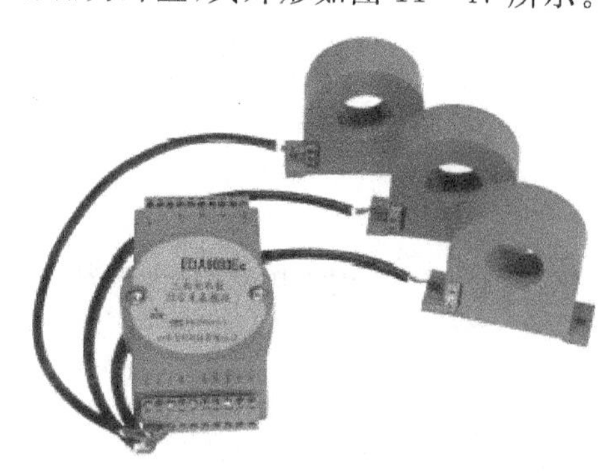

图 11-47　EDA9033EC 模块外形

2. EDA9033E 模块端子的定义

EDA9033EA 模块端子定义见表 11-14。

表 11－14　EDA9033EA 模块端子定义

端子符号	含　　义
IA＋	外置互感器时,A 相电流互感器输出信号＋端接至此引脚
IB＋	外置互感器时,B 相电流互感器输出信号＋端接至此引脚
IC＋	外置互感器时,C 相电流互感器输出信号＋端接至此引脚
IGND	外置互感器时,接 A、B、C 电流互感器输出信号负端,此脚与 UGND 相连
XOUT	显示数据驱动接口,接至 EDA90-X 系列电参数显示表
DATA＋	RS－485 接口信号正(A)
DATA－	RS－485 接口信号负(B)
TXD	RS－232 接口数据输出
RXD	RS－232 接口数据输入
TTL	TTL 电平,表示 232 接口的 TXD、RXD 为 TTL 电平,可与单片机直接连接
VCC	直流正电源输入:8V～＋30V
＋5V	直流＋5V 电源输入
GND	直流电源输入地,也为 RS－232、RS－485 的信号地
UGND	测量电压输入地,此地与电源地(GND)隔离
UA	A 相测量电压输入
UB	B 相测量电压输入
UC	C 相测量电压输入
AC1	交流供电电源输入 N
AC2	交流供电电源输入 L
IA←	A 相电流输入及通过互感器的穿心方向
IB←	B 相电流输入及通过互感器的穿心方向
IC←	C 相电流输入及通过互感器的穿心方向

注:端子符号为模块厂商原标注方式

EDA9033EC 模块端子定义见表 11－15。

表 11－15　EDA9033EC 模块端子定义

端子符号	含义
IA＋	外置互感器时,A 相电流互感器输出信号＋端接至此引脚
IB＋	外置互感器时,B 相电流互感器输出信号＋端接至此引脚
IC＋	外置互感器时,C 相电流互感器输出信号＋端接至此引脚
IGND	外置互感器时,接 A、B、C 电流互感器输出信号负端,此脚与 UGND 相连
NC	未连接
XOUT	显示数据驱动接口,接至 EDA90-X 系列电参数显示表
DATA＋　TXD	RS－485 接口信号正(A)　　RS－232 接口数据输出
DATA－　RXD	RS－485 接口信号负(B)　　RS－232 接口数据输入
＋5V　VCC	电源正
GND	电源负,地
UGND	电压输入地

续表 11-15

端子符号	含义
NC	未连接
UA	A相测量电压输入
NC	未连接
UB	B相测量电压输入
NC	未连接
UC	C相测量电压输入
NC	未连接
AC1	交流供电电源输入N
AC2	交流供电电源输入L

注:端子符号为模块厂商原标注方式

11.4.4　模块应用接线

模块典型接线如图11-48所示。

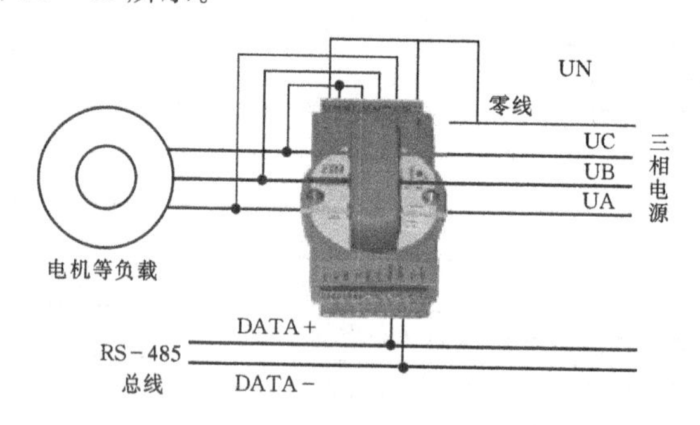

图11-48　模块典型接线

EDA9033E模块接线方法有如下几种。

1. 三相三线,直接电压电流回路

接线方法如图11-49所示。

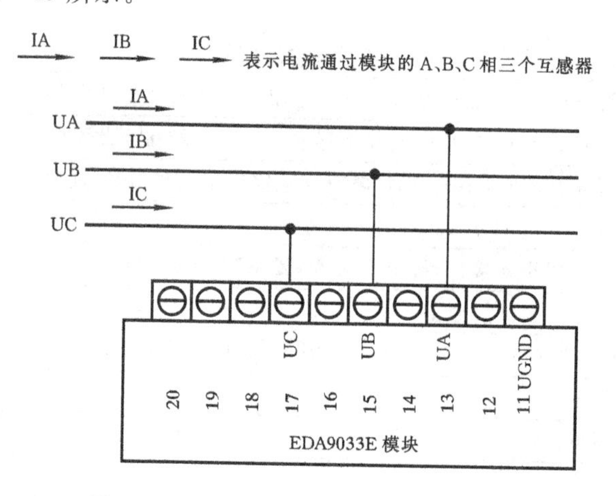

图11-49　三相三线,直接电压电流回路

2. 三相四线,直接电压电流回路

接线方法如图11-50所示。

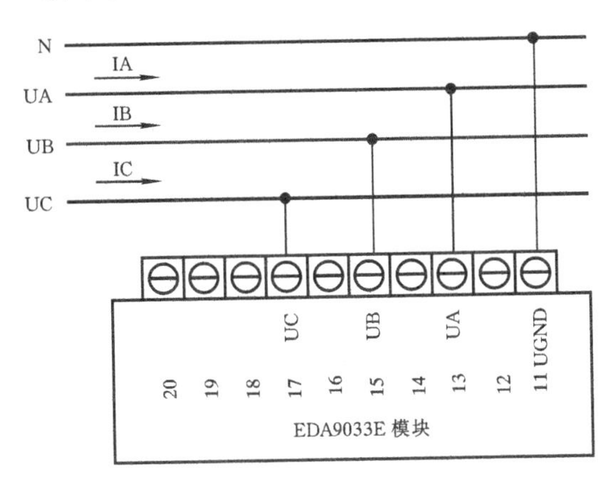

图11-50　三相四线,直接电压电流回路

3. 三相三线3CT,直接电压回路

接线方法如图11-51所示。

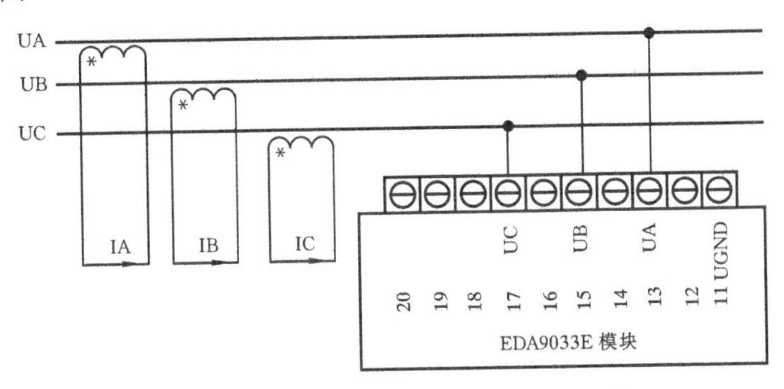

图11-51　三相三线3CT,直接电压回路

4. 三相四线3CT,直接电压回路

接线方法如图11-52所示。

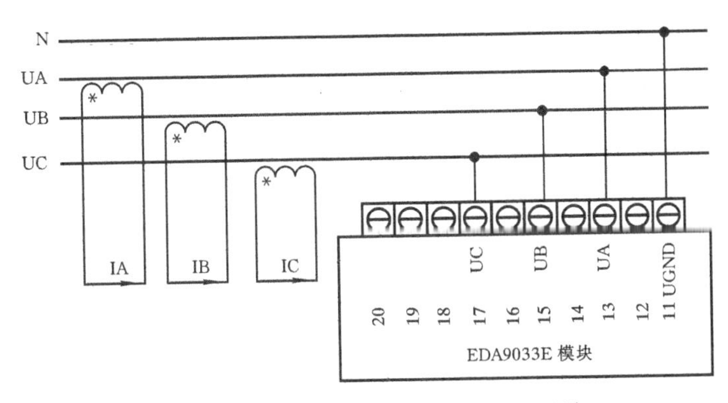

图11-52　三相四线3CT,直接电压回路

5. 三相三线,采用3CT、2PT

接线方法如图11-53所示。

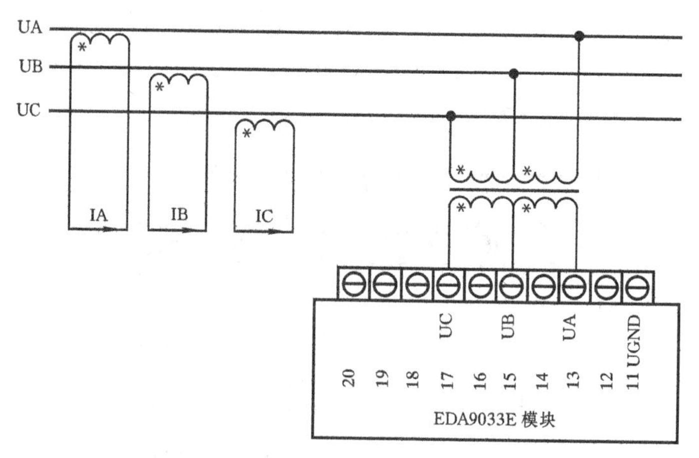

图11-53　三相三线,采用3CT、2PT

6. 三相三线,采用2CT、2PT

接线方法如图11-54所示。

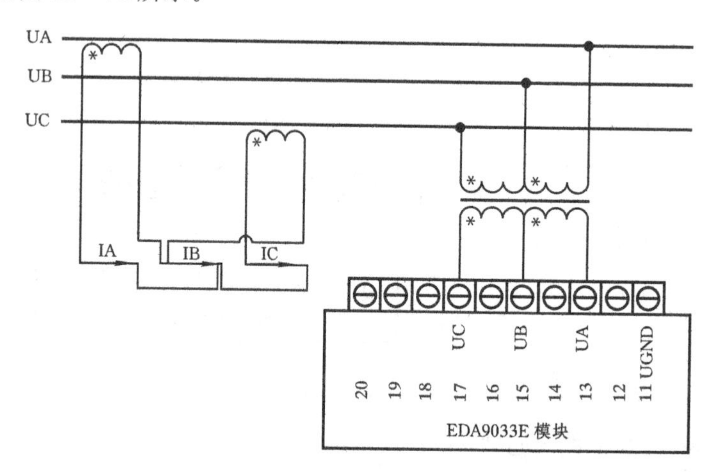

图11-54　三相三线,采用2CT、2PT

图中,IA、IC相电流通过A、C两相电流互感器后,同时从B相互感器反相穿出,在三相三线制中,IA+IB+IC=0,IB=IA-IC。

7. 三相四线,采用3CT、3PT

接线方法如图11-55所示。

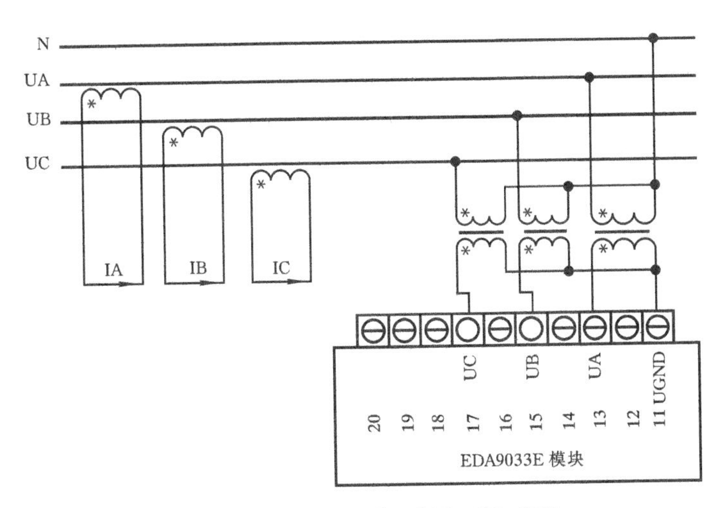

图 11-55　三相四线，采用 3CT、3PT

11.4.5　模块使用设置

EDA9033E 模块出厂时，地址设定为 01＃，波特率为 9600bit/s，电压比、电流比为 1。模块地址可在 0～256(00～FFH)范围内任意设定，波特率有 1200、2400、4800、9600、19200bit/s 可供选择使用。模块地址与波特率等参数修改后，其值存于模块中的 EEPROM 中。

1. 波特率设置

在 EDA9033E 模块中，通信波特率用波特率代码表示，两者之间的对应关系见表 11-16。

表 11-16　波特率代码与波特率之间关系

波特率代码	波特率
03	1200
04	2400
05	4800
06	9600
07	19200

在 EDA9033E 模块波特率设置时，使用表 11-16 中的代码，即可进行相应波特率的设置。

2. RS-485 网络驱动能力

RS-485 网络最多可允许将 64 个 EDA9033E 挂于同一 RS-485 总线上，如果采用 RS-485 中继器，可将多达 256 个模块连接到同一网络上，最大通信距离达 1200 m。主计算机通过 EDA485(RS-232 / RS-485)转换器用一个 COM 通信端口连接到 RS-485 网络。

3. EDA9033E 模块配置

在将 EDA9033E 模块安装入网络前，须对模块单独配置，即将模块的波特率与网络的波特率设为一致，地址无冲突(与网络已有模块的地址不重叠)。

4. 量程选择

可根据实际测量需要，选择电压量程(10～500V)与电流量程(1～1000A)。

EDA9033E模块可正确测量满量程1.4倍的电流、电压输入信号，超过满量程1.4倍的输入会逐渐饱和；测量值偏小，不能准确测量。不超过3倍满电压量程与10倍满电流量程的瞬时(<0.1s)输入信号不会导致模块损坏，但要注意电源不要接反或接错。

数据以标称满量程的百分数形式输出。ASCII码协议下电流、电压等参数的数据格式：

1位符号位 + 5位数据位 + 1位小数点

设标称电压量程为U_0，电流量程为I_0，其转换公式如下所示：

相电压U = 输出数据$U \times U_0$ (V)

电流I = 输出数据$I \times I_0$ (A)

单相有功功率P_a= 输出数据$P_a \times U_0 \times I_0$ (W)

有功功率P = 输出数据$P \times U_0 \times I_0 \times 3$ (W)

单相无功功率Q_a= 输出数据$Q_a \times U_0 \times I_0$ (var)

无功功率Q = 输出数据$Q \times U_0 \times I_0 \times 3$ (var)

功率因数$\cos\varphi$= 输出数据 $\times \cos\varphi$ (PF)

电量 = 电量输出数据 / (10000 / 9)$\times U_0 \times I_0$/(3×1000×3600) (kW·h)

各线电压按下式计算：

$$U_{ab} = \sqrt{U_a^2 + U_b^2 + U_a \times U_b} \qquad U_{bc} = \sqrt{U_b^2 + U_c^2 + U_b \times U_c}$$

$$U_{ca} = \sqrt{U_c^2 + U_a^2 + U_c \times U_a}$$

各相视在功率：

$$S_a = U_a \times I_a \qquad S_b = U_b \times I_b \qquad S_c = U_c \times I_c$$

总视在功率：

$$S = \sqrt{P^2 + Q^2}$$

各个参数的详细计算公式见后面通信协议说明中所列的计算公式及例子。

11.4.6 EDA9033E模块ASCII码通信指令及参数计算

1. 数据格式

1位起始位，8位数据位，1位停止位。

2. 指令格式

EDA9033E模块指令格式如下：

定界符 + ADDR + 命令字 + <CR>

其中，定界符有：$、%、#、&、!、>

ADDR — 地址：00～FF(两位ASCII码表示的十六进制数)

命令字：M、2、3、A、P、W

<CR>：回车(0DH)

3. ASCII指令集

(1) 读模块名

功能：从一指定地址读出模块名。

命令：$(ADDR)M<CR>

响应：！(ADDR)(9033E)<CR>

例如 命令：$01M<CR>

响应：！019033E<CR>

注：响应中的 9033E 为 EDA9033E 模块名。

(2) 读配置

功能：从一指定地址读出模块配置。

命令：$(ADDR)2<CR>

响应：！(ADDR)(00)(BPS)(00)<CR>

例如 命令：$012<CR>

响应：！01000600<CR>

注：BPS — 波特率代码。

(3) 写配置

功能：配置 EDA9033E 模块的通信地址、波特率

命令：%(ADDR)(NEW ADDR)(00)(波特率代码)(00)<CR>

响应：！(ADDR)<CR>

注：(NEW ADDR)— 新模块地址

例如 命令：$0102000600<CR>

响应：！02<CR>

该例将 1＃模块地址改为 2＃，波特率为 9600，回答(响应)表示改地址成功。

(4) 读模块参数

功能：读模块电压、电流的量程、变比。

命令：$(ADDR)3<CR>

响应：！(ADDR)(U0)(I0)(UBB)(IBB)<CR>

说明：

(U0)(I0)(UBB)(IBB)：各 2 字节 ASCII 码表示的 1 字节(8 位)十六进制数。

U0——电压量程，其值为 1～250，表示 2～500V，即输出值乘以 2 为实际电压量程。

I0——电流量程，其值为 1～200，表示 1～200A。

UBB——电压变比，其值为 1～200。

IBB——电流变比，其值为 1～250。

例如 命令：$013<CR>

响应：！0132050101<CR>

该例读 1＃模块的电压、电流的量程、变比，读出的电压量程为 64V，电流量程为 5A，电压变比和电流变比都为 1。

(5) 设置模块电压、电流变比

命令：%(ADDR)(UBB)(IBB)<CR>

响应：！(ADDR)<CR>

说明：

(UBB)(IBB)：各 2 字节 ASCII 码表示的 1 字节(8 位)十六进制数。

UBB——电压变比，其值为 1～200。

IBB——电流变比,其值为1～250。

例如 命令:%013CC8<CR>

响应:! 01<CR>

该例将1#模块的电压变比设置为60,电流变比设置为200。回答表示设置成功。

(6) 读数据

功能:读出EDA9033E模块实时电压、电流、总有功、无功、功率因数等数据。数据输出顺序为UA、IA、UB、IB、UC、IC、P、Q、cosφ。

命令:#(ADDR)A<CR>

响应:>(DATA)<CR>

说明:

(DATA)——UA、IA、UB、IB、UC、IC、P、Q、cosφ数据。每个数据为7字节ASCII码值,格式为:1位符号位+5位十进制数据位+1个小数点。其数值为标称满量程的百分数(cosφ为实际测量值)。

各个数据的含义及计算如下:

(UA)——A相电压值,实际值 = (UA) × (U0) × (UBB)　(V)

(UB)——B相电压值,实际值 = (UB) × (U0) × (UBB)　(V)

(UC)——C相电压值,实际值 = (UC) × (U0) × (UBB)　(V)

(IA)——A相电流值,实际值 = (IA) × (I0) × (IBB)　(A)

(IB)——B相电流值,实际值 = (IB) × (I0) × (IBB)　(A)

(IC)——C相电流值,实际值 = (IC) × (I0) × (IBB)　(A)

(P)——总有功功率值,实际值 = (P)×3×(U0)×(I0)×(UBB)×(IBB)　(W)

(Q)——总无功功率值,实际值 = (Q)×3×(U0)×(I0)×(UBB)×(IBB)　(var)

(cosφ)——总功率因数,实际值 = (cosφ)　(PF)

(7) 读数据

功能:读各单相有功功率、各单相无功功率、频率,数据输出顺序为PA、PB、PC、QA、QB、QC、F。

命令:#(ADDR)P<CR>

响应:>(DATA)<CR>

说明:

(DATA)——PA、PB、PC、QA、QB、QC、F数据。每个数据为7字节ASCII码值,数据格式为:1位符号位+5位十进制数据位+1位小数点。其数值为标称满量程的百分数(F数值为实际测量值)。

各个数据的含义及计算如下:

(PA)——A相有功功率,实际值= (PA)×(U0)×(I0)×(UBB)×(IBB)　(W)

(PB)——B相有功功率,实际值 = (PB)×(U0)×(I0)×(UBB)×(IBB)　(W)

(PC)——C相有功功率,实际值 = (PC)×(U0)×(I0)×(UBB)×(IBB)　(W)

(QA)——A相无功功率,实际值= (QA)×(U0)×(I0)×(UBB)×(IBB)　(var)

(QB)——B相无功功率,实际值 = (QB)×(U0)×(I0)×(UBB)×(IBB)　(var)

(QC)——C相无功功率,实际值 = (QC)×(U0)×(I0)×(UBB)×(IBB)　(var)

(F) ——频率值，线电压 UAB 的频率，实际值 ＝ (F)　(Hz)

(8) 读电量数据

功能：读正向有功总电能、反向有功总电能、正向无功总电量、反向无功总电量。

命令：＃(ADDR)W<CR>

响应：>(DATA)(CHK)<CR>

说明：

(DATA)——正向有功总电能、反向有功总电能、正向无功总电量、反向无功总电量数据。每个数据为 12 字节 ASCII 码表示的 6 字节(48 位)十六进制数。

(CHK)——从">"开始(包括 >)的所有数据累加和的 1 字节十六进制数用 2 字节 ASCII 码表示。

EDA9033E 模块可输出累计正反向有、无功电量，EDA9033E 上电后即开始测量，电量从掉电前的电量值开始累计。电压、电流输入满量程时，各电量参数的最小累计时间为 15 年，超过此时间可能产生溢出。电量数据掉电 10 年内不丢失。收到电量底数设定指令后，重新设定电量底数。

各个数据的含义及计算公式如下：

(正向有功总电能)：实际值＝(正向有功总电能)/ (10000/ 9)×(U0)×(I0)×(UBB)×(IBB)/3000/3600　(kWh)

(反向有功总电能)：实际值＝(反向有功总电能)/ (10000/ 9)×(U0)×(I0)×(UBB)×(IBB)/3000/3600　(kWh)

(正向无功总电量)：实际值＝(正向无功总电量)/ (10000/ 9)×(U0)×(I0)×(UBB)×(IBB)/3000/3600　(kWh)

(反向无功总电量)：实际值＝(反向无功总电量)/ (10000/ 9)×(U0)×(I0)×(UBB)×(IBB)/3000/3600　(kWh)

(有功总电能)＝(正向有功总电能)－(反向有功总电能)

(无功总电能)＝(正向无功总电能)－(反向无功总电能)

(9) 配置电量底数

功能：配置正向有功总电能、反向有功总电能、正向无功总电量、反向无功总电量。

命令：&(ADDR)(DATA)(CHK)<CR>

响应：! (ADDR)<CR>

说明：

(DATA)——正向有功总电能、反向有功总电能、正向无功总电量、反向无功总电量数据，每个数据为 12 字节 ASCII 码表示的 6 字节(48 位)十六进制数。

(CHK)——从"&"开始(包括 &)的所有数据累加和的 1 字节十六进制数用 2 字节 ASCII 码表示。

各个数据的含义及计算公式如下：

(正向有功总电能)：输出值＝ 正向有功总电能实际值(kWh)×3000×3600/(U0)/(I0)/(UBB)/ (IBB)×1111

(反向有功总电能)：输出值＝ 反向有功总电能实际值(kWh)×3000×3600/(U0)/(I0)/(UBB)/ (IBB)×1111

(正向无功总电量):输出值= 正向无功总电量实际值(kWh)×3000×3600/(U0)/(I0)/(UBB)/ (IBB)×1111

(反向无功总电量):输出值= 反向无功总电量实际值(kWh)×3000×3600/(U0)/(I0)/(UBB)/ (IBB)×1111

11.4.7　EDA9033E模块数据采集程序编程

EDA9033E模块的编程方法灵活,读者可以在Windows XP环境下,直接使用VB语言和其自带的MSComm控件,也可以使用Delphi语言调用MSComm控件的方法来实现PC机与EDA9033E模块的通信。

下面介绍采用Delphi语言调用MSComm控件的方法来实现PC机与EDA9033E模块通信的程序实例。

在Delphi应用程序中,像使用Delphi组件一样,在程序窗体Form中加入MSComm控件,EDA9033E模块Delphi语言通信测试程序的窗体如图11-56所示。

在图11-56的窗体中有串口设置栏、模块基本配置栏,电量读取与设定栏,读数据栏。

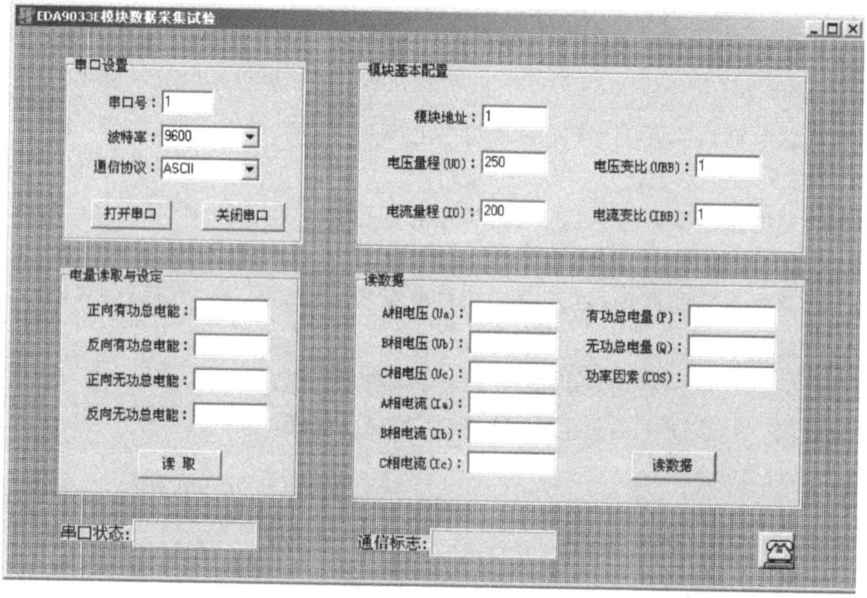

图11-56　EDA9033E模块Delphi通信测试程序的窗体

1. 串口设置栏

在进行串口通信操作之前,首先要对串口设置栏的参数进行设置,设置完毕后才能打开串口。如果要改变串口设置栏中的参数,必须先关闭串口,对串口设置栏的参数进行设置,然后再打开串口。

2. 模块基本配置栏

在该栏内可以输入模块的基本配置。

3. 电量读取与设定栏

该栏用来读取模块内的电量数据，或设定模块的电量底数。

4. 读取数据栏

该栏用来读取和显示模块的全部电参数数据。

串口状态框显示串口打开与关闭的信息。通信标志框显示数据采集与设置通信的通信标志。

图 11-56 窗体使用了 19 个 Edit 组件，2 个 ComboBox 组件，5 个 Button 组件，2 个 Panel 组件，23 个 Label 组件，4 个 GroupBox 组件和 1 个 MSComm 组件。

例 11.2　使用一块 EDA9033E 模块采集一台螺杆式空气压缩机的三相电压、电流等电参数。

解　设 EDA9033E 模块的模块地址为 1，波特率为 9600，通信协议为 ASCII 码，则采用 Delphi 5 语言编写的 EDA9033E 模块数据采集程序如下：

```
unit ElecAq1;

interface

uses
  Windows, Messages, SysUtils, Classes, Graphics, Controls, Forms, Dialogs, RXCtrls,
  ExtCtrls, OleCtrls, MSCommLib_TLB, StdCtrls;
  procedure Wait(MSecs:LongInt; num:Integer);

type
  TForm1 = class(TForm)
    MSComm1: TMSComm;
    GroupBox1: TGroupBox;
    Label1: TLabel;
    Edit1: TEdit;
    Label2: TLabel;
    Label3: TLabel;
    ComboBox1: TComboBox;
    ComboBox2: TComboBox;
    Button1: TButton;
    Button2: TButton;
    GroupBox2: TGroupBox;
    Label4: TLabel;
    Edit2: TEdit;
    Label5: TLabel;
    Edit3: TEdit;
    Label6: TLabel;
    Edit4: TEdit;
```

```
Label7: TLabel;
Label8: TLabel;
Edit5: TEdit;
Edit6: TEdit;
GroupBox3: TGroupBox;
GroupBox4: TGroupBox;
Label9: TLabel;
Label10: TLabel;
Label11: TLabel;
Label12: TLabel;
Edit7: TEdit;
Edit8: TEdit;
Edit9: TEdit;
Edit10: TEdit;
Button3: TButton;
Label13: TLabel;
Label14: TLabel;
Label15: TLabel;
Label16: TLabel;
Label17: TLabel;
Label18: TLabel;
Edit11: TEdit;
Edit12: TEdit;
Edit13: TEdit;
Edit14: TEdit;
Edit15: TEdit;
Edit16: TEdit;
Label19: TLabel;
Label20: TLabel;
Label21: TLabel;
Edit17: TEdit;
Edit18: TEdit;
Edit19: TEdit;
Label29: TLabel;
Label30: TLabel;
Panel1: TPanel;
Button4: TButton;
Panel2: TPanel;
procedure Button1Click(Sender: TObject);
```

```
    procedure Button2Click(Sender: TObject);
    procedure Button3Click(Sender: TObject);
    procedure Button4Click(Sender: TObject);
    procedure ComboBox1Change(Sender: TObject);
    procedure FormShow(Sender: TObject);
    procedure ComboBox2Change(Sender: TObject);
  private
    { Private declarations }
  public
    { Public declarations }
  end;

var
  Form1: TForm1;
  Comm: Integer;
  Bpstr: String[6];
  Bps: Integer;
  CommMode: String[12];
  Addre: String[2];
  U0, I0, Ubb, Ibb: Integer;
  Ua, Ub, Uc: String;
  Ia, Ib, Ic: String;
  COSFai: String;

implementation

{$R *.DFM}

procedure Wait(MSecs:LongInt; num:Integer);
var
   FirstTickCount, NowTick: LongInt;
begin
   FirstTickCount := GetTickCount;                          // 读取计算机开机后的毫秒数
   repeat
       Application.ProcessMessages;                         // 允许计算机响应外部事件
       NowTick := GetTickCount;                             // 读取计算机开机后的毫秒数
       if Form1.MSComm1.InBufferCount >= num then Exit;     // 判断接收缓冲区的字符数
   until (NowTick - FirstTickCount) >= MSecs;
end;
```

```
procedure TForm1.Button3Click(Sender: TObject);
var
  StrReadSJ, StrTemp: String;
  Datasj: Array[0..4] of Double;
  JYW: Integer;
  CS256: Double;
  I, J, Sum: Integer;
  Tempval1: Double;
  ss: String[3];
  YGZDianNeng: Double;
  WGZDianNeng: Double;
begin
  if (StrToInt(Edit2.Text) >= 0) and (StrToInt(Edit2.Text) <= 256) then
  begin
    if Length(Edit2.Text) = 1 then Addre:= '0' + Edit2.Text else Addre:= Edit2.Text;
    U0:= StrToInt(Edit3.Text);
    I0:= StrToInt(Edit4.Text);
    Ubb:= StrToInt(Edit5.Text);
    Ibb:= StrToInt(Edit6.Text);
    if CommMode = 'ASCII' then
    begin
      StrReadSJ := '#' + Addre + 'W' + Chr(13);      // 组成读电量数据命令串
      Form1.MSComm1.InBufferCount:= 0;               // 清除接收缓冲区
      Form1.MSComm1.OutBufferCount:= 0;              // 清除传输缓冲区
      Form1.MSComm1.InputMode:= ComInputModeText;    // 以文本形式读取数据
      Form1.MSComm1.Output:= StrReadSJ;              // 输出读电量数据命令串
      Wait(Trunc((0.1 + (10 / Bps) * 52) * 1000), 52);   // 延时等待
      StrTemp:= Form1.MSComm1.Input;                 // 从串口读取电量数据
      CS256:= 256;
      If (Length(StrTemp) >= 52) and (StrTemp[1] = '>') then
                                                     // 判断返回数据为52位否?
      Begin
        Sum:= 0;
        for I:= 1 to 49 do                           // 条件成立,分离各个电量数据
        begin
          Sum:= Sum + Ord(StrTemp[I]);          // 对字符串每个字符的ASCII码求和
        end;
        Sum:= Sum mod 256;
```

```
            JYW: = StrToInt('$' + Copy(StrTemp, 50, 2));
                                              // 组成字符串并转换成十六进制数
            if Sum = JYW then
            begin
              for J: = 0 to 3 do
              begin
                for I: = 1 to 6 do
                begin
                  ss: = '$' + Copy(StrTemp, I * 2 + J * 12, 2);    // 组成字符串
                  Tempval1: = StrToInt(ss);           // 将字符串转换成十六进制数
                  if I = 1 then CS256: = 1099511627776;
                  if I = 2 then CS256: = 4294967296;
                  if I = 3 then CS256: = 16777216;
                  if I = 4 then CS256: = 65536;
                  if I = 5 then CS256: = 256;
                  if I = 6 then CS256: = 1;
                  Datasj[1 + J]: = Datasj[1 + J] + Tempval1 * CS256;
                                                          // 合成各个电量数据
                end;
                Datasj[1 + J]: = (Datasj[1 + J] / (10000 / 9) * U0 * I0 * Ubb * Ibb) /
                3000 / 3600;
              end;                                    // 计算各个电量数据实际值
            end;
            Edit7.Text: = FloatToStr(Datasj[1]);        // 显示正向有功总电能
            Edit8.Text: = FloatToStr(Datasj[2]);        // 显示反向有功总电能
            Edit9.Text: = FloatToStr(Datasj[3]);        // 显示正向无功总电能
            Edit10.Text: = FloatToStr(Datasj[4]);       // 显示反向无功总电能
            YGZDianNeng: = Datasj[1] - Datasj[2];       // 计算有功总电能
            WGZDianNeng: = Datasj[3] - Datasj[4];       // 计算无功总电能
            Edit17.Text: = FloatToStrF(YGZDianNeng, ffFixed, 11, 1);
                                                          // 显示有功总电能
            Edit18.Text: = FloatToStrF(WGZDianNeng, ffFixed, 11, 1);
                                                          // 显示无功总电能
            Panel2.Caption: ='成功';
          end;
          if (Length(StrTemp) < 52) then Panel2.Caption: ='失败';
        end;
      end;
    end;
```

```
procedure TForm1.Button2Click(Sender: TObject);
begin
   MSComm1.PortOpen:= False;
   Panel1.Caption:= '端口已关闭';
   Button1.Enabled:= True;
   Button2.Enabled:= False;
   Button3.Enabled:= False;
   Button4.Enabled:= False;
end;

procedure TForm1.Button4Click(Sender: TObject);
var
   StrReadSJ, StrTemp : String;
   Uas, Ubs, Ucs : String[6];
   Ias, Ibs, Ics : String[6];
   Ua, Ub, Uc : Real;
   Ia, Ib, Ic : Real;
   COSFais : String[6];
begin
   if (StrToInt(Edit2.Text) >= 0) and (StrToInt(Edit2.Text) <= 256) then
   begin
      if Length(Edit2.Text) = 1 then Addre:= '0' + Edit2.Text else Addre:= Edit2.Text;
      U0:= StrToInt(Edit3.Text);
      I0:= StrToInt(Edit4.Text);
      Ubb:= StrToInt(Edit5.Text);
      Ibb:= StrToInt(Edit6.Text);
      if CommMode = 'ASCII' then
      begin
         StrReadSJ:= '#' + Addre + 'A' + Chr(13);      // 组成读数据命令串
         Form1.MSComm1.InBufferCount:= 0;              // 清除接收缓冲区
         Form1.MSComm1.OutBufferCount:= 0;             // 清除传输缓冲区
         Form1.MSComm1.InputMode:= ComInputModeText;   // 以文本形式读取数据
         Form1.MSComm1.Output:= StrReadSJ;             // 输出读数据命令串
         Wait(Trunc((0.1 + (10 / Bps) * 65) * 1000), 65);  // 延时等待
         StrTemp:= Form1.MSComm1.Input;                // 从串口读取数据
         if (Length(StrTemp) >= 65) and (StrTemp[1] = '>') then
                                                       // 判断返回数据为 65 位否?
         Begin                                         // 条件成立
```

```
        Uas: = Copy(StrTemp, 3, 6);                   // 从读取数据串中分离出 Ua
        Ias: = Copy(StrTemp, 10, 6);                  // 从读取数据串中分离出 Ia
        Ubs: = Copy(StrTemp, 17, 6);                  // 从读取数据串中分离出 Ub
        Ibs: = Copy(StrTemp, 24, 6);                  // 从读取数据串中分离出 Ib
        Ucs: = Copy(StrTemp, 31, 6);                  // 从读取数据串中分离出 Uc
        Ics: = Copy(StrTemp, 38, 6);                  // 从读取数据串中分离出 Ic
        COSFais: = Copy(StrTemp, 58, 6);              // 从读取数据串中分离出 COSφ
        Ua: = StrToFloat(Uas);
        Ua: = Ua * U0 * Ubb;                          // 计算 Ua 实际值
        Edit11.Text: = FloatToStrF(Ua, ffFixed, 5, 1);    // 显示 Ua 实际值
        Ub: = StrToFloat(Ubs);
        Ub: = Ub * U0 * Ubb;                              // 计算 Ub 实际值
        Edit12.Text: = FloatToStrF(Ub, ffFixed, 5, 1);    // 显示 Ub 实际值
        Uc: = StrToFloat(Ucs);
        Uc: = Uc * U0 * Ubb;                              // 计算 Uc 实际值
        Edit13.Text: = FloatToStrF(Uc, ffFixed, 5, 1);    // 显示 Uc 实际值
        Ia: = StrToFloat(Ias);
        Ia: = Ia * I0 * Ibb;                              // 计算 Ia 实际值
        Edit14.Text: = FloatToStr(Ia);                    // 显示 Ia 实际值
        Ib: = StrToFloat(Ibs);
        Ib: = Ib * I0 * Ibb;                              // 计算 Ib 实际值
        Edit15.Text: = FloatToStr(Ib);                    // 显示 Ib 实际值
        Ic: = StrToFloat(Ics);
        Ic: = Ic * I0 * Ibb;                              // 计算 Ic 实际值
        Edit16.Text: = FloatToStr(Ic);                    // 显示 Ic 实际值
        Edit19.Text: = COSFais;                           // 显示 COSφ 实际值
        Panel2.Caption: ='成功';
      end;
      if  (Length(StrTemp) < 65)  then  Panel2.Caption: ='失败';
    end;
  end;
end;

procedure TForm1.Button1Click(Sender: TObject);
begin
  Comm: = StrToInt(Edit1.Text);
  if (Comm = 1) or (Comm = 2) then
  begin
    MSComm1.CommPort: = Comm;                             // 设置通信串口号
```

```
      MSComm1.Settings:= Bpstr + ',' + 'n,8,1';
                                        // 设置波特率、奇偶校验、数据位和停止位
      MSComm1.PortOpen:= True;                              // 打开串口
      Panel1.Caption:='端口已打开';
      Button1.Enabled:= False;
      Button2.Enabled:= True;
      Button3.Enabled:= True;
      Button4.Enabled:= True;
   end;
end;

procedure TForm1.ComboBox1Change(Sender: TObject);
begin
   Bpstr:= ComboBox1.Text;
   Bps:= StrToInt(ComboBox1.Text);
end;

procedure TForm1.FormShow(Sender: TObject);
begin
   MSComm1.InputLen:= 0;
   Comm:= StrToInt(Edit1.Text);
   ComboBox1. Items. Add ('1200');
   ComboBox1. Items. Add ('2400');
   ComboBox1. Items. Add ('4800');
   ComboBox1. Items. Add ('9600');
   ComboBox1. Items. Add ('19200');
   ComboBox2. Items. Add ('ASCII');
   ComboBox2. Items. Add ('Hex');
   ComboBox2. Items. Add ('MODBUS_ASCII');
   ComboBox2. Items. Add ('MODBUS_RTU');
   Bpstr:= ComboBox1.Text;
   Bps:= StrToInt(ComboBox1.Text);
   CommMode:= ComboBox2.Text;
   Button2.Enabled:= False;
   Button3.Enabled:= False;
   Button4.Enabled:= False;
end;

procedure TForm1.ComboBox2Change(Sender: TObject);
```

```
begin
  CommMode:= ComboBox2.Text;
end;
end.
```

习题与思考题

1. 串行通信与并行通信相比，有何优点和缺点？

2. 简要说明单工、半双工和全双工线路传输方式的区别。

3. 在串行通信中，为保证通信的可靠性，应考虑哪些主要因素？

4. 在一个 RS－232C 接口中，ASCII 码与一位奇偶位、二位停止位一起传送一个字符，问码传输速率为 9600 波特时，字符传输速率为多少？（应加上起始位）

5. 8250 初始化编程的作用是什么？

6. 8250 初始化编程的内容包括哪几部分？

7. 试编写一个用于 PC 机的 9600 波特异步串行通信的 QUICK BASIC 初始化程序。

第 12 章　基于 USB-CAN 总线模块的数据采集

12.1　USB 概述

USB(Universal Serial Bus,简写为 USB)是一种可以同时处理计算机与具有 USB 接口的多种外设之间通信的接口总线。

USB 是由 Compaq、DEC、IBM、Intel、Microsoft 、NEC 和北方电讯七家公司联合开发的一种串行通信标准,目的是为解决日益增加的 PC 机外设与有限的主板插槽和端口之间的矛盾。现在生产的 PC 机、笔记本电脑都配备 USB 接口,Microsoft 的 Windows98/NT/XP 和 Windows 7 以及 MacOS、Linux、FreeBSD 等操作系统都支持 USB。

12.1.1　USB 的特点

1. 允许连接的外设多

USB 具有很强的连接能力,通过一个 4 针标准插头,最多可以以菊花链形式连接 127 个外设到同一系统,并且不会损失带宽,这对一般的计算机系统已经足够了。

2. 传输速度快

USB 提供全速 12MB/s、低速 1.5MB/s 和高速 480MB/s(USB 2.0)三种速率来适应各种不同类型的外设。

3. 外设一般可以不需外接电源

由于 USB 接口包含+5V 的电源线与地线,所以外设可以从集线器获得 500mA 以下的电流(注意:USB 设备本身使用 3.3V 电压,而不是 5V)。

4. 数据传输类型有较大的弹性

为了适应各种不同类型外设的要求,USB 提供了四种不同的数据传输类型:控制、中断、同步和批量传输。无论交换数据量大还是小,还是有无时效的限制,都有合适的传输类型去适应。

5. 支持热插拔(hot plug)

在不关闭 PC 机的情况下,可以安全地插上和断开 USB 设备,动态地加载驱动程序。

6. 支持即插即用(plug and play,PnP)

当插入 USB 设备的时候,计算机系统检测该外设,并且自动加载相关驱动程序,对该设备进行配置,使其正常工作。

7. 具备良好的容错性能

因为在协议中规定了出错处理和差错恢复的机制,所以可以对有缺陷的设备进行认定,并对错误的数据进行恢复或报告。

12.1.2 USB 的拓扑结构

USB 系统采用菊花链式拓扑结构，如图 12－1 所示。

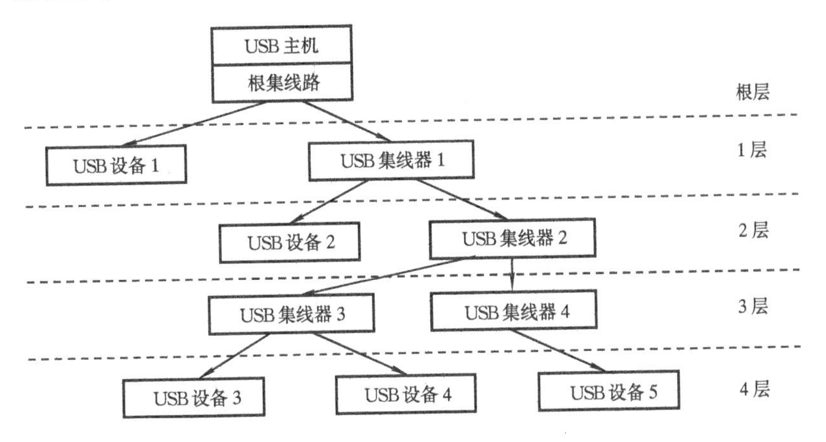

图 12－1 USB 系统拓扑结构

USB 和主机系统的接口称为主机控制器(host controller)，它是由硬件和软件结合实现的。集线器用来提供附加连接点。与主控制器相连的集线器称为根集线器(root hub)，一个 USB 系统中只能有一个根集线器。

由图 12－1 可知，USB 系统中包含的硬件有以下几种。

1. USB 主机(host)

USB 主机包含主控制器和根集线器(root hub)，它被制作在主板芯片组里。在 USB 系统中，只能有一个主机。

USB 主机的作用：

① 检测 USB 设备的连接和拆除；

② 管理主机和 USB 设备之间的控制流和数据流；

③ 收集系统状态；

④ 向 USB 设备提供小功率电源。

USB 根集线器完成对传输的初始化和设备的接入。

2. USB 功能设备(node)

USB 功能设备是指采用 USB 总线的外设，如鼠标、键盘、打印机、扬声器等，为系统提供了具体功能。USB 的协议实现了系统的协调。

3. USB 集线器(hub)

USB 集线器为所有的 USB 设备提供端口，是 USB 所有动作的分配者。集线器采用一对多的方式连接外设，这样呈发射状的连接可以保证使用 127 个外设，因为 USB 使用 7bit 保存地址，2^7 共有 128 个，而 USB 主机控制器必须保留一个，因此还有 127 个地址可以连接 USB 设备。

12.1.3 USB系统的软件结构

USB软件一般由三个主要模块组成：主控制器驱动程序、USB驱动程序、USB设备驱动程序，如图12-2所示。

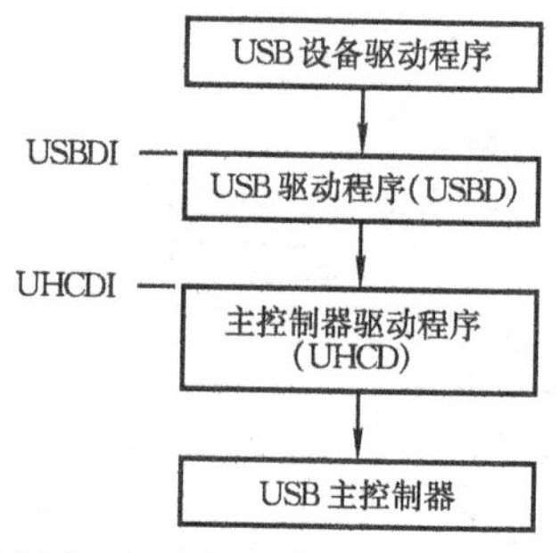

图12-2　USB系统的软件结构

由图12-2可知：

①主控制器驱动程序UHCD(USB host controller driver)。位于低层，用来完成对根hub或其他hub的初始化，并对USB主控制器数据交换任务进行调度。USB主控制器是一个可编程硬件接口，UHCD用来实现与主控制器通信及对其控制的一些细节。

②USB驱动程序USBD(USB driver)。位于中间层，用来实现USB总线的驱动、带宽的分配、对USB设备提供技术支持，用来组织数据传输。通常操作系统已提供USBD支持。

③USB设备驱动程序(又称客户驱动程序或客户软件)，位于最上层，用来实现对特定USB设备的管理和驱动。USB设备驱动程序是USB系统软件和USB应用程序之间的接口。通常由操作系统或设备制造商提供。

当软件采用分层结构时，位于下一层的软件应为上一层软件提供服务，确切地说，应设置一些供上一层调用的函数，这些函数的集合一般称为软件层之间的接口。

图12-2中的USBDI和UHCDI便是这样的接口。

12.1.4 USB传输方式

为了满足不同的通信要求，USB提供了四种传输方式。

1. 控制(control)传输方式

控制传输是双向传输，数据量通常较小。主要用来配置和控制主机到USB设备的数据传输方式、类型和给USB设备发送命令，当USB设备收到这些数据和命令后，将依据先进先出的原则处理到达的数据。每个USB设备都支持控制传输方式。

2. 中断(interrupt)传输方式

中断传输方式是单向的，并且对于主机来说只有输入方式。虽然该方式中设备与主机间的数据传输量小、无周期性，但这些数据需要及时处理，以达到实时效果。此方式主要用于键盘、鼠标以及操纵杆等设备上。

3. 同步(isochronous)传输方式

该方式用来连接需要连续传输数据且对数据的正确性要求不高，而对时间极为敏感的外部设备，如麦克风、喇叭以及电话等。同步传输方式以固定的传输速率，连续不断地在主机与 USB 设备之间传输数据，在传送数据发生错误时，USB 并不处理这些错误，而是继续进行新数据的传送。该方式属于无差错校验，所以不能保证正确无误的数据传输。

4. 批(bulk)传输方式

主要应用在没有间隔时间要求的大量数据传输和接收。该方式支持打印机、扫描仪、数码相机、仪表等外设，这些外设与主机间传输的数据量大，USB 在满足带宽的情况下，才进行该类型的数据传输。

12.1.5　USB 的硬件及连接

1. USB 的线缆

USB 采用 4 芯线缆(电源线 2 条，信号线 2 条)，USB 线缆 4 根导线的功能见表 12－1。

表 12－1　USB 线缆 4 根导线的功能

引脚编号	导线名称	导线颜色
1	V_{BUS}(+5V/500mA)	红
2	D－(负差分信号)	白
3	D+(正差分信号)	绿
4	GND(电源地)	黑
外层	屏蔽层	—

USB 线缆示意图如图 12－3 所示。

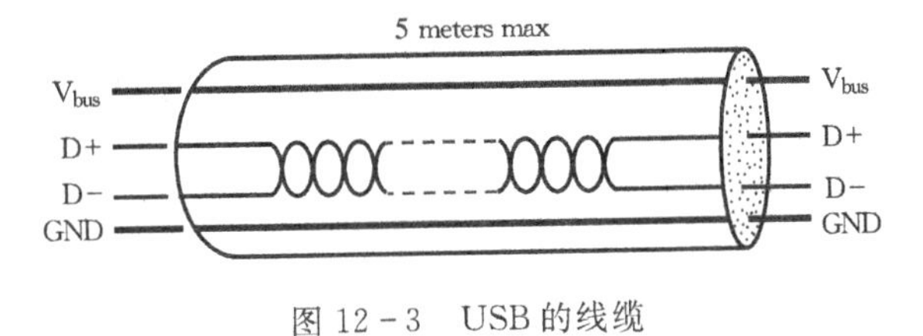

图 12－3　USB 的线缆

图 12－3 中，两根双绞的数据线 D＋、D－ 用于收发 USB 传输的数据差分信号。V_{BUS}(USB 电源)、GND(USB 地)为下游(Downstream)设备提供电源。USB 线缆具有屏蔽层，以避免外界干扰，部分设备，像读卡器、摄像头、游戏手柄等耗电比较少的设备，可以直接通过 USB 接口供电，不必外接电源。USB 接口最大可以提供 5 V、500 mA 的电源，并支持节约能源的挂机和唤醒模式。倘若设备需要更大的电流，那就只好通过外接电源来供电。

一般情况下，USB 线缆最大长度不超过 5m。

2. USB 的插头插座

USB 定义了两种类型的插头和插座：A 型、B 型。A 型和 B 型插头插座的外形分别如图 12－4(a)和(b)所示。

(1) A 型插座多数是作为 USB 主机或集线器的下行端口，而 A 型插头与 USB 外设数据线相连，多数是指向上行 USB 主机。

(2) B型插座多数是作为USB设备或集线器的上行端口，B型插头与USB外设数据线相连，多数是指向下行USB设备或集线器。

这两种插座不能互换，这样就避免了集线器之间循环往复的非法连接。一般情况下，USB集线器输出连接口为A型插座，而外设及HUB的输入口均为B型插座。所以，USB线缆一般采用一端A插头、一端B插头的形式。

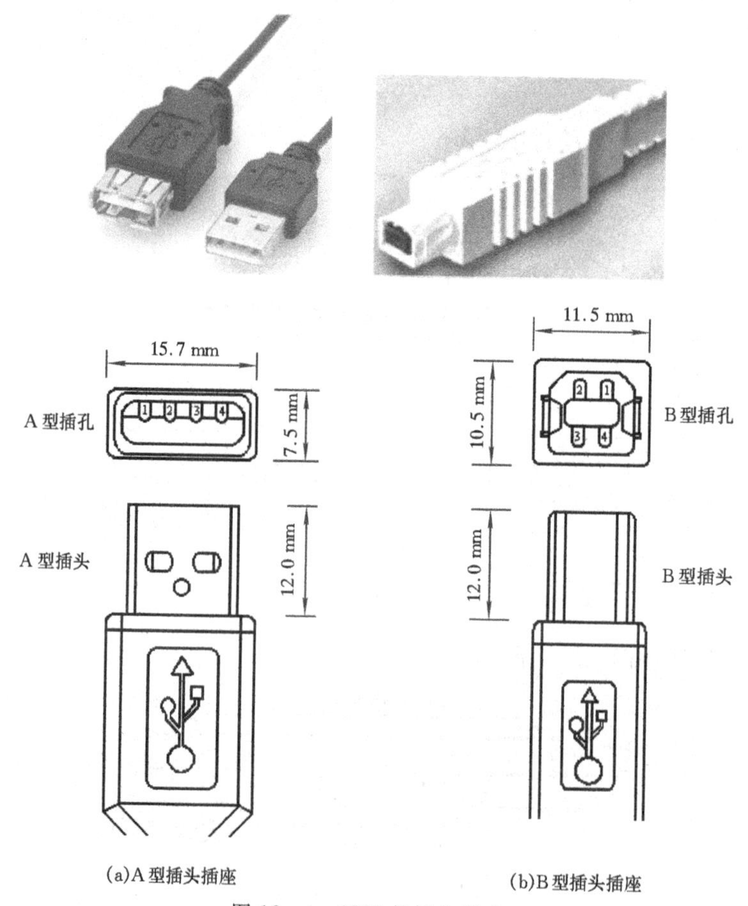

图12-4　USB的插头插座

图12-5和图12-6分别给出了全速、低速USB设备和主机的连接方法。全速和低速连接方法的不同在于设备端：全速连接法需要在D+上接一个1.5 kΩ的上拉电阻，如图12-5所示；低速接法是将此电阻接到D-上，如图12-6所示。

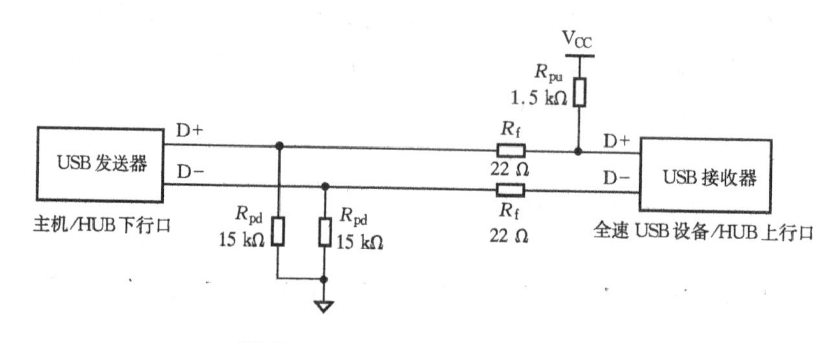

图12-5　全速USB设备连接方法

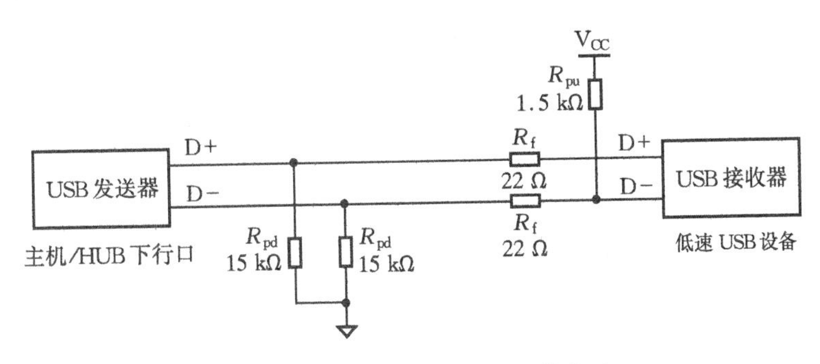

图12-6 低速USB设备连接方法

12.1.6 USB总线标准与传输速率

1. USB总线标准

USB Implementers Forum(USBIF)负责USB标准制订,其成员包括Apple、HP、NEC、Microsoft和Intel。

USBIF于2001年底公布了2.0规范,之前还有USB 0.9、USB 1.0、和USB 1.1,USB 2.0完全兼容USB 0.9、USB 1.0、USB 1.1。

2. USB接口的传输速率

在USB 1.1规范中,有全速和低速两种传输速率,全速方式的传输速率为12 Mb/s,低速方式的传输速率为1.5 Mb/s。在USB 2.0规范中,高速方式的传输速率为480 Mb/s。

正如人们所知道的那样,像键盘、鼠标、游戏手柄这样的设备,只要低速方式就可以满足它们的要求了,而ZIP、扫描仪以及打印机等设备就需要用到全速方式。因此,USB接口与其他类型的接口相比,其优越性就体现在这里,它的传输速度适合各种类型的外设。表12-2比较了常用的几种计算机接口的速度,从这张表中可以清楚地了解到它们的差异。

表12-2 不同接口传输速率对比表

接口类型	理论最大传输速率
USB at low speed	1.5 Mb/s
USB at full speed	12 Mb/s
USB2.0 at high speed	480 Mb/s
Serial port	115 kb/s
IrDA (红外接口)	115 kb/s
IEEE1394a	400 Mb/s
SCSI	40 Mb/s
Fast SCSI	80 Mb/s
Ultra SCSI-3	160 Mb/s
I^2C	400 kb/s
IEEE 488 (GPIB)	8 Mb/s

USB接口虽然不是最快的,但从它普及的速度来看,已在逐渐替代串行口和并行口,甚至终结IEEE 1394a总线(也称火线,Fire wire)接口,成为PC计算机的标准配置。

表12-3按照USB可以达到的数据传输率对其应用进行了分类。大体上说,全速传输多用于同步设备,低速传输多用于交互设备。虽然,USB设计的初衷是针对台式计算机而不是应用于可移动的环境下,但是目前的应用早已不局限于此。软件体系通过对各种主机控制器提供必要的支持,以保证未来能对USB有良好的可扩充性。

表12-3　USB传输率的应用

类 别	应 用	特 性
低速 · 交互设备 · 10～20 Kb/s	键盘、鼠标、游戏杆	低价格、热插拔、易用性
全速 · 电话、音频、压缩视频 · 500～12 Mb/s	ISDN、PBX、POTS	低价格、易用性、热插拔、限定带宽和延迟
高速 · 视频、磁盘 · 25～480 Mb/s	音视频处理、磁盘	高带宽、限定延迟、易用性

12.2　CAN总线概况

12.2.1　CAN总线简介

CAN是控制器局域网络(Controller Area Network)的简称,其是ISO国际标准化的串行通信协议,也是国际上应用最广泛的现场总线之一。

CAN总线是德国Bosch公司于1983年为汽车应用而开发的一种能有效支持分布式实时控制的串行通信网络。1993年11月,ISO正式颁布了控制器局域网CAN国际标准(1SO l1898),CAN总线的通信介质可采用双绞线、同轴电缆和光导纤维。通信距离与波特率有关,最大通信距离可达10km,最大通信波特率可达1Mbit/s。CAN总线仲裁用11位(CAN 2.0A协议)和29位(CAN 2.0B协议)标志和非破坏性位仲裁总线结构机制,可以确定数据块的优先级,保证在网络节点冲突时最高优先级节点不需要冲突等待。CAN结构取ISO/OSI模型的第1、2、7层协议,即物理层、数据链路层和应用层,总线上任意节点可在任意时刻主动向网络上其他节点发送信息而不分主次,因此可实现各节点之间的自由通信。目前,CAN总线协议已被国际标准化组织认证,技术比较成熟,控制的芯片已经商品化,性价比高,特别适用于分布式测控系统之间的数据通信。

12.2.2　CAN总线特点

CAN总线与其他总线相比有以下特点。

1. 可在各节点之间实现自由通信

CAN是一种多主总线,即每个节点机均可成为主机,且节点机之间也可进行通信。

2. 完成对通信数据的成帧处理

CAN总线通信接口中集成了CAN协议的物理层和数据链路层功能，可完成对通信数据的成帧处理，包括位填充、数据块编码、循环冗余校验、优先级判别等项工作。

3. 使网络内的节点个数在理论上不受限制

CAN协议的一个最大特点是废除了传统的站地址编码，而代之以对通信数据块进行编码。采用这种方法的优点是，可使网络内的节点个数在理论上不受限制，数据块的标识码可由11位或29位二进制数组成，因此，可以定义2^{11}或2^{29}个不同的数据块，这种按数据块编码的方式，还可使不同的节点同时接收到相同的数据，这一点在分布式控制中非常重要。

4. 数据段长度合理

CAN总线数据段长度最多为8个字节，可满足通常工业领域中控制命令、工作状态及测试数据的一般要求。同时，8个字节不会占用总线时间过长，从而保证了通信的实时性。

5. 具有数据校验功能

CAN协议采用CRC校验，并可提供相应的错误处理功能，保证了数据通信的可靠性。

6. 具有错误探测和管理功能

CAN节点具有自动关闭功能。当节点错误严重时，自动切断与总线的联系，这样可不影响总线正常工作。

市场上已有Intel、Motorola、Philips等公司生产的符合CAN协议的通信芯片，还有插接在PC机上的CAN总线接口卡，具有接口简单、编程方便、开发系统价格便宜等优点。

12.2.3 CAN总线的技术规范

由于CAN总线为愈来愈多不同领域采用和推广，导致要求各种应用领域通信报文的标准化。为此，1991年9月PHILIPS SEMICONDUCTORS发布了CAN规范V2.0(CAN Specification Version 2.0)。该技术规范包括A和B两部分。

CAN 2.0A给出了曾在CAN技术规范版本1.2中定义的CAN报文格式，能提供11位地址(或称标识符为11位)；CAN 2.0B给出了标准和扩展两种报文格式，提供29位地址(或称标识符为29位)。CAN技术规范2.0A、2.0B是设计CAN应用系统的基本依据，也是应用设计工作的基本规范，在满足使用要求并留有足够裕量的前提下，系统采用CAN 2.0A可以避免带宽的浪费。

1993年11月，ISO正式将CAN规范颁布为道路交通运输工具——数据信息交换——高速通信控制器局域网国际标准，即ISO 11898。除了CAN规范本身外，CAN的一致性测试也被定义为ISO 16845标准，用于描述CAN芯片的互换性。

制定CAN规范的目的是为了在CAN上的任意两个节点间建立兼容性。CAN规范主要描述了物理层和数据链路层。CAN总线上的设备既可与2.0A规范兼容，也可与2.0B规范兼容。

1. CAN的层次结构

为了达到设计透明度及实现柔韧性，CAN被细分为以下不同的层次。

- CAN对象层(the object layer)
- CAN传输层(the transfer layer)
- 物理层(the phyical layer)

对象层和传输层包括所有由ISO/OSI模型定义的数据链路层的服务和功能。对象层的作用范围包括：

- 查找被发送的报文；
- 确定由实际要使用的传输层接收哪一个报文；
- 为应用层相关硬件提供接口。

传输层的作用主要是传送规则，也就是控制帧结构、执行仲裁、错误检测、出错标定、故障界定。总线上什么时候开始发送新报文及什么时候开始接收报文，均在传输层里确定。位定时的一些普通功能也可以看作是传输层的一部分。因此，传输层的修改是受到限制的。

物理层的作用是在不同节点之间根据所有的电气属性进行位信息的实际传输。同一网络内，物理层对于所有的节点必须是相同的。

CAN的层次结构如图12-7所示。

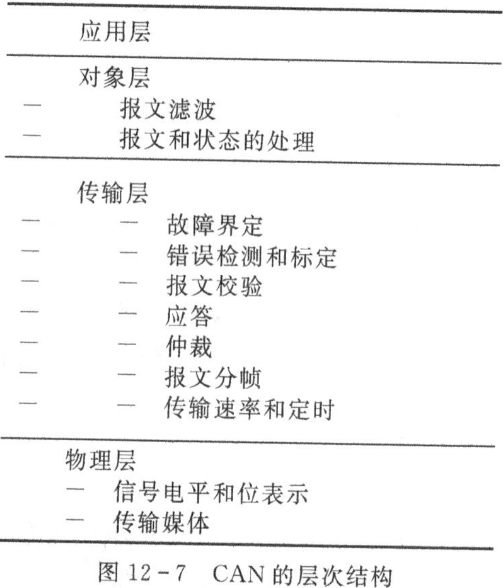

图12-7　CAN的层次结构

2. CAN的位值表示和传输距离

CAN 2.0B规范中未定义物理层中驱动器/接收器特性、传输介质和信号电平等内容，以便于在具体应用中根据实际情况进行选择。在1993年形成的国际标准ISO 11898对以双绞线为CAN总线传输介质特性进行了建议。目前双绞线是比较常用的CAN总线传输介质，但并不是唯一的传输介质。利用光电转换接口器件及光纤耦合器可建立基于光纤介质的CAN总线系统。

典型的CAN总线系统如图12-8所示。其中每个CAN节点应包括微控制器ECU、CAN控制器和CAN收发器。总线两端必须带有120Ω终端电阻，用于抑制回波反射。

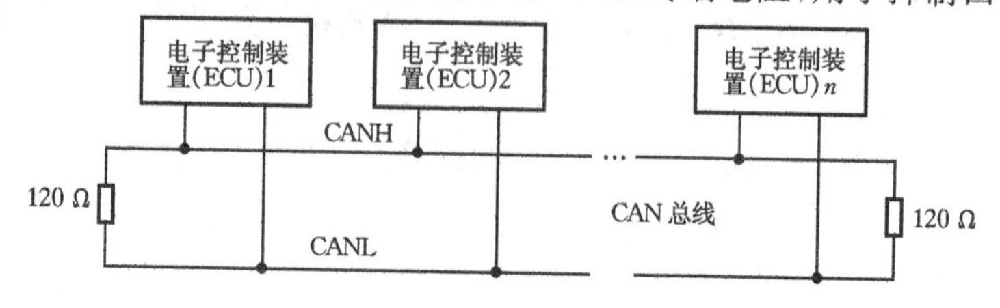

图12-8　典型的CAN总线系统

CAN 总线上用显性和隐性两个互补的逻辑值表示“0”和“1”。如图 12－9 所示，V_{CANH} 和 V_{CANL} 是 CAN 收发器与总线之间的两个接口引脚。信号以两信号线间差分电压的形式出现，具有很强的抗干扰能力。当总线值为隐性时，V_{CANH} 和 V_{CANL} 值同定在平均电压 2.5V，差分电压值 V_{diff} 约为 0V；当总线值为显性时，V_{CANH} 为 3.5V，V_{CANL} 为 1.5V，差分电压值 V_{diff} 达到 2V。当总线上出现同时发送显性和隐性位情况时，其结果是总线数值为显性。

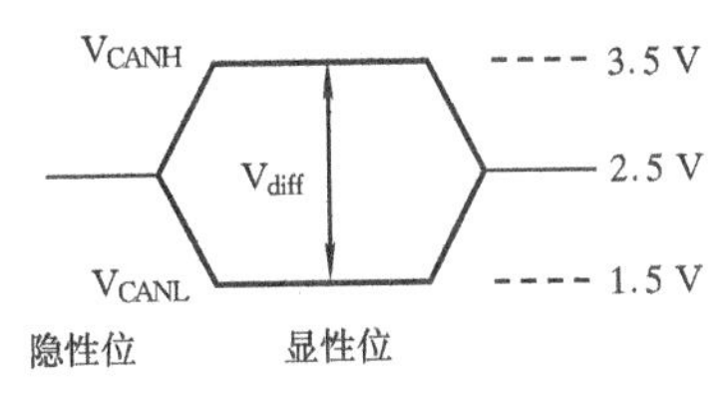

图 12－9　CAN 总线值表示

CAN 总线上任意两个节点间的最大传输距离与通信速率有关，表 12－4 列出 CAN 节点间最大传输距离与通信速率的关系。实际应用中，传输距离还将受到电磁干扰和传输介质特性等因素的影响。

表 12－4　CAN 节点间最大传输距离与通信速率的关系

通信速率/kbit/s	1000	500	250	125	100	50	20	10	5
最大传输距离/m	40	130	270	530	620	1300	3300	6700	10000

3. 介质访问控制方式

在实时处理系统中，通过 CAN 总线交换的报文具有不同优先级要求。例如，一个迅速变化的值，如发动机负载值必须频繁传送且要求延迟时间比一些实时性要求不高的值（如发动机温度值）要短。如果发动机负载值和温度值同时发送到 CAN 总线上，产生冲突后将如何仲裁？

介质访问控制协议负责整个总线仲裁。CAN 总线上采用“优先级仲裁”机制，即“带非破坏性逐位仲裁的载波侦听多址访问”（CSMA/NBA）。

CAN 数据帧中仲裁域是 11 位（标准帧）或 29 位（扩展帧）CAN 标识符。仲裁域中标识符按照从最高位到最低位的顺序发送。这样，总线上的位既可为显性位“0”，也可为隐性位“1”。显性位和隐性位同时发送时采用线与（Wired And）机制，总线上呈现显性位。如图 12－10 所示，在仲裁域传送期间，每个发送器都侦听总线上的当前电平、并与已经发送的信号电平进行比较，如果值相等，那么该节点可以继续发送。如果发送了一个隐性位，而监视到一个显性位，则说明另一个具有更高优先级的节点发送了一个显性位，那么该节点失去仲裁权，立即停止下一位的发送。

由此可见，CAN 标识符数值最小的节点拥有最高的优先权，通过分配标识符可以优先发送重要数据。仲裁获胜的节点可不受影响继续传输数据；仲裁失败的节点会失去总线控制权，所有失去总线控制权的节点都会自动变成侦听者，直至总线重新空闲。

CAN 的 CSMA/NBA 介质访问控制方式不同于以太网的 CSMA/CD，总线上的发送请求报文按照重要性来排序处理，减少了在实时系统中的传输延迟，避免了总线负荷较重时出现拥塞。

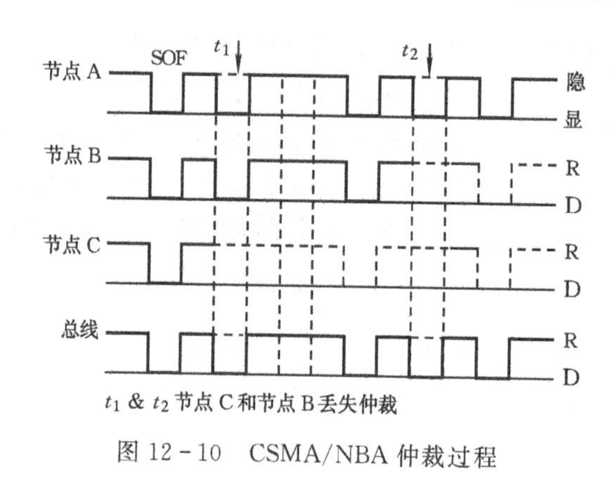

图 12-10　CSMA/NBA 仲裁过程

12.3　K85 系列 CAN 总线数据采集模块简介

12.3.1　K85 系列模块概述

K85 系列模块是为现场工业测量控制设计的独立模块系列。分别有热电偶采集、热电阻采集、模拟量采集、模拟量输出、测频、计数、开关量输入、开关量输出等功能模块。

K85 系列模块内有微处理芯片和固化好的程序，可以完成模拟信号采集等功能。模块设有 CAN 总线接口，通过总线型网络把 K85 系列模块与计算机联网进行双向通信，就构成一个完整的数据采集系统。模块供电为宽电压输入，7～30VDC 均可。可以将模块分散安排在整个现场的工作区域，而传感器或检测控制点就近连接到各自的模块，再用双绞的网络线连接各模块构成网络，因此，可大量节省电缆并减少施工安装的工作量。系统布局灵活，测点增减方便，是用户构建自己的测控系统时值得选择的方案之一。

12.3.2　K85 系列模块与 CAN 总线构成数据采集系统

由于 K85 系列模块使用 CAN 总线方式，而大部分用户采用主从方式通过 PC 机或笔记本电脑作为主机来进行数据采集或控制。因为 PC 机和笔记本电脑不具备 CAN 总线接口，所以需要用转换模块进行转换。但是，笔记本电脑无 RS-232 串口，而 PC 机和笔记本电脑都具备 USB 接口。因此，用户在工程组网时，除了要选择适用的 K85 模块外，还可考虑采用 USB-CAN 转换模块实现 K85 系列模块与计算机通信。

K85 系列模块与 CAN 总线连接，用 USB-CAN 转换模块与计算机通信的系统结构如图 12-11 所示。

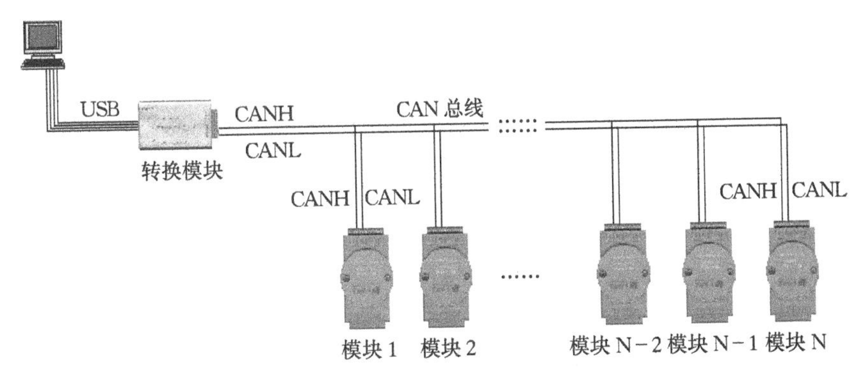

图 12－11　CAN 总线连接

12.3.3　K85 模块 CAN 通信协议

1. ID 分配

CAN 2.0B 的标准帧中的 11 位标识符，高 4 位分配为功能码(Function Code)域，低 7 位分配为节点地址(Node-ID)域，如图 12－12 所示。

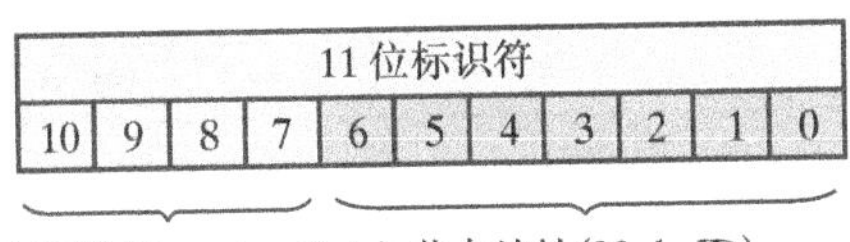

图 12－12　K85 系列模块 CAN 2.0B 通信标准帧的 11 位标识符

节点地址(Node-ID)由系统集成商定义，节点地址(Node-ID)范围是 1～127(0 不允许被使用)。K85 系列模块 CAN 2.0B 标准帧结构如图 12－13 所示。

	7	6	5	4	3	2	1	0
字节 1	FF	RTR	×	×	DLC(0—15)			
字节 2	功能码 ID.15～ID.12				节点地址高 4 位 ID.11～ID.8			
字节 3	节点地址低 3 位 ID.7～ID.5			×	×	×	×	×
字节 4	数据区数据(数据字节 1)							
	……							
字节 11	数据区数据(数据字节 8)							

图 12－13　K85 系列模块 CAN2.0B 标准帧结构

FF 为帧格式：FF＝0 为标准格式，FF＝1 为扩展格式(协议中固定为 0)。

RTR 为帧的类型：RTR＝0 为数据帧，RTR＝1 为远程帧(协议中固定为 0)。

DLC 为本帧有效数据字节个数，可填入 0～8，0～8 表示本帧无后跟数据字节。约定长度数字超过 8 后，9 表示有后续帧，10 表示本帧为连续帧的最后一帧。

2. 功能码(Function Code)定义

功能码定义如表 12-5 所示。

表 12-5　功能码定义

功能	功能码 (ID-bits 10-7)	备注
保留	0000	
广播指令(主节点)	0001	最高优先级
主节点发送从节点配置信息	0010	
主节点请求从节点配置信息	0011	
保留	0100	
主节点请求单通道输入数据(指定)	0101	
主节点请求全通道输入数据(全部)	0110	
主节点发送单通道输出数据(指定)	0111	
主节点发送全通道输出数据(全部)	1000	
主节点请求全通道输出数据(全部)	1001	
主节点发送计数清零	1010	
保留	1011	
保留	1100	
保留	1101	
状态返回指令(从节点)	1110	
保留	1111	

下面仅介绍与数据采集有关的功能码。其他功能码介绍请见 K85 系列模块软件说明书。

(1) 主节点发送从节点配置信息:0010

方式:主节点发送,从节点接收。

地址:从节点地址。

主节点发送帧格式如图 12-14 所示。

---	7	6	5	4	3	2	1	0
字节 1	0	0	×	×	7			
字节 2	0010				节点地址高 4 位			
字节 3	节点地址低 3 位			×	×	×	×	×
字节 4	节点地址							
字节 5	波特率 0							
字节 6	波特率 1							
字节 7	波特率 2							
字节 8	同步计数值							
字节 9	心跳间隔时间参数							
字节 10	主动上传时间参数							
字节 11	量程代码(只有 K-8510 模块有效,其他模块没有这个字节)							

图 12-14　主节点发送帧

功能说明：从节点收到此指令时，将得到的数据保存。

波特率 0、波特率 1、波特率 2 的数值如表 12－6 所示。

表 12－6　波特率 0、波特率 1 和波特率 2 的数值

序号	波特率(kbit/s)	BTR
1	5	0x0092031F
2*	10	0x0092018F
3*	20	0x009200C7
4	40	0x00920063
5*	50	0x0092004F
6	80	0x00920031
7*	100	0x00920027
8*	125	0x0012001F
9	200	0x00120013
10*	250	0x0012000F
11	400	0x00120009
12*	500	0x00120007
13	666	0x00120005
14*	800	0x00120004
15*	1000	0x00120003

注：表 12－10 中，带“ * ”序号的波特率为优先选用的波特率。

心跳间隔时间参数值：0 —— 关闭心跳；

1～FF —— 心跳间隔(1～255)×100ms。

主动上传时间参数值：0 —— 关闭主动上传；

1～FF —— 主动上传间隔(1～255)×10ms。

(2) 主节点请求从节点配置信息：0011

方式：主节点发送，从节点接收。

地址：从节点地址。

主节点发送帧格式如图 12－15 所示。

…	7	6	5	4	3	2	1	0
字节 1	0	0	×	×	0			
字节 2	0011				节点地址高 4 位			
字节 3	节点地址低 3 位			×	×	×	×	×

图 12－15　主节点发送帧

从节点发送帧格式如图 12－16 所示。

—	7	6	5	4	3	2	1	0
字节1	0	0	×	×	8			
字节2	0011				节点地址高1位			
字节3	节点地址低3位			×	×	×	×	×
字节4	节点地址							
字节5	波特率0							
字节6	波特率1							
字节7	波特率2							
字节8	同步计数值							
字节9	心跳间隔时间参数值							
字节10	主动上传时间参数值							
字节11	模块型号							

图12-16　从节点发送帧

功能说明:从节点收到此指令时,发送配置信息一次。

心跳间隔时间参数值:0—— 关闭心跳;

1～FF —— 心跳间隔(1～255)×100ms。

主动上传时间参数值:0—— 关闭主动上传;

1～FF —— 主动上传间隔(1～255)×10ms。

(3) 主节点请求单通道输入数据(指定):0101

方式:主节点发送,从节点接收。

地址:从节点地址。

主节点发送帧格式如图12-17所示。

—	7	6	5	4	3	2	1	0
字节1	0	0	×	×	1			
字节2	0101				节点地址高1位			
字节3	节点地址低3位			×	×	×	×	×
字节4	通道号							

图12-17　主节点发送帧

从节点发送帧格式如图12-18所示。

—	7	6	5	4	3	2	1	0
字节1	0	0	×	×	3			
字节2	0101				节点地址高1位			
字节3	节点地址低3位			×	×	×	×	×
字节4	通道号							
……	通道数据低位							
字节11	通道数据高位							

图12-18　从节点发送帧

功能说明:从节点收到此指令时,发送单通道数据一次。

(4) 主节点请求通道输入数据(全部):0110

方式:主节点发送,从节点接收。

地址:从节点地址。

主节点发送帧格式如图12-19所示。

—	7	6	5	4	3	2	1	0
字节1	0	0	×	×	0			
字节2	0110				节点地址高1位			
字节3	节点地址低3位			×	×	×	×	×

图12-19 主节点发送帧

从节点发送帧格式如图12-20所示。

—	7	6	5	4	3	2	1	0
字节1	0	0	×	×	DLC(0~10)			
字节2	0110				节点地址高1位			
字节3	节点地址低3位			×	×	×	×	×
字节4	数据字节1							
……	……							
字节11	数据字节8							

图12-20 从节点发送帧

功能说明:从节点收到此指令时,发送全部数据一次。

注意:DLC为本帧有效数据字节个数,可填入0~8,0~8表示本帧无后跟数据字节。约定长度数字超过8后,9表示有后续帧,10表示本帧为连续帧的最后一帧。

12.3.4 K-8512模拟量采集模块简介

K-8512是远端模拟量采集模块,适用于各类工业现场,可采集8路电压或电流信号。

1. 性能技术指标

①输入信号 8路差分输入。

②输入范围 0~5V、0~10V、±5V。

③A/D分辨率 12位(K8512L)/16位(K8512H)。

④转换速率 100次/s。

⑤响应时间 上位机8通道巡检周期≥100ms。

⑥数据格式 十六进制。

⑦转换精度 12位:0.1%*FSR*,16位:0.02%*FSR*。

2. 模块通信参数

①通信方式:CAN总线,命令响应式通信(主从方式)和主动上传模式(DAQ)。

②通信波特率:5kbit/s~1Mbit/s,可选择。

③通信介质:各类双绞线(最好选择带屏蔽的双绞线)。

④通信距离：最长 10 km。

⑤通信协议：CAN 2.0B(兼容 CAN 2.0A)。

⑥可接模块数量：最多 110 个。

⑦通信端口与 CPU 采用隔离方式。

⑧隔离电压：大于 1000V。

3. 模块供电

DC 7～30V

4. 使用环境要求

①工作温度：－10℃～55℃。

②相对湿度：0～95％(不凝露)。

③存储温度：－55℃～＋85℃。

5. 产品外型

长×宽×高：100 mm×69 mm×25 mm 塑料外壳。

6. 模块指示灯状态

从模块正面可以看到 1 个指示灯 RUN/COM。

红色：运行指示(RUN)，模块送电后开始闪烁。闪烁表示模块工作正常，如果停止闪烁，表明模块出现故障。

绿色：通信指示(COM)，有通信发生时则闪烁。闪烁一次，表示通信一次。可以由此灯的闪烁情况判断通信是否正常。

7. K－8512 模块外形

K－8512 模块如图 12－21 所示。

图 12－21　K－8512 模块

K－8512 模块端子的定义如表 12－7 所示。

表 12－7　K－8512 模块端子接线定义

序号	接线端子名称	接线说明
1	CH7－	第七路输入负端
2	CH7＋	第七路输入正端
3	CH8－	第八路输入负端
4	CH8＋	第八路输入正端
5	NC	未用
6	NC	未用
7	FGND	CAN 总线屏蔽地
8	CANL	CAN 总线低端
9	CR	终端匹配电阻
10	CANH	CAN 总线高端
11	POW＋	模块供电正端
12	GND	模块供电负端
13	INIT	初始化短路线端
14	CH6－	第六路输入负端
15	CH6＋	第六路输入正端
16	CH5－	第五路输入负端
17	CH5＋	第五路输入正端
18	CH4－	第四路输入负端
19	CH4＋	第四路输入正端
20	AGND	公共地端
21	CH3－	第三路输入负端
22	CH3＋	第三路输入正端
23	CH2－	第二路输入负端
24	CH2＋	第二路输入正端
25	CH1－	第一路输入负端
26	CH1＋	第二路输入正端

8. 输入量程选择

由 JP1～JP4 的连接方式来选择 3 种输入量程，如图 12－22 所示。

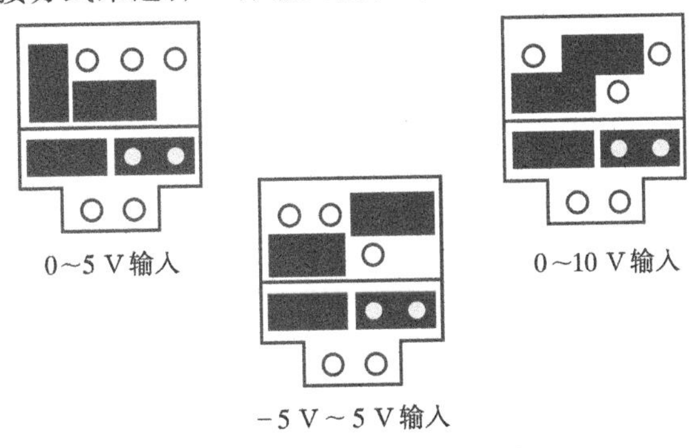

图 12－22　模拟信号输入量程选择

9. 接线指南

(1) 供电接线示意图

K-8512 模块供电接线如图 12-23 所示。

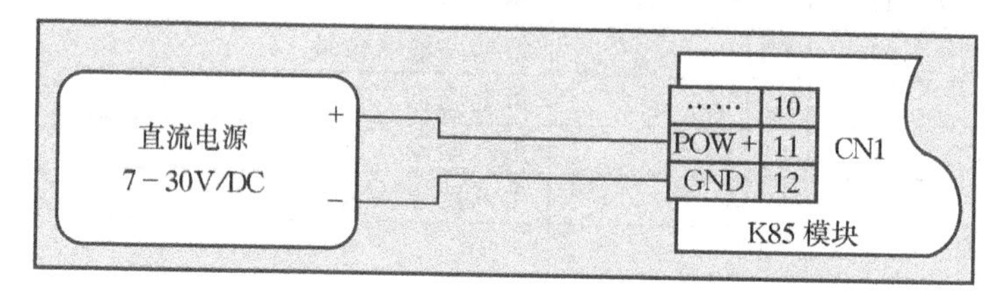

图 12-23　K-8512 模块供电接线

(2) 通信接线示意图

K-8512 通信接线如图 12-24 所示。

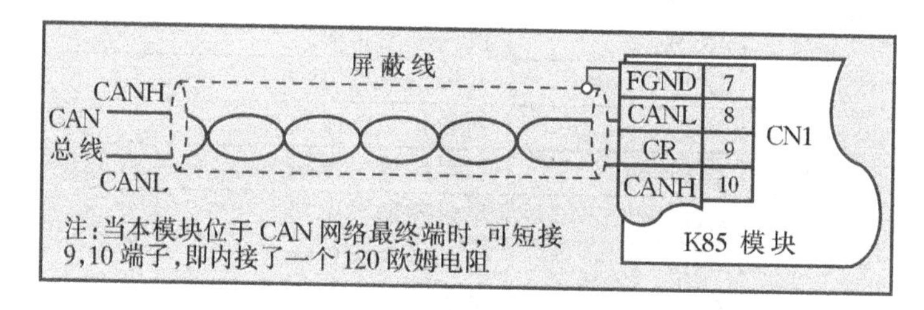

图 12-24　K-8512 通信接线

注:当使用带屏蔽层的双绞线做通信介质的时候,把模块 CN1 的 7 号端子(FGND)和屏蔽层连接。

(3)模拟量输入接线示意图

K-8512 模块模拟量输入接线如图 12-25 所示。

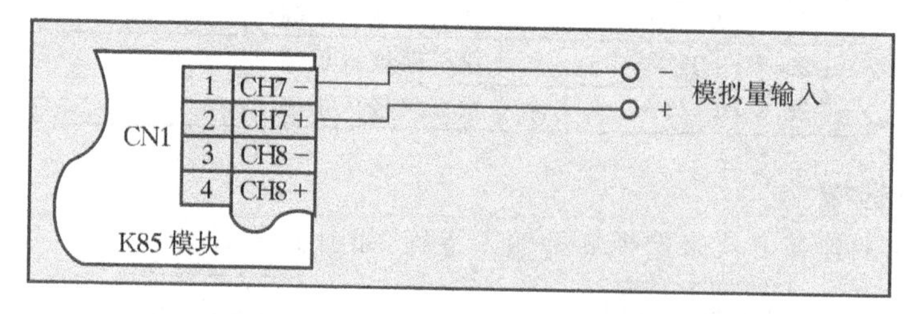

图 12-25　K-8512 模块模拟量输入接线

12.4　CANUSB-I / II 工业级接口模块

12.4.1　CANUSB-I / II 接口模块简介

1. 产品概述

CANUSB 智能接口模块兼容 USB 1.1 和 USB 2.0 总线,带有 1 路 CAN 接口。采用 CA-

NUSB 智能接口模块，PC 机或笔记本电脑可以通过 USB 总线连接至 CAN 网络，构成实验室、工业控制、智能小区等 CAN 网络领域中数据处理、数据采集。

CANUSB 接口模块上自带光电隔离模块，隔离电压达 2500V，使 CANUSB 接口模块避免由于地环流的损坏，增强系统在恶劣环境中使用的可靠性。

CANUSB 智能接口模块配有可在 Win2000/XP 、Server 2003、Vista 下工作的驱动程序。

2. 性能指标

系统性能：处理器 48MIPS，USB FIFO 1KByte；

帧流量：业界最优性能，达到 CAN 的理论极限，实测每秒钟流量超过 6500 帧；

传输方式：CAN 2.0A 和 CAN 2.0B 协议，USB 接口兼容 USB 1.1 和 USB 2.0 协议；

通道数目：支持 1 - 2 路 CAN 控制器，每路均可单独控制；

传输介质：屏蔽或非屏蔽双绞线；

传输速率：CAN 控制器波特率在 5 kbit/s～1Mbit/s 之间可选；

通信接口：CAN-bus 接口采用光电隔离、DC-DC 电源隔离，隔离模块绝缘电压：2500V；

总线长度及节点数：单路总线上最多可接 110 个节点，最长通信距离 10 km；

供电形式：可以直接使用 USB 总线电源，无需外部电源；

占用资源：即插即用，资源自动分配；

尺寸：112 mm×84 mm×28 mm

工作温度：－20℃～＋70℃

存储温度：－55℃～＋85℃

3. 应用领域

CAN - bus 产品开发；

CAN - bus 数据分析；

CAN - bus 主从式网络；

CAN - bus 教学应用；

CAN - bus 网关、网桥；

CAN - bus 工业自动化控制系统；

智能楼宇控制、数据广播系统等 CAN - bus 应用系统；

不同 CAN - bus 网络间的数据转换。

12.4.2　CANUSB - I/II 接口模块端子定义

CANUSB 接口模块分为 I 型和 II 型两种：I 型集成了 1 路 CAN 通道；II 型集成了 2 路 CAN 通道，每一路通道都是独立的。两种接口模块都可以用于连接一个 CAN-bus 网络或者 CAN-bus 接口的设备。CANUSB - I/II 接口模块布局如图 12 - 26 所示。

2 路 CAN - bus 通道由 1 个 10 Pin 接线端子引出。接线端子的引脚详细定义如表 12 - 8 所示。

图 12 - 26　CANUSB - I/II 接口模块端子

表 12-8　CANUSB-I/II 接口模块端子定义

引脚	端口	名称	功能
1	CAN0	CANL0	CANL0 信号线
2		R0−	终端电阻(内部连接到 CANL0)
3		FG	屏蔽线(FG)
4		R0+	终端电阻(内部连接到 CANH0)
5		CANH0	CANH0 信号线
6	CAN1	CANL1	CANL1 信号线
7		R1−	终端电阻(内部连接到 CANL1)
8		FG	屏蔽线(FG)
9		R1+	终端电阻(内部连接到 CANH1)
10		CANH1	CANH1 信号线

12.4.3　CANUSB-I/II 接口模块和 CAN 总线连接

CANUSB-I/II 接口模块和 CAN-bus 总线连接的时候,仅需要将 CANL 连 CANL,CANH 连 CANH。CAN-bus 网络采用直线拓扑结构,总线的 2 个终端需要安装 120Ω 的终端电阻;如果节点数目大于 2,中间节点不需要安装 120Ω 的终端电阻。对于分支连接,其长度不应超过 3 m。CAN 网络的拓扑结构如图 12-27 所示。

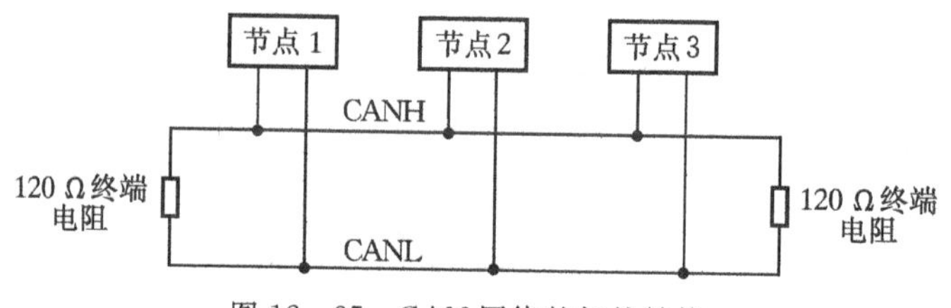

图 12-27　CAN 网络的拓扑结构

12.4.4　CAN 总线终端电阻

为了增强 CAN 通信的可靠性,CAN 总线网络的两个端点通常要加入终端匹配电阻,如图 12-27所示。终端匹配电阻的值由传输电缆的特性阻抗所决定。例如双绞线的特性阻抗为 120Ω,则总线上的两个端点也应为 120Ω 终端电阻。当 CANUSB-I/II 位于 CAN-bus 网络的一个端点上时,需要在外部端子上安装 120Ω 终端电阻,即在"R−"引脚和"R+"引脚接入终端电阻。

12.4.5　CANUSB-I/II 接口模块驱动程序安装

CANUSB-I/II 接口模块使用 USB 直接供电并提供智能驱动安装包,安装步骤如下。

①进入产品光盘的"\CANUSB-I\CANUSB\Drivers"目录,点击"USBXpressInstaller"文件即安装驱动程序。

②将 CANUSB-I/II 接口模块通过 USB 电缆连接到计算机,提示发现新硬件,选择自动安装软件即可。

12.4.6 CANUSB－I/II 接口模块的 CAN 2.0B 帧

1. CAN 2.0B 标准帧

CAN 2.0B 标准帧信息为 11 个字节，包括两部分：信息和数据部分。前 3 个字节为信息部分。如表 12－9 所示。

表 12－9 CANUSB－I/II 接口模块的 CAN 2.0B 标准帧

	7	6	5	4	3	2	1	0
字节 1	FF	RTR	×	×	DLC(数据长度)			
字节 2	(报文识别码)				ID.10 ～ ID.3			
字节 3	ID.2 ～ ID.0			×	×	×	×	×
字节 4	数据 1							
字节 5	数据 2							
字节 6	数据 3							
字节 7	数据 4							
字节 8	数据 5							
字节 9	数据 6							
字节 10	数据 7							
字节 11	数据 8							

字节 1 为帧信息。第 7 位(FF)表示帧格式，在标准帧中，FF＝0；第 6 位(RTR)表示帧的类型，RTR＝0 表示为数据帧，RTR＝1 表示为远程帧；DLC 表示在数据帧时实际的数据长度。字节 2、3 为报文识别码，11 位有效。字节 4～11 为数据帧的实际数据，远程帧时无效。

2. CAN 2.0B 扩展帧

CAN 2.0B 扩展帧信息为 13 个字节，包括两部分，信息和数据部分。前 5 个字节为信息部分。如表 12－10 所示。

表 12－10 CANUSB－I/II 接口模块的 CAN 2.0B 扩展帧

	7	6	5	4	3	2	1	0
字节 1	FF	RTR	×	×	DLC(数据长度)			
字节 2	(报文识别码)				ID.28 ～ ID.21			
字节 3	ID.20～ ID.13							
字节 4	ID.12～ ID.5							
字节 5	ID.4 ～ ID.0					×	×	×
字节 6	数据 1							
字节 7	数据 2							
字节 8	数据 3							
字节 9	数据 4							
字节 10	数据 5							
字节 11	数据 6							
字节 12	数据 7							
字节 13	数据 8							

字节1为帧信息。第7位(FF)表示帧格式，在扩展帧中，FF=1；第6位(RTR)表示帧的类型，RTR=0表示为数据帧，RTR=1表示为远程帧；DLC表示在数据帧时实际的数据长度。字节2～5为报文识别码，其高29位有效。字节6～13为数据帧的实际数据，远程帧时无效。

12.4.7　CANUSB-I/II接口模块编程函数库数据结构定义

1. 初始化CANUSB接口模块的数据类型

```
typedef struct _INIT_CONFIG{
    DWORD   AccCode;
    DWORD   AccMask;
    DWORD   Reserved;
    UCHAR   Filter;
    UCHAR   Timing0;
    UCHAR   Timing1;
    UCHAR   Mode;
}VCI_INIT_CONFIG, * P_VCI_INIT_CONFIG;
```

其中 AccCode —— 验收码；

AccMask —— 屏蔽码；

Reserved—— 保留；

Filter—— 滤波方式；

Timing0 —— 定时器0(BTR0)；

Timing1 —— 定时器1(BTR1)；

Mode —— 模式。

注：Timing0和Timing1用来设置CAN波特率，几种常见的波特率设置如表12-11所示。

表12-11　CAN波特率设置类型

CAN波特率	定时器0	定时器1
5kbit/s	0xBF	0xFF
10kbit/s	0x31	0x1C
20kbit/s	0x18	0x1C
40kbit/s	0x87	0xFF
50kbit/s	0x09	0x1C
80kbit/s	0x83	0xFF
100kbit/s	0x04	0x1C
125kbit/s	0x03	0x1C
200kbit/s	0x81	0xFA
250kbit/s	0x01	0x1C
400kbit/s	0x80	0xFA
500kbit/s	0x00	0x1C
666kbit/s	0x80	0xB6
800kbit/s	0x00	0x16
1000kbit/s	0x00	0x14

2. CAN 信息帧的数据类型

```
typedef struct _VCI_CAN_OBJ{
    DWORD  ID;
    BYTE   SendType;
    BYTE   ExternFlag;
    BYTE   RemoteFlag;
    BYTE   DataLen;
    BYTE   Data[8];
}VCI_CAN_OBJ, * P_VCI_CAN_OBJ;
```

其中 ID —— 报文 ID;

SendType—— 发送帧类型,SendType =0 时为正常发送,SendType =1 时为自发自收。只有在此帧为发送帧时有意义;

RemoteFlag—— 是否是远程帧;

ExternFlag —— 是否是扩展帧;

DataLen —— 数据长度(<=8),即 Data 的长度;

Data —— 报文的数据。

3. CANUSB-I 信息帧与 K85 系列模块 CAN 标准帧的对应关系

CANUSB-I 信息帧与 K85 系列模块 CAN 标准帧的对应关系如表 12-12 所示。

由表 12-12(或图 12-13)可知,K85 系列模块标准帧 11 位标识符(ID)为:ID.15～ID.5,对应的十六进制码为 06020H。由表 12-9 可知,CANUSB-I 接口模块 11 位标识符(ID)为:ID.10～ID.0,对应的十六进制码为 0301H。因此,在编写 CANUSB-I 接口模块与 K85 系列模块的通信程序时,必须将 K85 系列模块 11 位标识符(ID)06020H 右移 5 位,即从 ID.15～ID.5 右移到 ID.10～ID.0,转换为 CANUSB-I 的 11 位标识符(ID):0301H,才能正常进行通信。否则,通信不正常。

表 12-12　CANUSB-I 信息帧与 K85 系列模块 CAN 标准帧的对应关系

CANUSB-I 信息帧项	K85 系列模块 CAN 标准帧项	备 注
ID	功能码、节点地址高 4 位、节点地址低 3 位 ID.15～ID.5	图 12-13 中字节 2 的 8 位、字节 3 的高 3 位
ExternFlag	FF	图 12-13 中字节 1
RemoteFlag	RTR	图 12-13 中字节 1
DataLen	DLC	图 12-13 中字节 1
Data[8]	数据字节 1～数据字节 8	图 12-13 中字节 4～字节 11

12.4.8　CANUSB-I/II 的接口函数

1. 打开设备

```
BOOL __stdcall VCI_OpenDevice(DWORD DevIndex);
```

其中 DevIndex —— 设备索引号,有一个设备时索引号为0,有两个可以为0或1。

返回值:1——操作成功,0——操作失败。

2. 关闭设备

BOOL __stdcall VCI_CloseDevice(DWORD DevIndex);

其中 DevIndex —— 设备索引号,有一个设备时索引号为0,有两个可以为0或1。

返回值:1——操作成功,0——操作失败。

3. 初始化 CAN

BOOL _stdcall VCI_InitCan(DWORD DevIndex,DWORD CANIndex, P_VCI_INIT_CONFIG InitConfig);

其中 DevIndex —— 设备索引号,有一个设备时索引号为0,有两个可以为0或1;

CANIndex —— 第几路 CAN;

InitConfig—— 初始化参数结构,如表12-13所示。

表12-13　初始化参数结构

InitConfig ->AccCode	AccCode 对应 SJA1000 中的四个寄存器 ACR0、ACR1、ACR2、ACR3,其中高字节对应 ACR0,低字节对应 ACR3;AccMask 对应 SJA1000 中的四个寄存器 AMR0、AMR1、AMR2、AMR3,其中高字节对应 AMR0,低字节对应 AMR3。
InitConfig ->AccMask	
InitConfig ->Reserved	保留
InitConfig ->Filter	滤波方式:0——单滤波;1——双滤波
InitConfig ->Timing0	定时器0
InitConfig ->Timing1	定时器1
InitConfig ->Mode	模式:0——正常模式;1——只听模式

返回值:1——操作成功,0——操作失败。

4. 复位 CAN 设备

BOOL __stdcall VCI_ResetCan(DWORD DevIndex,DWORD CANIndex);

其中 DevIndex —— 设备索引号,有一个设备时索引号为0,有两个可以为0或1;

CANIndex—— 第几路 CAN。

返回值:1——操作成功,0——操作失败。

5. 发送一帧数据

BOOL __stdcall VCI_Transmit(DWORD DevIndex,DWORD CANIndex, P_VCI_CAN_OBJ * pSend);

其中 DevIndex —— 设备索引号,有一个设备时索引号为0,有两个可以为0或1;

CANIndex—— 第几路 CAN;

pSend —— 指向信息帧结构体,其参数介绍请看函数库数据结构部分。

返回值:1——操作成功,0——操作失败。

6. 接受数据

DWORD __stdcall VCI_Receive(DWORD DevIndex,DWORD CANIndex,PVCI_CAN_

OBJ pReceive , DWORD Len , DWORD WaitTime);

其中 DevIndex —— 设备索引号,有一个设备时索引号为 0,有两个可以为 0 或 1;

pReceive—— 用来接收的数据帧结构体数组的首指针;

Len—— 读取多少帧的数据;

WaitTime—— 以毫秒为单位。

返回值:返回实际读取到的帧数。如果返回值为 0,则表示没有读到数据。

7. 获取缓冲区中尚未读取的帧数

DWORD __stdcall VCI_GetReceiveNum(DWORD DevIndex,DWORD CANIndex);

其中 DevIndex —— 设备索引号,有一个设备时索引号为 0,有两个可以为 0 或 1;

CANIndex—— 第几路 CAN。

返回值:返回缓冲区中尚未读取的帧数。

8. 清空缓冲区中的数据

BOOL __stdcall VCI_ClearBuffer(DWORD DevIndex,DWORD CANIndex);

其中 DevIndex —— 设备索引号,有一个设备时索引号为 0,有两个可以为 0 或 1;

CANIndex—— 第几路 CAN。

返回值:1——操作成功,0——操作失败。

9. 读取序列号

BOOL _stdcall VCI_ReadDevSn(DWORD DevIndex, PCHAR DevSn);

其中 DevIndex —— 设备索引号,有一个设备时索引号为 0,有两个可以为 0 或 1;

DevSn—— 序列号。

返回值:1——操作成功,0——操作失败。

12.4.9　CANUSB - I/II 的接口库函数使用方法

首先,把库函数文件 CAN_TO_USB. h、CAN_TO_USB. lib(For VC)、CAN_TO_USBbc. lib(For BCB)、SiUSBXp. dll、CAN_TO_USB. dll 放在工作目录下。

上述库文件支持采用 VB、VC、C++Builder、Delphi 等工具进行编程,当用户采用动态链接时不需要使用 CAN_TO_USB. lib(For VC)、CAN_TO_USBbc. lib(For BCB)。

1. VC 调用动态库的方法(静态链接)

① 在 *. CPP 中包含 CAN_TO_USB. h 头文件;

② 在工程文件中加入 CAN_TO_USB. lib 文件

2. C++ Builder 调用动态库的方法(静态链接)

① 在 *. CPP 中包含 CAN_TO_USB. h 头文件;

② 在工程文件中加入 CAN_TO_USBbc. lib 文件。点击 C++ Builder6 主菜单的"Project"项,在下拉菜单中点击"Add to Project"项,在出现的对话窗口中选择 CAN_TO_USBbc. lib 文件,然后点击"打开(O)"按钮,从而将 CAN_TO_USBbc. lib 文件加入工程文件。

12.5　基于CANUSB-I与K-8512模块的数据采集

K85系列模块包含K-8510热电偶采集模块、K-8511热电阻采集模块、K-8512模拟量采集模块、K-8513模拟量采集和继电器输出模块、K-8514C脉冲计数模块、K-8514F测频模块、K-8516模拟量输出模块、K-8518继电器输出模块、K-8520隔离型开关量输出模块、K-8521隔离型开关量输入模块、K-8522隔离型开关量输入输出模块、K-8523隔离型开关量输入和继电器输出模块。读者可以在选用K8512模拟量采集模块的基础上,选用其他类型的K85模块,就可构成数据采集与控制系统。

模块生产公司在生产K85系列模块时,将K85系列模块的站址均设置为1。当一个数据采集与控制系统使用2块或2块以上K85系列模块时,为了保证计算机能正确地与每块K85模块通信,就必须对各块模块设置不同的站址。下面介绍K85系列模块站址的配置方法。

12.5.1　K85模块站址的配置

在对K8512模拟量采集模块配置站址时,首先需要知道模块的原配置信息。为此,采用C++ Builder 6高级语言编写K85模块配置程序,K85模块配置程序窗体如图12-28所示。

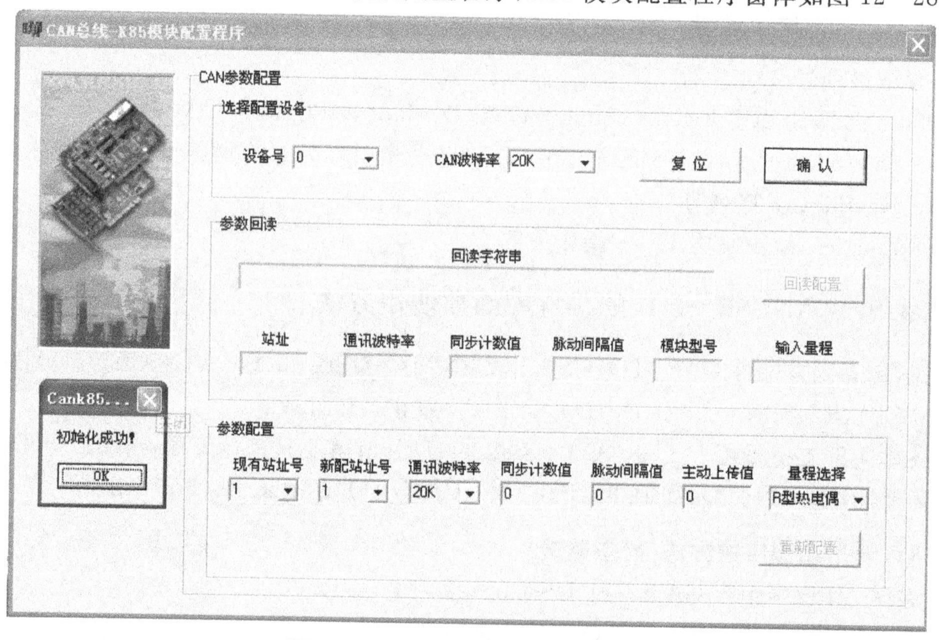

图12-28　K85模块配置程序窗体

图12-28所示的程序窗体使用了4个GroupBox控件、6个ComboBox控件、10个Panel控件、4个Button控件。在编写K85模块配置程序时,首先要按照12.4.9节介绍的方法,完成C++ Builder 6调用动态库(静态链接)的工作,然后才能编写程序。

实现K85系列模块配置、回读配置信息的C++ Builder 6源程序如下。

```
//---------------------------------------------------
#include <vcl.h>
```

```
#include <math.h>
#pragma hdrstop
#include "Unit1.h"
#include "CAN_TO_USB.h"
//----------------------------------------------------------------------
#pragma package(smart_init)
#pragma link "ImgBtn"
#pragma resource "*.dfm"
TForm1 *Form1;
BYTE   station, stationX;
BYTE   Timing0, Timing1;
BYTE   counts, thermo;
BYTE   CANIndex = 0;                           //选择 CAN 的通道 CAN1—1, CAN0—0
BYTE   DevIndex;                               //选择设备号
VCI_INIT_CONFIG InitConfig;                    // CAN 初始化结构体
VCI_CAN_OBJ     SendData;                      // CAN 发送数据的缓冲区
VCI_CAN_OBJ     ReceivedataCan0[1000];         // CAN0 接受数据的缓冲区
DWORD  FrameID;                                //帧 ID
BYTE   FrameType,                              //帧类型
       FrameFormat,                            // 帧格式
       FrameData[8];                           //帧数据
bool   Device_Connect = false;                 // 设备已经连接并正确初始化的标志
bool   DeviceCan0Open = false;                 // CAN0 通道成功打开的标志
DWORD Can0TotalReceiveCount = 0;               // CAN0 总共接受到的帧数
DWORD Can0SingleReceiveCount = 0;              // CAN0 本次接受到的帧数
//----------------------------------------------------------------------

__fastcall TForm1::TForm1(TComponent* Owner)
        : TForm(Owner)
{
}
//----------------------------------------------------------------------

__fastcall Cframe(BYTE station1, BYTE func1)
{                                              // 组成包含模块配置指令和站址的 11
                                               // 位标识符,即帧 ID

  ULONG a1,b1;
  a1 = station1;
  a1 = (a1<<5) & 0x00f0;
```

```
  b1 = func1;
  b1 = (b1<<12) & 0xf000;
  b1 = b1 |a1;
  return b1 ;
}
//-----------------------------------------

void __fastcall TForm1::Button1Click(TObject * Sender)
{
  DevIndex = 0;
  Timing0 = 0x92;
  Timing1 = 0xC7;
  ComboBox1 -> Text = IntToStr(DevIndex);
  ComboBox2 -> Text = "20K";
}
//-----------------------------------------

void __fastcall TForm1::Button2Click(TObject * Sender)  // K85 模块初始化
{
  AnsiString Timstr;

  HANDLE   ReceiveThreadHanle;

  DevIndex = StrToInt(ComboBox1 -> Text);

  Timstr = ComboBox5 -> Text;
  if (Timstr = = "10K")
  {
    Timing0 = 0x92;
    Timing1 = 0x18;
  }
  if (Timstr = = "20K")
  {
    Timing0 = 0x92;
    Timing1 = 0xC7;
  }
  if (Timstr = = "50K")
  {
    Timing0 = 0x92;
```

```
    Timing1 = 0x4F;
}
if (Timstr = = "100K")
{
    Timing0 = 0x92;
    Timing1 = 0x27;
}
if (Timstr = = "125K")
{
    Timing0 = 0x12;
    Timing1 = 0x1F;
}
if (Timstr = = "250K")
{
    Timing0 = 0x12;
    Timing1 = 0x0F;
}
if (Timstr = = "500K")
{
    Timing0 = 0x12;
    Timing1 = 0x07;
}
if (Timstr = = "800K")
{
    Timing0 = 0x12;
    Timing1 = 0x04;
}
if (Timstr = = "1000K")
{
    Timing0 = 0x12;
    Timing1 = 0x03;
}
InitConfig.AccCode = 0x00000000;    // 验证码
InitConfig.AccMask = 0xffffffff;    // 屏蔽码
InitConfig.Filter = 0;              // 滤波方式 0：单滤波，1：双滤波
InitConfig.Mode = 0;                //模式  0：正常模式，1：只听模式，2：自检测模式
if(VCI_OpenDevice(DevIndex))        // 打开 CANUSB－I 模块
{
    if(VCI_InitCan(DevIndex,0, &InitConfig) = = true)// CANUSB－I 模块进行初始化
```

```
    {
      Device_Connect = true;        //设备已连接并正确初始化
      ShowMessage("初始化成功!");
      DeviceCan0Open = true;        // CAN0 已经成功打开
      Form1->Button4->Enabled = true;
      Form1->Button3->Enabled = true;
    }
    else
    {
      ShowMessage("初始化错误");
    }
  }
  else
  {
    ShowMessage("打开设备错误");
  }
}
//---------------------------------------

void __fastcall TForm1::Button4Click(TObject *Sender)    // 回读 K85 模块配置
{
  BYTE func;
  long data,data1;
  AnsiString dacr1, dacr2, dacr3, dacr4, dacr5, dacr6, dacr7, dacr8;
  AnsiString dacstr;
  station = StrToInt(ComboBox3->Text);    // 设定模块站址为 1
  func = 0x3;                      // 读模块配置参数指令为十六进制 0X03
  data = Cframe(station, func);    // 组成包含模块配置指令和站址的 11 位标识符,即
                                   // 帧 ID
  data = data & 0xffff;            // 标准帧 11 位标识符(ID)为 0x6020
  data = data >>5;                 // 将 0x6020 右移 5 位,即从 ID.15—ID.5 移到
                                   // ID.10—ID.0,
                                   // 转换为 CANUSB-I 的 11 位标识符(ID): 0x0301

  // 整理好的数据存入发送数据的结构体
  SendData.SendType = 0;           // 存入发送类型,正常发送—0,自发自收—1
  SendData.ExternFlag = 0;         // 存入帧类型,标准帧—0,扩展帧—1
  SendData.RemoteFlag = 0;         // 存入帧格式,数据帧—0,远程帧—1
  SendData.ID = data;              // 存入帧 ID
```

```
SendData.DataLen = 0;                // 存入数据长度<8
if (VCI_Transmit(DevIndex, CANIndex, &SendData) = = false)
{
  ShowMessage("CAN0 发送失败");
}
if (VCI_Receive(DevIndex,0,ReceivedataCan0,1,100) = = true)
{
  dacr1 = ReceivedataCan0[0].Data[0];
  dacr2 = ReceivedataCan0[0].Data[1];
  dacr3 = ReceivedataCan0[0].Data[2];
  dacr4 = ReceivedataCan0[0].Data[3];
  dacr5 = ReceivedataCan0[0].Data[4];
  dacr6 = ReceivedataCan0[0].Data[5];
  dacr7 = ReceivedataCan0[0].Data[6];
  dacr8 = ReceivedataCan0[0].Data[7];
  dacstr = dacr1 + "    " + dacr2 + "    " + dacr3 + "    " + dacr4 + "    " + dacr5 + "
" + dacr6 + "    " + dacr7 + "" + dacr8;
  Form1 - > Panel2 - > Caption = dacstr;
  if ((dacr2 = = "146") && (dacr4 = = "399"))
  {
    Form1 - > Panel4 - > Caption = "10K";
  }
  if ((dacr2 = = "146") && (dacr4 = = "199"))
  {
    Form1 - > Panel4 - > Caption = "20K";
  }
  if ((dacr2 = = "146") && (dacr4 = = "79"))
  {
    Form1 - > Panel4 - > Caption = "50K";
  }
  if ((dacr2 = = "146") && (dacr4 = = "39"))
  {
    Form1 - > Panel4 - > Caption = "100K";
  }
  if ((dacr2 = = "18") && (dacr4 = = "31"))
  {
    Form1 - > Panel4 - > Caption = "125K";
  }
  if ((dacr2 = = "18") && (dacr4 = = "15"))
```

```
    {
      Form1 -> Panel4 -> Caption = "250K";
    }
    if ((dacr2 == "18") && (dacr4 == "7"))
    {
      Form1 -> Panel4 -> Caption = "500K";
    }
    if ((dacr2 == "18") && (dacr4 == "4"))
    {
      Form1 -> Panel4 -> Caption = "800K";
    }
    if ((dacr2 == "18") && (dacr4 == "3"))
    {
      Form1 -> Panel4 -> Caption = "1000K";
    }
    Form1 -> Panel3 -> Caption = dacr1;
    Form1 -> Panel5 -> Caption = dacr5;
    Form1 -> Panel6 -> Caption = dacr6;
    Form1 -> Panel7 -> Caption = "K85" + dacr8;          // 输出模块型号
  }
}
//-----------------------------------------
//用本程序配置完K85模块后,需关闭K85模块的供电电源,然后再次打开模块供电电源,新
//的配置才生效。
void __fastcall TForm1::Button3Click(TObject *Sender)     // K85模块重新配置
{
  BYTE func;
  long data,data1;
  AnsiString dacr1, dacr2, dacr3, dacr4, dacr5, dacr6, dacr7, dacr8;
  AnsiString dacstr, Timstr, thermostr;

  Timstr = ComboBox5 -> Text;
  if (Timstr == "10K")
  {
    Timing0 = 0x92;
    Timing1 = 0x18;
  }
  if (Timstr == "20K")
  {
```

```
    Timing0 = 0x92;
    Timing1 = 0xC7;
  }
  if (Timstr = = "50K")
  {
    Timing0 = 0x92;
    Timing1 = 0x4F;
  }
  if (Timstr = = "100K")
  {
    Timing0 = 0x92;
    Timing1 = 0x27;
  }
  if (Timstr = = "125K")
  {
    Timing0 = 0x12;
    Timing1 = 0x1F;
  }
  if (Timstr = = "250K")
  {
    Timing0 = 0x12;
    Timing1 = 0x0F;
  }
  if (Timstr = = "500K")
  {
    Timing0 = 0x12;
    Timing1 = 0x07;
  }
  if (Timstr = = "800K")
  {
    Timing0 = 0x12;
    Timing1 = 0x04;
  }
  if (Timstr = = "1000K")
  {
    Timing0 = 0x12;
    Timing1 = 0x03;
  }
  thermostr = ComboBox6 - > Text;
```

```
if (thermostr = = "J 型热电偶")
{
  thermo = 0x80;
}
if (thermostr = = "K 型热电偶")
{
  thermo = 0x81;
}
if (thermostr = = "T 型热电偶")
{
  thermo = 0x82;
}
if (thermostr = = "E 型热电偶")
{
  thermo = 0x83;
}
if (thermostr = = "R 型热电偶")
{
  thermo = 0x84;
}
if (thermostr = = "S 型热电偶")
{
  thermo = 0x85;
}
if (thermostr = = "B 型热电偶")
{
  thermo = 0x86;
}
station = StrToInt("0x" + ComboBox3 - > Text);//设置现有模块站址
func = 0x2;                  // 读模块配置参数指令为十六进制 0X03
data = Cframe(station, func);
                             // 组成包含模块配置指令和站址的 11 位标识符,即帧 ID
data = data & 0xffff;        // 标准帧 11 位标识符(ID)为 0x6020
data = data ≫5;              // 将 0x6020 右移 5 位,即从 ID.15—ID.5 移到 ID.10—ID.0,
                             // 转换为 CANUSB - I 的 ID: 0x0301

//整理好的数据存入发送数据的结构体
SendData.SendType = 0;                  // 存入发送类型,正常发送—0,自发自收—1
SendData.ExternFlag = 0;                // 存入帧类型,标准帧—0,扩展帧—1
```

```
SendData.RemoteFlag = 0;                    // 存入帧格式,数据帧—0,远程帧—1
SendData.ID = data;                         // 存入帧 ID
SendData.DataLen = 7;                       // 存入数据长度<8
FrameData[0] = StrToInt("0x" + ComboBox4 - > Text);   // 设置新配模块站址
FrameData[1] = Timing0;
FrameData[2] = 0x0;
FrameData[3] = Timing1;
FrameData[4] = StrToInt("0x" + Edit1 - > Text);
FrameData[5] = 0x0;
FrameData[6] = 0x0;
FrameData[7] = thermo;
memcpy(SendData.Data,FrameData,7);          // 存入数据

 if (VCI_Transmit(DevIndex, CANIndex, &SendData) = = false)
 {
   ShowMessage("CAN0 发送失败");
 }
 else
 {
   ShowMessage("模块配置成功!");
 }
}
//-------------------------------------------------------------------------

void __fastcall TForm1::FormShow(TObject * Sender)
{
  AnsiString Timstr;

  DevIndex = StrToInt(ComboBox1 - > Text); // 获取设备号

  Timstr = ComboBox2 - > Text;
  if (Timstr = = "10K")
  {
    InitConfig.Timing0 = 0x31;              // 波特率设置为 10Kbit/s
    InitConfig.Timing1 = 0x1C;
    Timing0 = 0x92;
    Timing1 = 0x18;
 }
  if (Timstr = = "20K")
```

```
{
    InitConfig.Timing0 = 0x18;              //波特率设置为 20Kbit/s
    InitConfig.Timing1 = 0x1C;
    Timing0 = 0x92;
    Timing1 = 0xC7;
}
if (Timstr = = "50K")
{
    InitConfig.Timing0 = 0x09;              //波特率设置为 50Kbit/s
    InitConfig.Timing1 = 0x1C;
    Timing0 = 0x92;
    Timing1 = 0x4F;
}
  if (Timstr = = "100K")
{
    InitConfig.Timing0 = 0x04;              //波特率设置为 100Kbit/s
    InitConfig.Timing1 = 0x1C;
    Timing0 = 0x92;
    Timing1 = 0x27;
}
if (Timstr = = "125K")
{
    InitConfig.Timing0 = 0x03;              //波特率设置为 125Kbit/s
    InitConfig.Timing1 = 0x1C;
    Timing0 = 0x12;
    Timing1 = 0x1F;
}
if (Timstr = = "250K")
{
    InitConfig.Timing0 = 0x01;              //波特率设置为 250Kbit/s
    InitConfig.Timing1 = 0x1C;
    Timing0 = 0x12;
    Timing1 = 0x0F;
}
if (Timstr = = "500K")
{
    InitConfig.Timing0 = 0x00;              //波特率设置为 500Kbit/s
    InitConfig.Timing1 = 0x1C;
    Timing0 = 0x12;
```

```
    Timing1 = 0x07;
  }
  if (Timstr = = "800K")
  {
    InitConfig.Timing0 = 0x00;          // 波特率设置为 800Kbit/s
    InitConfig.Timing1 = 0x16;
    Timing0 = 0x12;
    Timing1 = 0x04;
  }
  if (Timstr = = "1000K")
  {
    InitConfig.Timing0 = 0x00;          //波特率设置为 1000Kbit/s
    InitConfig.Timing1 = 0x14;
    Timing0 = 0x12;
    Timing1 = 0x03;
  }
  counts = StrToInt("0x" + Edit1 - > Text);
}
//------------------------------------------
```

1. K85 模块站址配置前的准备工作

- 将 CANUSB－I 接口模块用 USB 线缆连接到计算机。
- 将 CANUSB－I 接口模块用双绞线与 K85 模块连接。
- 用导线将 24V 直流稳压电源与 K85 模块连接。
- 接通直流稳压电源。

2. K85 模块初始化

- 启动 K85 模块配置程序。
- 在图 12－28 所示的程序窗体中，用鼠标左键点击“确认”按钮，程序将按照设备号为 0、CAN 波特率为 20K 的默认值，对 K85 模块进行初始化，并在窗体左下角弹出“初始化成功！”对话框。这表明 K85 模块已经成功初始化。
- 用鼠标左键点击“初始化成功！”对话框中的 OK 按钮，该对话框将消失，“回读配置”按钮和“重新配置”按钮将变清晰，这表明可以回读模块配置和重新配置模块。

如果需要更改 K85 模块的站址，则首先需要知道模块的原始配置信息。此时，可做回读 K85 模块配置信息的操作。

3. 回读 K85 模块的配置信息

在图 12－29 所示程序窗体“参数回读”栏中，用鼠标左键点击“回读配置”按钮，则程序按照图 12－29“参数配置”栏“现有站址号”下拉框中的默认值 1，回读 K85 模块配置信息，并在“参数回读”栏的“回读字符串”框中输出 K85 模块配置信息，在“站址”框输出 K85 模块站址号“1”，在“通讯波特率”栏中输出 K85 模块的波特率，在“模块型号”栏中输出模块型号。

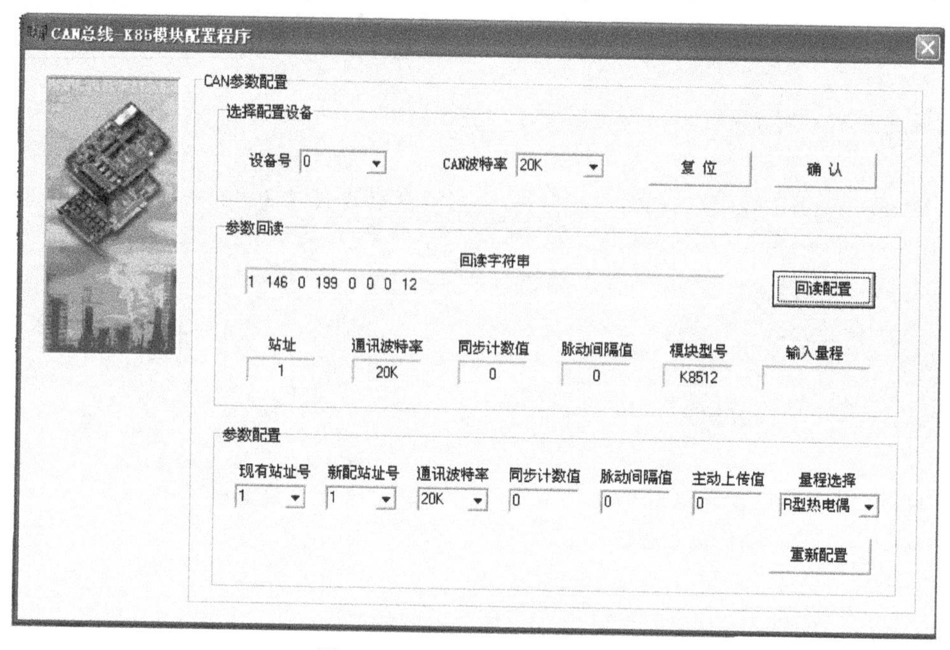

图 12-29　回读 K85 模块配置

在知道 K85 模块原有配置信息后,就可以对 K85 模块重新配置。

4. 重新配置 K85 模块

• 在图 12-30 所示程序窗体“参数配置”栏“新配站址号”框,用鼠标左键点击右边下拉按钮,屏幕将出现一个下拉选择框,用鼠标左键点击站址号,例如选择“2”。

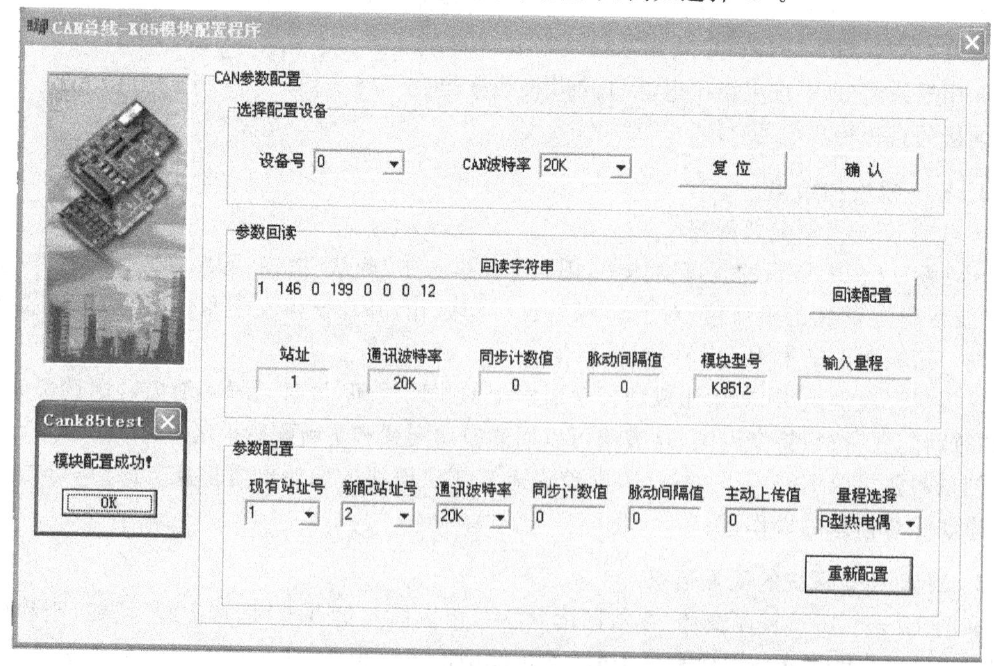

图 12-30　K85 模块重新配置

• 在“通讯波特率”框，用鼠标左键点击右边下拉按钮，屏幕又将出现另一个下拉选择框，用鼠标左键点击波特率。如果采用默认值“20K”，则不用点击通讯波特率框的下拉按钮。

• 用鼠标左键点击“重新配置”按钮，则可对除K-8510热电偶采集模块以外的K85模块重新配置，在图12-30所示程序窗体的左下角，出现“模块配置成功!”的对话框。对K-8510热电偶采集模块配置时，则需要在“量程选择”框选择量程，才能重新配置K-8510热电偶采集模块。

• 用鼠标左键点击“模块配置成功!”对话框的OK按钮，此对话框将消失。

• 把K85模块断电后，重新通电，模块新的配置才生效。

5. 回读K85模块重新配置信息

在程序窗体“参数回读”栏中，用鼠标左键点击“回读配置”按钮，则程序按照新站址号回读K85模块配置信息，并在“参数回读”栏的“回读字符串”框中输出K85模块重新配置信息，在“站址”框输出K85模块新站址号“2”，在“通讯波特率”栏中输出K85模块的波特率，在“模块型号”栏中输出模块型号。如图12-31所示。

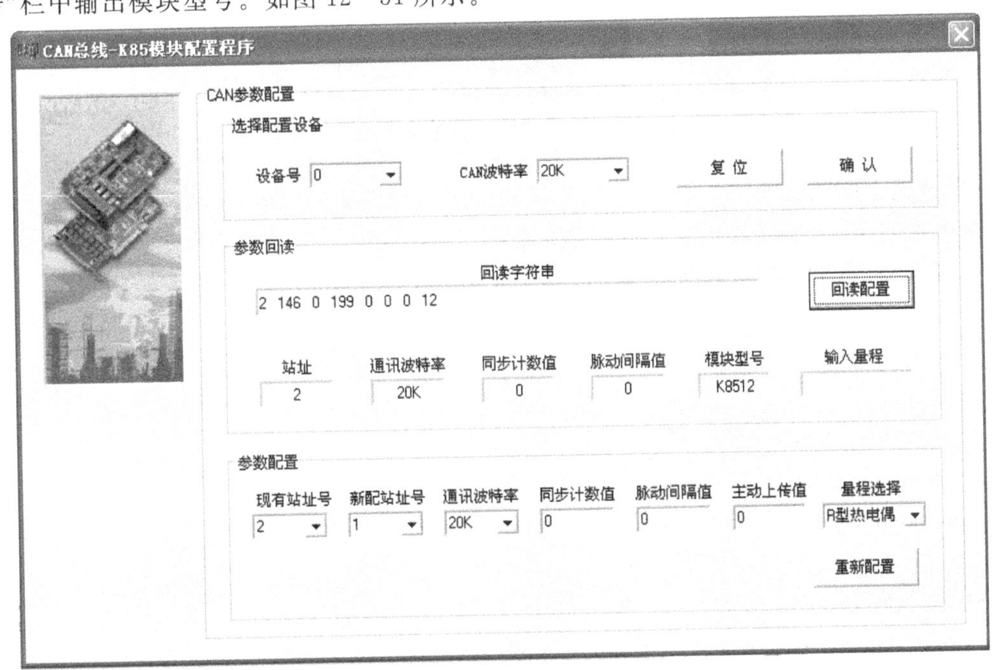

图12-31 回读重新配置后K85模块的信息

12.5.2 K85模块数据采集与输出测试

K85模块数据采集与输出测试程序窗体如图12-32所示。

图12-32所示的程序窗体使用了4个GroupBox控件、8个Panel控件、8个Button控件。在编写K85模块测试程序时，首先要按照12.4.9节介绍的方法，完成C++ Builder 6调用动态库(静态链接)的工作，然后才能编写程序。

由图12-32可知，K85模块数据采集与输出程序可对K-8512模拟量采集模块、K-8516模拟量输出模块、K-8520隔离型开关量输出模块进行模拟信号采集、模拟信号输

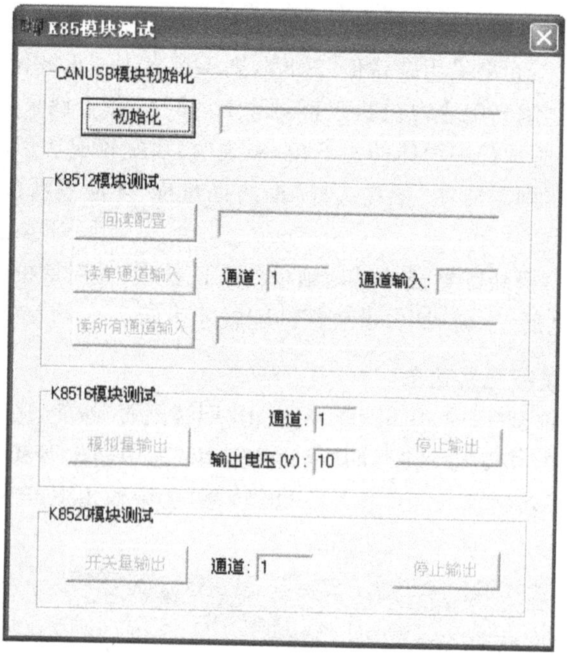

图 12-32　K85 模块数据采集与输出测试

出、开关量输出测试试验。稍加修改,测试试验程序即可用于工程项目的数据采集与控制。也可作为参考实例,用于编写其他 K85 模块的程序。

实现 K85 系列模块测试的 C++ Builder 6 源程序如下。

```
//---------------------------------------------------------------------------

#include <vcl.h>
#include <math.h>
#pragma hdrstop

#include "Unit1.h"
#include "CAN_TO_USB.h"

//---------------------------------------------------------------------------
#pragma package(smart_init)
#pragma resource "*.dfm"
TForm1 *Form1;

BYTE   station;
BYTE   CANIndex = 0;                    // 选择 CAN 的通道  CAN1—1, CAN0—0
BYTE   DevIndex = 0;                    // 选择设备号
```

```
VCI_INIT_CONFIG InitConfig;                    // CAN 初始化结构体
VCI_CAN_OBJ     SendData;                      // CAN 发送数据的缓冲区
VCI_CAN_OBJ     ReceivedataCan0[2];            // CAN0 接受数据的缓冲区

DWORD  FrameID;                                // 帧 ID
BYTE   FrameType,                              // 帧类型
       FrameFormat,                            // 帧格式
       FrameData[8];                           // 帧数据

bool   Device_Connect = false;                 // 设备已经连接并正确初始化的标志
bool   DeviceCan0Open = false;                 // CAN0 通道成功打开的标志
bool   Can0SingleReceive = false;              // CAN0 单通道采集数据的标志
bool   Can0TotalReceive = false;               // CAN0 全部通道采集数据的标志

double dac1, dac2, dac3, dac4;

//-----------------------------------------

__fastcall Cframe(BYTE station1, BYTE func1)
{
  unsigned long a1,b1;
  a1 = station1;
  a1 = (a1<<5) & 0x0FF0;
  b1 = func1;
  b1 = (b1<<12) & 0xF000;
  b1 = b1 |a1;
  return b1 ;
}
//-----------------------------------------

void ReceiveSingledata(TObject * Sender)          // 读单通道模拟量
{
  BYTE func;
  unsigned long data;
  BYTE chan;
  AnsiString dacr1, dacr2, dacr3, dacr4, dacr5, dacr6, dacr7, dacr8;
  AnsiString dacstr, chanstr;
  double dac1, dac2;
```

```
    station = 1;                          // 设置模块站址为 1
    func = 0x5;                           // 回读单通道模拟量功能码为十六进制 0x05
    chan = StrToInt("0x" + Form1 -> Edit6 -> Text);  // 设置通道号
    data = Cframe(station, func);         // 转换为包含功能码和站址的标准帧 11 位标
                                          //识符(ID)十六进制格式
    data = data & 0xFFFF;                 // 标准帧 11 位标识符(ID)为 0x6020
    data = data >>5;                      // 将 0x6020 右移 5 位,即从 ID.15—ID.5 移到
                                          // ID.10—ID.0,转换为 CANUSB-I 的 ID: 0x0301

    // 整理好的数据存入发送数据的结构体
    SendData.SendType = 0;                // 存入发送类型,正常发送—0,自发自收—1
    SendData.ExternFlag = 0;              // 存入帧类型,标准帧—0,扩展帧—1
    SendData.RemoteFlag = 0;              // 存入帧格式,数据帧—0,远程帧—1
    SendData.ID = data;                   // data = 0x0301,存入帧 ID: ID.10—ID.0
    SendData.DataLen = 1;                 // 存入数据长度 <8
    FrameData[0] = chan;
    memcpy(SendData.Data,FrameData,1);    // 存入数据

    if (VCI_Transmit(DevIndex, CANIndex, &SendData) = = false)
    {
      ShowMessage("CAN0 发送失败");
    }
    if (VCI_Receive(DevIndex, 0, ReceivedataCan0, 1, 100) = = true)
                                          // 接收第一帧数据
    {
      dac1 = ReceivedataCan0[0].Data[0]; // 通道号
      dac2 = (ReceivedataCan0[0].Data[2] * 256 + ReceivedataCan0[0].Data[1])/4096.0 * 10;
      dac2 = floor(dac2 * 1000 + 0.05) * 0.001; //通道数据
      dacstr = FloatToStr(dac2);
      Form1 -> Edit5 -> Text = dacstr;
    }
}
//- - - - - - - - - - - - - - - - - - - - - - - - - - - - - - - - - - - - - - - -

void ReceiveAlldata(TObject * Sender)   // 读所有通道模拟量
{
  BYTE func;
  unsigned long data;
  AnsiString dacstr;
```

```
station = 1;                      // 设置模块站址为 1
func = 0x6;                       // 回读全部模拟量功能码为十六进制 0x06
data = Cframe(station, func);
                    // 转换为包含功能码和站址的标准帧 11 位标识符(ID)十六进制格式
data = data & 0xFFFF;             // 标准帧 11 位标识符(ID)为 0x6020
data = data >>5;                  // 将 0x6020 右移 5 位,即从 ID.15—ID.5 移到 ID.10—ID.0,
                                  // 转换为 CANUSB - I 的 ID: 0x0301

//整理好的数据存入发送数据的结构体
  SendData.SendType = 0;          //存入发送类型,正常发送—0,自发自收—1
  SendData.ExternFlag = 0;        //存入帧类型,标准帧—0,扩展帧—1
  SendData.RemoteFlag = 0;        //存入帧格式,数据帧—0,远程帧—1
  SendData.ID = data;             // data = 0x0301,存入帧 ID: ID.10—ID.0
  SendData.DataLen = 0;           //存入数据长度 <8

  if (VCI_Transmit(DevIndex, CANIndex, &SendData) = = false)
  {
    ShowMessage("CAN0 发送失败");
  }

  if (VCI_Receive(DevIndex, 0, ReceivedataCan0, 1, 100) = = true)
                                                              //接收第一帧数据
  {
    //通道 1 数据
    dac1 = (ReceivedataCan0[0].Data[1] * 256 + ReceivedataCan0[0].Data[0])/4096.0 * 10;
    //通道 2 数据
    dac2 = (ReceivedataCan0[0].Data[3] * 256 + ReceivedataCan0[0].Data[2])/4096.0 * 10;
    //通道 3 数据
    dac3 = (ReceivedataCan0[0].Data[5] * 256 + ReceivedataCan0[0].Data[4])/4096.0 * 10;
    //通道 4 数据
    dac4 = (ReceivedataCan0[0].Data[7] * 256 + ReceivedataCan0[0].Data[6])/4096.0 * 10;
    dac1 = floor(dac1 * 1000 + 0.05) * 0.001;                 //保留小数点后三位数据
    dac2 = floor(dac2 * 1000 + 0.05) * 0.001;
    dac3 = floor(dac3 * 1000 + 0.05) * 0.001;
    dac4 = floor(dac4 * 1000 + 0.05) * 0.001;
    dacstr = FloatToStr(dac1) + "   " + FloatToStr(dac2) + "   " + FloatToStr(dac3) + "
  " + FloatToStr(dac4);
    Form1 - > Edit4 - > Text = dacstr;
```

```
}

if (VCI_Receive(DevIndex, 0, ReceivedataCan0, 1, 100) = = true)     //接收第二帧数据
{
    //通道 5 数据
    dac1 = (ReceivedataCan0[0].Data[1] * 256 + ReceivedataCan0[0].Data[0])/4096.0 * 10;
    //通道 6 数据
    dac2 = (ReceivedataCan0[0].Data[3] * 256 + ReceivedataCan0[0].Data[2])/4096.0 * 10;
    //通道 7 数据
    dac3 = (ReceivedataCan0[0].Data[5] * 256 + ReceivedataCan0[0].Data[4])/4096.0 * 10;
    //通道 8 数据
    dac4 = (ReceivedataCan0[0].Data[7] * 256 + ReceivedataCan0[0].Data[6])/4096.0 * 10;
    dac1 = floor(dac1 * 1000 + 0.05) * 0.001;
    dac2 = floor(dac2 * 1000 + 0.05) * 0.001;
    dac3 = floor(dac3 * 1000 + 0.05) * 0.001;
    dac4 = floor(dac4 * 1000 + 0.05) * 0.001;
  }
}
//- - - - - - - - - - - - - - - - - - - - - - - - - - - - - - - - - - - - - - -

void TransmitAnalogdataOn(TObject * Sender)          // 模拟量输出
{
  BYTE func;
  unsigned long data;
  BYTE chan, outdataL, outdataH;
  AnsiString outUstr;

  station = 2;                                        // 设置模块站址为 2
  func = 0x7;
  chan = StrToInt(Form1 - > Edit3 - > Text) - 1;
  outUstr = Form1 - > Edit7 - > Text;
  if (outUstr = = "10")
  {
    outdataL = 0xFF;
    outdataH = 0x0F;
  }
  if (outUstr = = "9")
  {
    outdataL = 0x66;
```

```
    outdataH = 0x0E;
  }
  if (outUstr = = "8")
  {
    outdataL = 0xCC;
    outdataH = 0x0C;
  }
  if (outUstr = = "7")
  {
    outdataL = 0x33;
    outdataH = 0x0B;
  }
  if (outUstr = = "6")
  {
    outdataL = 0x99;
    outdataH = 0x09;
  }
  if (outUstr = = "5")
  {
    outdataL = 0xD8;
    outdataH = 0x07;
  }
  if (outUstr = = "4")
  {
    outdataL = 0x66;
    outdataH = 0x06;
  }
  if (outUstr = = "3")
  {
    outdataL = 0xCD;
    outdataH = 0x04;
  }
  if (outUstr = = "2")
  {
    outdataL = 0x33;
    outdataH = 0x03;
  }
  if (outUstr = = "1")
  {
```

```
    outdataL = 0x9A;
    outdataH = 0x01;
  }
  if (outUstr = = "0")
  {
    outdataL = 0x00;
    outdataH = 0x00;
  }
  data = Cframe(station, func);
                // 转换为包含功能码和站址的标准帧11位标识符(ID)十六进制格式
  data = data & 0xFFFF;             //标准帧11位标识符(ID)为0x6020
  data = data >>5;

  // 整理好的数据存入发送数据的结构体
  SendData.SendType = 0;            //存入发送类型,正常发送—0,自发自收—1
  SendData.ExternFlag = 0;          //存入帧类型,标准帧—0,扩展帧—1
  SendData.RemoteFlag = 0;          //存入帧格式,数据帧—0,远程帧—1
  SendData.ID = data;               // data=0x0301,存入帧ID: ID.10—ID.0
  SendData.DataLen = 3;             //存入数据长度<8
  FrameData[0] = chan;
  FrameData[1] = outdataL;
  FrameData[2] = outdataH;
  memcpy(SendData.Data,FrameData,3);   // 存入数据

  if (VCI_Transmit(DevIndex, CANIndex, &SendData) = = false)
  {
    ShowMessage("CAN0 发送失败");
  }
}
//-----------------------------------------

void TransmitAnalogdataOff(TObject * Sender) // 停止模拟量输出
{
  BYTE func;
  unsigned long data;
  BYTE chan, outdataL, outdataH;

  station = 2;                       // 设置模块站址为2
  func = 0x7;
```

```
chan = StrToInt(Form1->Edit3->Text)-1;

outdataL = 0x00;
outdataH = 0x00;

data = Cframe(station, func);
                  // 转换为包含功能码和站址的标准帧 11 位标识符(ID)十六进制格式
data = data & 0xFFFF;                //标准帧 11 位标识符(ID)为 0x6020
data = data >>5;

//整理好的数据存入发送数据的结构体
SendData.SendType = 0;               //存入发送类型,正常发送—0,自发自收—1
SendData.ExternFlag = 0;             //存入帧类型,标准帧—0,扩展帧—1
SendData.RemoteFlag = 0;             //存入帧格式,数据帧—0,远程帧—1
SendData.ID = data;                  // data=0x0301,存入帧 ID: ID.10—ID.0
SendData.DataLen = 3;                //存入数据长度 <8
FrameData[0] = chan;
FrameData[1] = outdataL;
FrameData[2] = outdataH;
memcpy(SendData.Data,FrameData,3); // 存入数据

if (VCI_Transmit(DevIndex, CANIndex, &SendData) == false)
{
  ShowMessage("CAN0 发送失败");
}
}
//-----------------------------------------

void TransmitSwitchdataOn(TObject *Sender)    // 开关量输出
{
  BYTE func;
  unsigned long data;
  BYTE chan, outdataL, outdataH;
  AnsiString chanstr;

  station = 3;                              // 设置模块站址为 3
  func = 0x8;
  chanstr = Form1->Edit8->Text;
```

```
if (chanstr = = "1")
{
  chan = 0x01;
}
if (chanstr = = "2")
{
  chan = 0x02;
}
if (chanstr = = "3")
{
  chan = 0x04;
}
if (chanstr = = "4")
{
  chan = 0x08;
}
if (chanstr = = "5")
{
  chan = 0x10;
}
if (chanstr = = "6")
{
  chan = 0x20;
}
if (chanstr = = "7")
{
  chan = 0x40;
}
if (chanstr = = "8")
{
  chan = 0x80;
}
data = Cframe(station, func);
                    // 转换为包含功能码和站址的标准帧11位标识符(ID)十六进制格式
data = data & 0xFFFF;             // 标准帧11位标识符(ID)为0x6020
data = data ≫5;             // 将0x6020右移5位,即从ID.15—ID.5移到ID.10—ID.0,
                                  //转换为CANUSB-I的ID:0x0301

// 整理好的数据存入发送数据的结构体
```

```
  SendData.SendType = 0;              // 存入发送类型,正常发送—0,自发自收—1
  SendData.ExternFlag = 0;            // 存入帧类型,标准帧—0,扩展帧—1
  SendData.RemoteFlag = 0;            // 存入帧格式,数据帧—0,远程帧—1
  SendData.ID = data;                 // data = 0x0301,存入帧 ID: ID.10—ID.0
  SendData.DataLen = 1;               // 存入数据长度 <8
  FrameData[0] = chan;
  memcpy(SendData.Data,FrameData,1);  // 存入数据

  if (VCI_Transmit(DevIndex, CANIndex, &SendData) = = false)
  {
    ShowMessage("CAN0 发送失败");
  }
}
//-----------------------------------------------------------

void TransmitSwitchdataOff(TObject * Sender)  // 停止开关量输出
{
  BYTE func;
  unsigned long data;
  BYTE chan, outdataL, outdataH;

  station = 3;                        // 设置模块站址为 3
  func = 0x8;
  chan = 0x00;

  data = Cframe(station, func);
                  // 转换为包含功能码和站址的标准帧 11 位标识符(ID)十六进制格式
  data = data & 0xFFFF;               // 标准帧 11 位标识符(ID)为 0x6020
  data = data >>5;                    // 将 0x6020 右移 5 位,即从 ID.15—ID.5 移到 ID.10—ID.0,
                                      //转换为 CANUSB - I 的 ID: 0x0301

  // 整理好的数据存入发送数据的结构体
  SendData.SendType = 0;              //存入发送类型,正常发送—0,自发自收—1
  SendData.ExternFlag = 0;            // 存入帧类型,标准帧—0,扩展帧—1
  SendData.RemoteFlag = 0;            //存入帧格式,数据帧—0,远程帧—1
  SendData.ID = data;                 // data = 0x0301,存入帧 ID: ID.10—ID.0
  SendData.DataLen = 1;               //存入数据长度 <8
  FrameData[0] = chan;
  memcpy(SendData.Data,FrameData,1);//存入数据
```

```
  if (VCI_Transmit(DevIndex, CANIndex, &SendData) == false)
  {
    ShowMessage("CAN0 发送失败");
  }
}
//---------------------------------------------------------------------------

__fastcall TForm1::TForm1(TComponent* Owner)
        : TForm(Owner)
{
}
//---------------------------------------------------------------------------

void __fastcall TForm1::Button1Click(TObject *Sender)
{
  DWORD   TempAccCode;
  DWORD   TempAccMask;

  HANDLE   ReceiveThreadHanle;

  DevIndex = 0;                          //设备号

  InitConfig.AccCode = 0x00000000;  // 验证码
  InitConfig.AccMask = 0xffffffff;  //屏蔽码

  InitConfig.Filter = 0;                // 滤波方式 0:单滤波,1:双滤波
  InitConfig.Mode = 0;                  //模式  0:正常模式,1:只听模式,2:自检测模式

  InitConfig.Timing0 = 0x18;            // 波特率设置为 20Kbit/s
  InitConfig.Timing1 = 0x1C;

  if(VCI_OpenDevice(DevIndex))          //打开 CANUSB-I 模块
  {
    if(VCI_InitCan(DevIndex,0, &InitConfig) == true) // CANUSB-I 模块进行初始化
    {
      Device_Connect = true;            //设备已连接并正确初始化
      Edit1->Text = "初始化成功";
      DeviceCan0Open = true;            // CAN0 已经成功打开
```

```
        Form1 -> Button2 -> Enabled = true;
        Form1 -> Button3 -> Enabled = true;
        Form1 -> Button4 -> Enabled = true;
        Form1 -> Button5 -> Enabled = true;
        Form1 -> Button6 -> Enabled = true;
        Form1 -> Button7 -> Enabled = true;
        Form1 -> Button8 -> Enabled = true;
      }
      else
      {
        ShowMessage("初始化错误");
      }
    }
    else
    {
      ShowMessage("打开设备错误");
    }
}
//-----------------------------------------------------------------

void __fastcall TForm1::Button2Click(TObject * Sender)
{
  BYTE canbuff[11];
  BYTE func;
  long data,data1;
  AnsiString dacr1, dacr2, dacr3, dacr4, dacr5, dacr6, dacr7, dacr8;
  AnsiString dacstr;
  BYTE transbuff[3];

  station = 1;                    // 设置模块站址为 1
  func = 0x3;                     // 读模块配置参数指令为十六进制 0X03
  data = Cframe(station, func);   // 组成包含模块配置指令和站址的 11 位标识符,即帧 ID
  data = data & 0xffff;           // 标准帧 11 位标识符(ID)为 0x6020
  data = data >>5;                // 将 0x6020 右移 5 位,即从 ID.15—ID.5 移到 ID.10—ID.0,
                                  // 转换为 CANUSB - I 的 ID: 0x0301
  Edit2 -> Text = IntToStr(data);

  // 整理好的数据存入发送数据的结构体
  SendData.SendType = 0;          //存入发送类型,正常发送—0,自发自收—1
```

```
    SendData.ExternFlag = 0;         //存入帧类型,标准帧—0,扩展帧—1
    SendData.RemoteFlag = 0;         //存入帧格式,数据帧—0,远程帧—1
    SendData.ID = data;              //存入帧 ID
    SendData.DataLen = 0;            //存入数据长度<8

    if (VCI_Transmit(DevIndex, CANIndex, &SendData) = = false)
    {
      ShowMessage("CAN0 发送失败");
    }
    if (VCI_Receive(DevIndex,0,ReceivedataCan0,1,100) = = true)
    {
      dacr1 = ReceivedataCan0[0].Data[0];
      dacr2 = ReceivedataCan0[0].Data[1];
      dacr3 = ReceivedataCan0[0].Data[2];
      dacr4 = ReceivedataCan0[0].Data[3];
      dacr5 = ReceivedataCan0[0].Data[4];
      dacr6 = ReceivedataCan0[0].Data[5];
      dacr7 = ReceivedataCan0[0].Data[6];
      dacr8 = ReceivedataCan0[0].Data[7];
      dacstr = dacr1 + "    " + dacr2 + "    " + dacr3 + "    " + dacr4 + "    " + dacr5 + "
" + dacr6 + "    " + dacr7 + "    " + dacr8;
      Form1 - > Edit2 - > Text = dacstr;
    }
}
//- - - - - - - - - - - - - - - - - - - - - - - - - - - - - - - - - - - - - - -

void __fastcall TForm1::Button3Click(TObject * Sender)
{
  ReceiveSingledata(Sender);       // 调用读单通道模拟量过程
}
//- - - - - - - - - - - - - - - - - - - - - - - - - - - - - - - - - - - - - - -

void __fastcall TForm1::Button4Click(TObject * Sender)
{
  ReceiveAlldata(Sender);          // 调用读所有通道模拟量过程
}
//- - - - - - - - - - - - - - - - - - - - - - - - - - - - - - - - - - - - - - -

void __fastcall TForm1::FormClose(TObject * Sender, TCloseAction &Action)
```

```
{
  if(Device_Connect == true)
  {
    Device_Connect = false;

    DeviceCan0Open = false;

    Sleep(200);
    VCI_CloseDevice(DevIndex);          //关闭设备
  }
}
//---------------------------------------

void __fastcall TForm1::Button6Click(TObject * Sender)
{
  TransmitSwitchdataOn(Sender);          //调用启动开关量数据输出过程
}
//---------------------------------------

void __fastcall TForm1::Button7Click(TObject * Sender)
{
  TransmitSwitchdataOff(Sender);         //调用停止开关量数据输出过程
}
//---------------------------------------

void __fastcall TForm1::Button5Click(TObject * Sender)
{
  TransmitAnalogdataOn(Sender);          //调用启动模拟量输出过程
}
//---------------------------------------

void __fastcall TForm1::Button8Click(TObject * Sender)
{
  TransmitAnalogdataOff(Sender);         //调用停止模拟量输出过程
}
//---------------------------------------
```

在运行程序之前，需要做以下准备工作：

- 把4节旧电池分别接到K-8512模块的通道1、通道2、通道3和通道4。
- 准备一块万用表，把测试模式设置为直流电流，万用表的两支测笔接到K-8516模块的模拟量输出端口1。

• 准备一个线圈电压为DC24V的中间继电器，把继电器线圈两个供电端分别用导线与K－8520模块开关量输出端口1相连。

在完成准备工作后，K85模块数据采集与输出测试程序的运行过程如下。

1. CANUSB－I接口模块初始化

运行K85模块数据采集与输出测试程序，屏幕将出现如图12－32所示的程序窗体。在CANUSB模块初始化栏中，用鼠标左键点击“初始化”按钮，模块测试程序将打开CANUSB－I接口模块，并对CANUSB－I接口模块进行初始化，程序窗体中的“回读配置”、“读单通道输入”、“读所有通道输入”、“模拟量输出”、“停止输出”、“开关量输出”等按钮变为清晰，表明可以用鼠标左键点击操作这些按钮。

2. K－8512模块数据采集测试

在“K8512模块测试”框，用鼠标左键点击“回读配置”按钮，在其右边的框中将显示K8512模块的配置信息，如图12－33所示。

在“通道”框中，用鼠标左键点击，然后输入模拟输入通道号，例如输入“1”。用鼠标左键点击“读单通道输入”按钮，则在“通道输入：”框中显示从指定通道采集到的电池电压值。

在“读入所有通道输入”按钮上，用鼠标左键点击，在其右边的框中将显示从4个输入通道采集到的电池电压值。

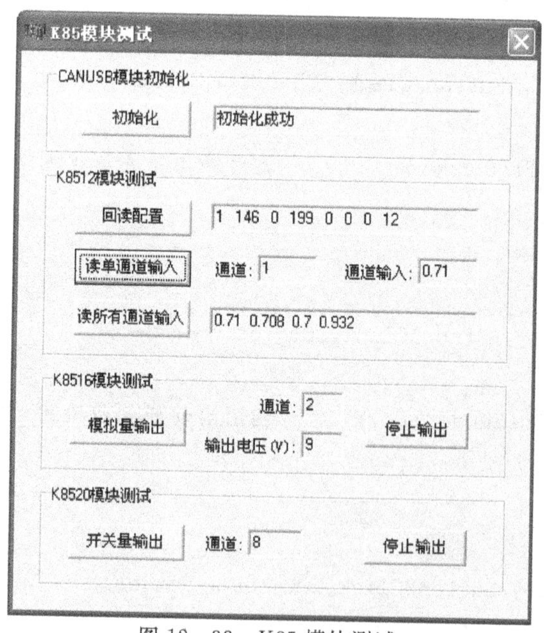

图12－33　K85模块测试

3. K－8516模块模拟量输出测试

• 在“K8516模块测试”框，用鼠标左键点击“通道：”框，用键盘输入模拟量输出通道号，例如输入“2”。

• 用鼠标左键点击“输出电压：”，用键盘输入数字，例如输入“9”。

• 用鼠标左键点击“模拟量输出”按钮，则在事先连接的万用表上显示模块输出的直流电压值。

• 用鼠标左键上点击“停止输出”按钮，则K－8516模块将停止直流电压输出。

4. K－8520模块开关量输出测试

• 在“K－8520模块测试”框，用鼠标左键点击“通道：”框，用键盘输入开关量输出通道号，例如输入“8”。

• 用鼠标左键点击“开关量输出”按钮，则事先连接的中间继电器触点将闭合。

• 用鼠标左键点击“停止输出”按钮，则中间继电器触点将分离。

上面介绍了K－8512模块数据采集测试过程，在实际工程应用时，读者可借鉴此程序，根据使用的传感器测量物理量的量程范围与输出模拟信号的对应关系，做相应的标度变换，即可在计算机中得到被检测物理量的十进制数据。在相应控制算法的支持下，使用K－8516、K－8520模块和改进以上测试程序，即可组成计算机数据采集与控制系统。

习题与思考题

1. 什么是USB总线？其有什么特点？可作为哪些设备的接口？

2. USB系统的组成部分包括哪些？试述其作用。

3. USB的通信传输方式有哪些？试举例说明其应用的设备。

4. USB 2.0标准允许3种规格的传输速度，高速(high-speed)是多少？全速(full-speed)是多少？低速(low-speed)是多少？后两种传输速度兼容什么标准？

5. 对于USB接口，可用线缆的最大长度是多少？通过一个USB接口最多可访问多少USB设备？

6. 简述USB接口传输，举例说明USB的应用。

7. 什么是CAN总线？其有什么特点？

8. 简述CAN总线的层次结构的组成，并阐述每层的功能。

9. 简述CAN总线CSMA/NBA仲裁过程。

10. 简述CAN总线传输的帧的类型，同时阐述数据帧的组成。

11. 比较数据帧与远程帧的不同，并分析其原因。

12. CAN总线的通信速率随距离的远近而不同，那么，如果通信距离事先无法确定，通信速率会随距离远近而自动变化吗？即若两个CAN节点间为40m，则可达1 Mbit/s；若距离变为1300m，则通信速率自动变为50 kbit/s，是这样吗？

13. CANUSB－I接口模块初始化完成什么工作？

14. CANUSB－I接口模块的标识符(ID)与K－8512模块的标识符(ID)有何不同？如何把CANUSB－I接口模块的标识符(ID)转换为K－8512模块的标识符(ID)？

15. 采用CANUSB－I接口模块与K－8512模块结合方法，K－8512模块的1、2、3通道分别采集1节、2节、3节干电池的电压数据，要求每个通道各采集10个数据，3个通道巡回采集。试用Delphi 6语言编写数据采集程序，并将采集到的数据以“V”为单位，按通道号显示在屏幕上。

16. 采用CANUSB－I接口模块与K－8512模块结合方法，K－8512模块的1通道采集温室大棚的温度数据，要求在24小时内以每10分钟的间隔采集数据一次。温度传感变送器测量范围为－5～45 ℃，输出信号0～5 VDC。试用Delphi 6语言编写数据采集程序，并将采集到的数据以“℃”为单位显示在屏幕上。

第 13 章　全球定位系统(GPS)数据采集

全球定位系统(Globle Positioning System,简称 GPS)是一种结合卫星及通信发展的技术,利用导航卫星进行测时和测距。全球定位系统由美国从上世纪 70 年代开始研制,历时 20 余年,耗资 200 亿美元,于 1994 年全面建成。具有海陆空全方位实时三维导航与定位能力的新一代卫星导航与定位系统。经过近十年我国测绘等部门的使用表明,全球卫星定位系统以全天候、高精度、自动化、高效益等特点,成功地应用于大地测量、工程测量、航空摄影、运载工具导航和管制、地壳运动测量、工程变形测量、资源勘察、地球动力学、农业工程等多种学科。

国际上现有的卫星导航定位系统有美国的全球定位系统、俄罗斯的全球卫星导航系统(Globle Navigation Satellite System,简称 GLONASS)、中国北斗导航和欧洲伽利略。其中,美国的全球定位系统研究发展较早,应用也较广泛,所以,本章以 GPS 为对象,讲述其组成和接收机概况、通信协议和 GPS 数据采集。

13.1　GPS 的组成概况

全球定位系统主要由三部分组成:

- 空间卫星　包括 GPS 工作卫星和备用卫星;
- 地面监控　控制整个系统和时间,负责轨道监测和预报;
- 用户设备　主要是各种型号的接收机。

这三部分有各自独立的功能和作用,但又是有机地配合而缺一不可的整体系统。图 13－1 显示了 GPS 定位系统的三个组成部分及其相互配合情况。

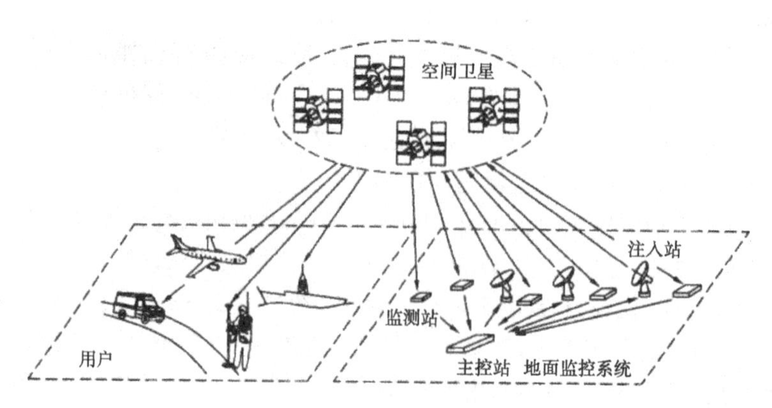

图 13－1　GPS 的组成

13.1.1　空间卫星

1. GPS 空间卫星星座

GPS 空间星座部分是由 24 颗卫星组成的 GPS“星座”，如图 13-2 所示。GPS 卫星均匀分布在 6 个近圆形轨道面内，每个轨道面上有 4 颗卫星。卫星轨道面相对地球赤道面的倾角为 55°，各轨道平面升交点的赤经相差 60°，同一轨道上两卫星之间的升交角距相差 90°。轨道平均高度为 20200 km，卫星运行周期为 11 小时 58 分。在地平线以上的卫星数目随时间和地点而异，最少为 4 颗，最多时达 11 颗。这样分布的目的是为了保证在地球的任何地方可同时见到 4～11 颗卫星。这些卫星每隔 1～3 秒向全球广播发送一次 C/A 码、P 码和导航电文信息(包括该卫星的轨道参数、时钟参数、轨道修正参数、大气对 GPS 信号折射的修正值等等)，以供全球用户使用。从而使地球表面任何地点、任何恶劣的气候条件下 24 小时均能实现三维定位、测速和测时。

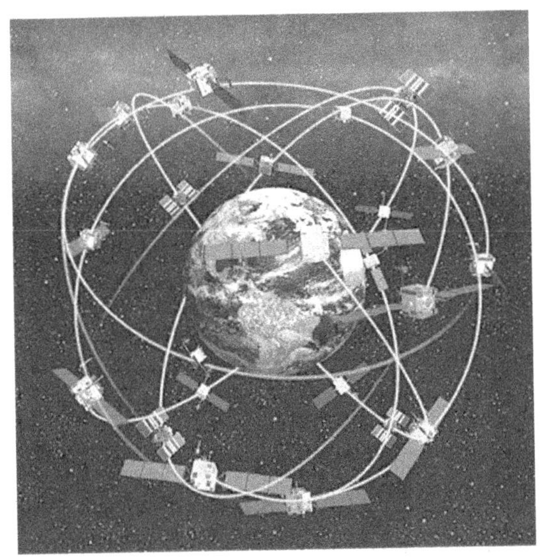

图 13-2　24 卫星组成的 GPS“星座”体系

GPS 卫星星座的主要特征见表 13-1 所示。

表 13-1　GPS 卫星星座的主要特征

载波频率/GHz	1.22760、1.57542
卫星平均高度/km	20200
卫星运行周期/min	718
轨道面倾角/(°)	55
轨道数	6

2. GPS 卫星及其功能

GPS 卫星(Block II)外观如图 13-3 所示，卫星发射进入轨道后，星体两侧各伸展出由 3 叶电池板拼成的太阳能电池翼板，总面积为 7.2m^2。两侧翼板能自动对太阳定向，给 3 组 15A

的镉镍蓄电池不断充电,保证卫星在地影区也能正常工作。GPS卫星的主体呈圆柱形,直径为1.5m,整体在轨质量为843.68kg,其设计寿命为7.5年。GPS卫星采用12根螺旋形天线组成天线阵列,其发射波束的张角大约为30°,可以覆盖卫星的可见地面。

图13-3　Block II卫星

GPS卫星的功能如下:

(1) 向用户发送定位信息;

(2) 接收和存储由地面监控站发来的导航信息,并适时地发送给用户;

(3) 接收并执行由地面监控站发来的控制指令,适时地改正运行偏差或启用备用卫星等;

(4) 通过星载的高精度铷钟和铯钟,提供精密的时间标准。

GPS卫星的核心部件是高精度的时钟、导航电文存储器、双频发射和接收以及微处理机,而GPS定位成功的关键在于高稳定度的频率标准,因为10^{-9}s的时间误差将会引起30cm的站心距离误差。GPS卫星高稳定度的频率标准由高精度的原子钟提供,为此,每颗GPS卫星一般安设2台铷原子钟和2台铯原子钟,并计划未来采用更稳定的氢原子钟(其频率稳定度优于10^{-14}s)。GPS卫星虽然发送几种不同频率的信号,但是它们均源于一个基准信号(其频率为10.23GHz),所以只需启用一台原子钟,其余作为备用。卫星钟由地面站检验,其钟差、钟速连同其他信息由地面站注入卫星后,再转发给用户设备。

13.1.2　地面监控

在导航定位中,采用的是卫星后方交会原理。因此必须首先知道卫星的位置,而位置是由卫星星历计算得出。地面监控部分的功能就是观测卫星并计算其星历,编辑成电文注入卫星,然后由卫星以广播星历的方式实时地传送给用户。

地面监控包括1个主控站、3个注入站和5个监测站,其全球分布如图13-4所示。

图13-4　GPS地面监控的分布

GPS地面监控系统拓扑结构如图13-5所示。

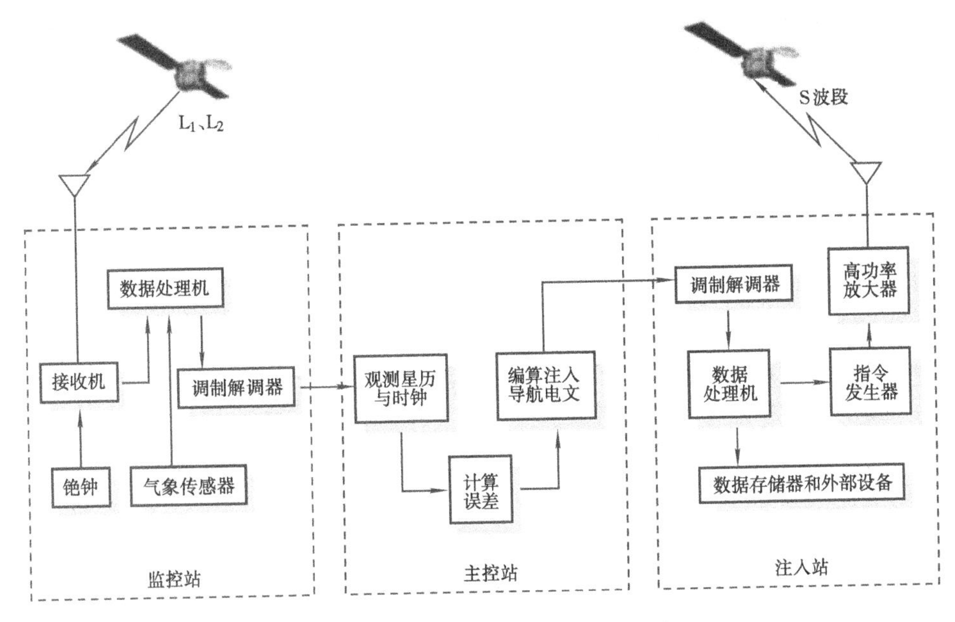

图 13-5　GPS 地面监控系统拓扑结构

1. 主控站

主控站位于美国科罗拉多(Colorada)州斯本斯空间联合执行中心,如图 13-6 所示。

图 13-6　GPS 主控站

主控站拥有大型电子计算机,作为数据采集、计算、传输、诊断、编辑等功能的主体设备。它实现下列功能。

(1) 采集数据。主控站采集各个监测站所测得的伪距和积分多普勒观测值、气象要素、卫星时钟和工作状态数据、监测站自身的状态数据,以及海军水面兵器中心发来的参考星历。

(2) 编辑导航电文。根据采集到的全部数据计算出每颗卫星的星历、时钟改正数、状态数据以及大气改正数,并按一定格式编辑为导航电文,传送到注入站。

(3) 诊断功能。对整个地面支撑系统的协调工作进行诊断;对卫星的健康状况进行诊断,并加以编码向用户指示。

(4) 调整卫星。根据所测的卫星轨道参数,及时将卫星调整到预定轨道,使其发挥正常作用。而且还可以进行卫星调度,用备份卫星取代失效的工作卫星。

主控站将编辑的卫星电文传送到位于三大洋的三个注入站,而注入站通过S波段微波链路定时地将有关信息注入各个卫星,然后由GPS卫星发送给广大用户,这就是用户所用的广播星历。

2. 注入站

三个注入站分别设在南大西洋的阿松森群岛(Ascension)、印度洋的迪戈加西亚岛(Dieggarcia)和南太平洋的卡瓦加兰(Kwajalein)。注入站的主要设备包括S波段发射机、发射天线和计算机。其主要任务是将主控站发来的导航电文注入到相应卫星的存储器,每天注入3~4次。此外,注入站能自动向主控站发射信号,每分钟报告一次自己的工作状态。注入站如图13-7所示。

图13-7 GPS注入站

3. 监测站

监测站是在主控站控制下的数据自动采集中心。站内设有双频GPS接收机、高精度原子钟、计算机各一台和若干台环境数据传感器。接收机对GPS卫星进行连续观测,以采集数据和监测卫星的工作状况。原子钟提供时间标准,环境数据传感器收集当地的气象数据。所有观测数据由计算机进行初步处理后传送到主控站,用以确定GPS卫星的轨道参数。

全球共有5个监测站,分别位于太平洋的夏威夷(Hawaii)、美国本土的科罗拉多州、南大西洋的阿松森群岛、印度洋的迪戈加西亚和太平洋的卡瓦加兰。监测站如图13-8所示。

整个GPS的地面监控部分,除主控站外均无人值守。各站间用现代化的通信网络联系起来,在原子钟和计算机的精确控制下.各项工作实现了高度的自动化和标准化。

图 13-8　GPS 监测站

13.1.3　用户设备

用户设备的主要任务是接收 GPS 卫星发射的无线电信号，以获得必要的定位信息及观测量，并经数据处理而完成定位工作。

用户设备主要由 GPS 接收机、数据处理软件、微处理机及其终端设备组成。GPS 接收机硬件包括接收机主机、天线和电源。GPS 数据处理软件是指各种后处理软件包，它通常由厂家提供，其主要作用是对观测数据进行精加工。以便获得精密定位结果。

GPS 用户的类型有多种，其要求不同，所需的接收设备各异。随着 GPS 定位技术的迅速发展和应用领域的日益扩大，许多国家都在积极研制、开发适用于不同要求的 GPS 接收机及相应的数据处理软件。目前世界上已有几百家企业生产各种型号的 GPS 接收机，产品也有几千种。这些产品可以按照原理、用途、功能等来分类。

1. GPS 接收机分类

(1)按接收机的用途分类

GPS 接收机按用途可分为以下三种。

① 导航型接收机

这类接收机用于运动载体(包括飞行器、船舶、车辆以及人的运动)的导航，可以实时给出运动载体的位置和速度。导航型接收机主要利用测距码(C/A 码和 P 码)获得伪距(由于用户接收机的时钟基准，相对于 GPS 卫星的原子钟基准存在误差，因此，将用户接收机与 GPS 卫星的实际测量距离称之为“伪距”)观测量进行导航。导航精度取决于使用的测距码，美国军方及其特许用户使用 P 码，精度可达 2～3m，民用导航使用 C/A 码，精度较低，单点实时定位精度一般在 5～10m。导航型接收机按输出可分为以下类型：

图 13-9　导航型 GPS 接收机

• 屏幕输出型导航接收机

屏幕输出型导航接收机如图 13-9 所示。

该类型接收机有一块液晶屏,直接以图形形式显示导航数据。广泛应用于车辆、轮船等运动载体导航。

• USB接口GPS接收机

USB接口GPS接收机如图13-10所示。

图13-10　USB接口GPS接收机

该型接收机采用USB接口输出GPS数据,便于与笔记本电脑、平板电脑等移动型计算机连接和传送数据。这类接收机体积小巧、价格便宜,可用于GPS技术应用开发。

• 蓝牙GPS接收机

蓝牙GPS接收机是采用蓝牙接口的GPS接收机,如图13-11所示。接收机收到卫星信号后,将信号无线传送给笔记本、平板电脑,用于导航定位。

图13-11　蓝牙GPS接收机

• GPS接收模块

GPS接收模块如图13-12所示。

图13-12　GPS接收模块

这类接收模块采用单一电源供电,标准数据输出格式,与单片机的接口十分方便,应用十分广泛。可用于GPS设备的开发。

②测地型接收机

测地型接收机主要用于大地测量、工程控制测量、滑坡与水电站大坝位移量监测、铁路与公路勘测、施工等精密测量与定位。这类接收机主要采用双频载波相位观测值进行相对定位，相对定位精度可达厘米级、甚至更高精度。但其结构复杂，价格较贵。测地型接收机一般为观测结束后进行数据处理。测地型接收机如图 13－13 所示。

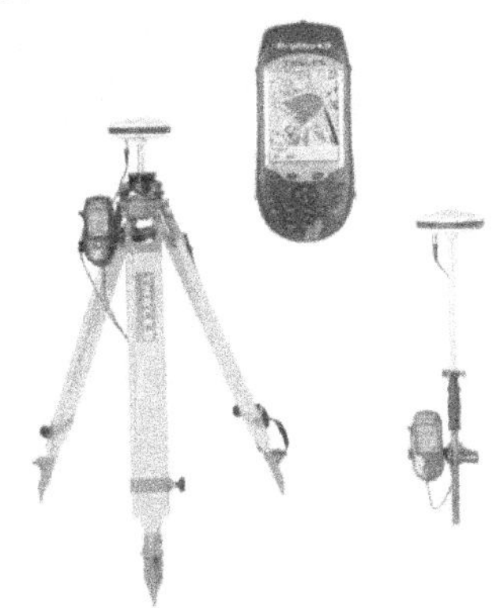

图 13－13　测地型 GPS 接收机

③授时型接收机

这类接收机主要利用 GPS 卫星提供的高精度时间标准进行授时。可为用户提供高精度时钟，也可实现远距离设备的精确同步。授时型接收机如图 13－14 所示。

图 13－14　授时型 GPS 接收机

(2) 按接收机的载波频率分类

GPS 接收机分为

①单频接收机

单频接收机只能接收 L_1 载波信号，测定载波相位观测值进行定位。由于不能有效消除电离层延迟影响，单频接收机只适用于短基线(<15km)的精密定位。

②双频接收机

双频接收机可以同时接收 L_1、L_2 载波信号。利用双频对电离层延迟的不一样，可以消除电离层对电磁波信号延迟的影响，因此双频接收机可用于长达几千公里的精密定位。

(3) 按接收机通道数分类

具有能分离 GPS 接收到的不同卫星的信号，实现对卫星信号的跟踪、处理和量测功能的器件称为天线信号通道。根据接收机所具有的通道种类可分为多通道接收机、序贯通道接收机、多路复用通道接收机。

(4) 按接收机工作原理分类

GPS接收机分为以下几种。

①码相关型接收机

码相关型接收机是利用码相关技术从调制波中分离得到导航电文(D码)并测得伪距观测值。

②平方型接收机

平方型接收机是利用载波信号的平方技术去掉调制信号,而恢复完整的载波信号,通过相位计测定接收机内产生的载波信号与接收到的载波信号之间的相位差,并能测定伪距观测值。其最大缺点是不能得到导航电文的内容。

③混合型接收机

这种接收机是综合上述两种接收机的优点,既可以得到导航电文并能用码相位测定伪距,也可以得到载波相位观测值。

④干涉型接收机

这种接收机是将CPS卫星作为射电源,采用干涉测量方法,测定两个测站间距离。

2. GPS接收机的结构

GPS接收机的种类虽然较多,但其结构基本一致,分为天线单元、接收单元、电源三大部分。GPS接收机的基本结构如图13-15所示。

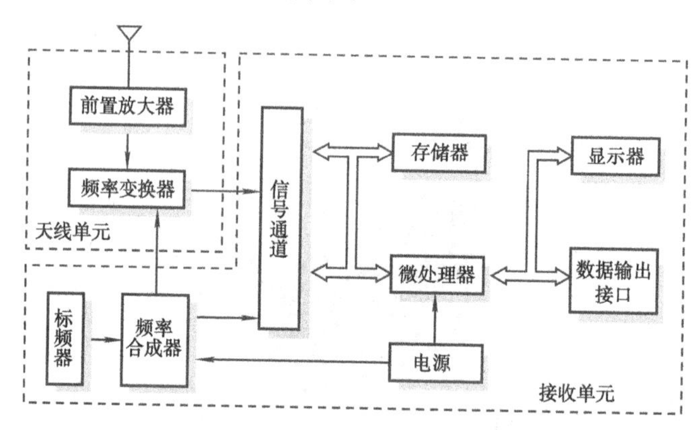

图13-15 GPS接收机的基本结构

(1)天线单元

天线单元主要由接收天线、前置放大器和频率变换器组成。天线的作用是将GPS卫星极其微弱的电磁波转换为相应的电流,通过前置放大器将微弱的GPS信号电流放大后,再由频率变换器将高频信号变成中频信号,以便获得稳定的信号传输给接收单元。

接收天线是接收单元的重要部件,它的品质对于减少信号损失,防止信号干扰和提高定位精度具有重要意义。接收天线有单极天线、螺旋形天线、微带天线、锥形天线等种类。从目前应用与生产的发展趋势来看,微带天线已成为主要发展方向。微带天线如图13-16所示。

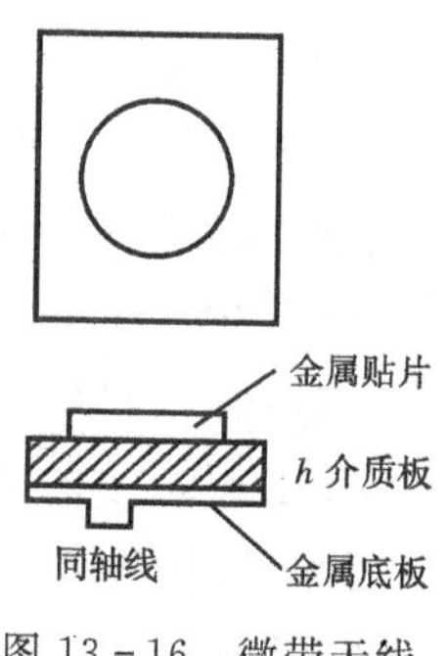

图13-16 微带天线

(2)接收单元

GPS 接收机的接收单元主要由信号通道单元、存储单元、计算和显示控制单元、电源等 3 个部分组成。图 13－15 绘出了接收单元的主要结构,各个器件的作用如下。

①信号通道

信号通道是接收机的核心部分,GPS 信号通道是硬软件结合的电路。不同类型的接收机其通道是不同的。GPS 信号通道的作用有三个:

• 搜索卫星,并跟踪卫星;

• 对导航电文数据信号实行解码,解调出导航电文内容;

• 进行伪距测量、载波相位测量及多普勒频移测量。

GPS 信号通道的类型有多种,根据通道的工作原理,即对信号处理和量测的方式,可分为码相关型通道、平方型通道和码相位型通道,它们分别采用不同的解调技术,三者的基本特点如下:

• 码相关型通道:用伪噪声码互相关电路,实现对扩频信号的解扩,解译出卫星导航电文。

• 平方型通道:用 GPS 信号自乘电路,仅能获取二倍于原载频的重建载波,抑制了数据码,无法获取卫星导航电文。

• 码相位型通道:用 GPS 信号时延电路和自乘电路相结合的方法,获取 P 码或 C/A 码的码率正弦波,仅能测量码相位,无法获取卫星导航电文。

②存储器

GPS 接收机内设有存储器,以存储一小时一次的卫星星历、卫星历书,接收机采集到的码相位伪距观测值、载波相位观测值及多普勒频移等。目前,GPS 接收机都装有半导体存贮器(简称内存),接收机内存数据可以通过数据接口传到微机,以便进行数据处理和数据保存。在存贮器内还装有多种工作软件,如自测试软件、卫星预报软件、导航电文解码软件、GPS 单点定位软件等。

③微处理器

微处理器是 GPS 接收机的灵魂,GPS 接收机工作都是在微处理器指令统一协同下进行的。其主要工作步骤为:

• 接收机开机后首先对整个接收机工作状况进行自检,并测定、校正、存贮各通道的时延值。

• 接收机对卫星进行搜索、捕捉卫星。当捕捉到卫星后即对信号进行跟踪,并将基准信号译码得到 GPS 卫星星历。当同时锁定 4 颗卫星时,将 C/A 码伪距观测值连同星历一起计算测站的三维坐标,并按预置位置更新率计算新的位置。

• 根据机内存贮的卫星历书和测站近似位置,计算所有在轨卫星升降时间、方位和高度角。

• 根据预先设置的航路点坐标和测站单点定位位置计算导航的参数(如航偏距、航偏角、航行速度等)。

• 接收用户输入信号,如测站名、测站号、作业员姓名、天线高、气象参数等。

④显示器

GPS 接收机一般都有液晶显示屏以提供 GPS 接收机工作信息。对于导航接收机,有的还配有大显示屏,在屏幕上直接显示导航的信息和显示数字地图。

⑤电源

GPS接收机电源有两种,一种为内电源,一般采用锂电池,主要用于RAM存贮器供电,以防止数据丢失;另一种为外接电源,这种电源常用可充电的12V直流镉镍电池组,或采用汽车电瓶。当用交流电时,要经过稳压电源或专用电流交换器。

在用接收机进行GPS定位时,坐标系统是描述卫星运动、处理观测数据和表达观测站位置的数学与物理基础。点的位置可用坐标系统来表示。同一个点的位置,在不同的坐标系统中可有不同的表达方式和数据,而不同的坐标系统,则是由不同的坐标原点位置、坐标轴的指向和尺度比例所决定的。

GPS定位坐标以及相对定位中计算的基线向量属于WGS 84大地坐标系,而在我国大地测量数据是采用中国大地坐标系或地方坐标系(也叫局部参考坐标系),必须进行坐标转换。因此有必要了解WGS 84大地坐标系及2000中国大地坐标系。

13.2 WGS 84大地坐标系与2000中国大地坐标系

13.2.1 WGS 84大地坐标系

WGS 84(World Geodetic System,1984)是为GPS全球定位系统使用而建立的大地坐标系统。通过遍布世界的卫星观测站观测到的大地坐标建立,其初次WGS 84的精度为1～2m。1994年1月2号,通过10个观测站在GPS测量方法上改进,得到了WGS 84(G730),G表示由GPS测量得到,730表示为GPS时间第730个周。1996年,National Imagery and Mapping Agency (NIMA) 为美国国防部 (U. S. Departemt of Defense,DoD)做了一个新的坐标系统。这样实现了新的WGS版本——WGS(G873)。其因为加入了USNO站和北京站的改正,其东部方向加入了31～39cm的改正。所有的其他坐标都有在1dm(分米)之内的修正。

WGS 84大地坐标系的几何意义是:坐标系的原点位于地球质心,Z轴指向(国际时间局)BIH1984.0定义的协议地球极(CTP)方向,X轴指向BIH1984.0的零度子午面和CTP赤道的交点,Y轴与Z轴、X轴构成右手正交坐标系,如图13-17所示。

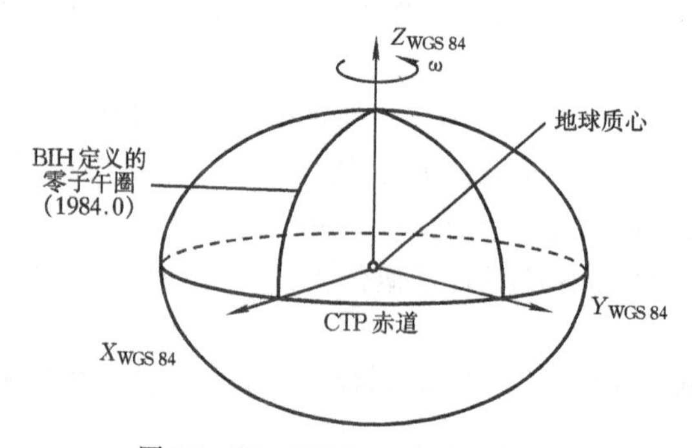

图13-17 WGS 84大地坐标系

建立WGS 84大地坐标系的一个重要目的,是在世界上建立一个统一的地心坐标系。对应于WGS 84大地坐标系有一个WGS 84参考椭球,如图13-18所示。

WGS 84参考椭球常数采用国际大地测量(IAG)和地球物理联合会(IUGG)第17届大会

对大地测量常数的推荐值,四个基本常数为:

(1)长半轴 $a = 6378137 \pm 2$ (m);

(2) 地心引力常数(含大气层)$GM = (3986005 \pm 0.6) \times 10^{8}$ (m^{3}/s^{2});

(3) 正常化二阶带球谐系数 $\overline{C}_{2,0} = -484.16685 \times 10^{-6} \pm 1.30 \times 10^{-9}$;

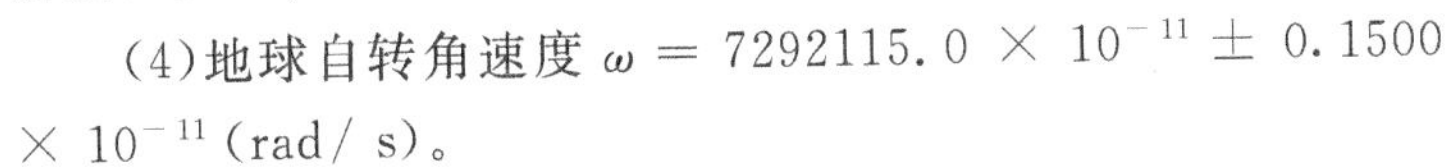

(4)地球自转角速度 $\omega = 7292115.0 \times 10^{-11} \pm 0.1500 \times 10^{-11}$ (rad/s)。

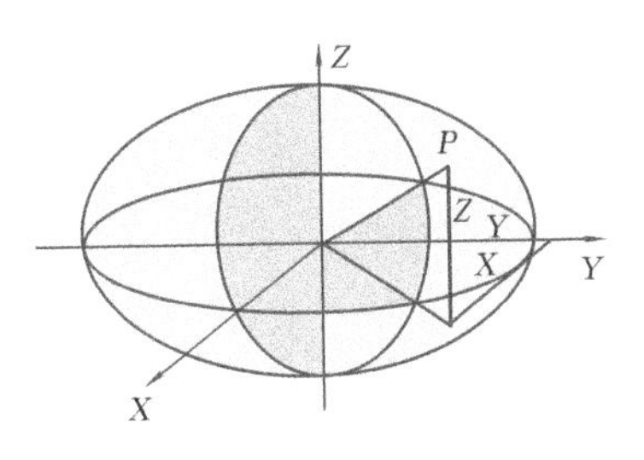

图 13-18　WGS 84 参考椭球

利用以上 4 个基本常数,可以计算出其他的椭球常数,如

- 扁率　$f = 1/298.257223563$
- 第一偏心率平方　$e^{2} = \dfrac{(a^{2} - b^{2})}{a^{2}} = 0.00669437999013$
- 第二偏心率平方　$e'^{2} = 0.00673949674227$
- 赤道正常重力　$\gamma_{e} = 9.7803267714$ (m/s^{2})
- 两极正常重力　$\gamma_{p} = 9.8321863685$ (m/s^{2})

13.2.2　2000 中国大地坐标系

我国曾经使用两个国家大地坐标系,即 1954 年北京坐标系(BJ－54)和 1980 年国家大地坐标系(C80)。这两个坐标系都是参心大地坐标系。

近年来,伴随全球卫星定位系统等现代空间大地测量技术的迅速发展,国际上定位技术与方法迅速变革,地心坐标系及其框架正在逐渐取代非地心大地坐标系及其框架。现在利用空间技术所取得的定位与影像成果等,都是以地心坐标系为参照系。高精度的地心坐标系是构建国家地理空间数据的基础。采用地心坐标系有利于地球空间信息及地球动力学、地球物理学和地震学等学科的研究,有利于推动卫星导航,海、陆、空交通运输的发展,有利于与国际接轨,参与经济全球化国际竞争等。为此,自 2008 年 7 月 1 日起,我国全面启用新地心坐标系——2000 中国大地坐标系(China Geodetic Coordinate System 2000,英文缩写为 CGCS 2000)。为了反映国家大地坐标系的变化,本书只介绍 2000 中国大地坐标系(CGCS 2000),早期的 BJ-54 和 C80 坐标系不再赘述。

1. 2000 中国大地坐标系(CGCS 2000)的定义

2000 中国大地坐标系(CGCS 2000)作为一个现代地球参考系,其符合国际地球参考系(ITRS)的下列条件:

(1)　它是地心的,地心被定义为包括海洋和大气的整个地球的质量中心。

(2)　长度单位为 m(SI)。这一尺度同地心局部框架的 TCG(地心坐标时)时间坐标一致,由适当的相对论模型化得到。

(3)　它的定向初始由在 1984.0 国际时间局(BIH)的定向给定。

(4)　定向的时间演变由整个地球上水平构造运动无净旋转条件保证。

2000 中国大地坐标系(CGCS 2000)如图 13-19 所示。

由图 13-19 可知,2000 中国大地坐标系(CGCS 2000)的定义如下:

①　原点在地球的质量中心。

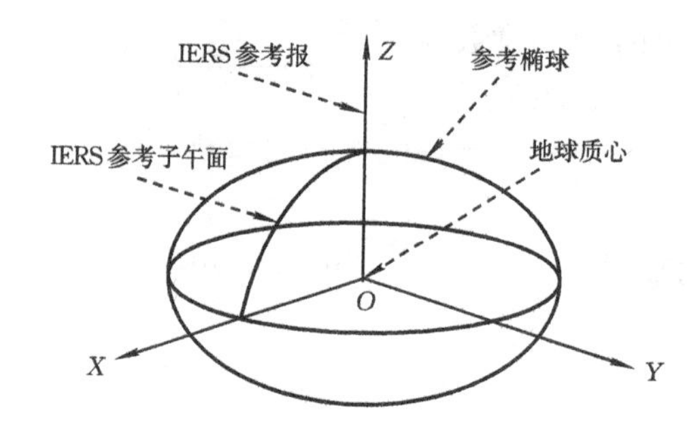

图 13-19　2000 中国大地坐标系(CGCS 2000)

② Z 轴指向 IERS 参考极方向。

③ X 轴由原点指向 IERS 参考子午面与地球赤道面(历元 2000.0)的交点。

④ Y 轴与 Z 轴、X 轴构成右手正交坐标系。

2000 中国大地坐标系(CGCS 2000)参考椭球为一旋转椭球,其几何中心与坐标系的原点重合,其旋转轴与坐标系的 Z 轴一致。参考椭球面在几何上代表地球表面的数学形状。

2. 2000 中国大地坐标系(CGCS 2000)的参考椭球参数

2000 中国大地坐标系参考椭球的 4 个常数是:

- 长半轴 $a = 6378137.0$ m
- 扁率 $f = 1/298.257222101$
- 地心引力常数 $GM = 3986004.418 \times 10^8$ m^3/s^2
- 地球自转角速度 $\omega = 7292115.0 \times 10^{-11}$ rad / s

利用以上 4 个基本常数,可以计算出其他的椭球常数,如

- 第一偏心率平方 $e^2 = 0.00669438002290$
- 第二偏心率平方 $e'^2 = 0.00673949677548$
- 赤道正常重力值 $\gamma_e = 9.7803253361$
- 两极正常重力值 $\gamma_p = 9.8321849379$

13.2.3　2000 中国大地坐标系(CGCS 2000)与 WGS 84 的比较

鉴于 GPS 的广泛使用,可以预期未来 GPS 仍是主要的空间数据源之一。由于 GPS 使用 WGS 84 坐标系,而我国大地测量使用 CGCS 2000,因此,在使用 GPS 数据计算中国大地测量数据时,必须明确 CGCS 2000 与 WGS 84 是否相容?在 WGS 84 和 CGCS 2000 之间是否需要进行坐标转换?要回答这些问题,首先需要对 CGCS 2000 与 WGS 84 进行比较,以明确这两个坐标系的异同。

1. 两个坐标系定义的比较

在定义上,CGCS 2000 与 WGS 84 是一致的,即关于坐标系原点、尺度、定向及定向演变的定义都是相同的。

2. 椭球基本常数的比较

表 13-2 比较了 CGCS 2000 与 WGS 84 所采用的椭球常数。

表 13-2　CGCS 2000 椭球与 WGS 84 椭球基本常数比较

椭球基本常数	CGCS 2000	WGS 84
长半轴 a/m	6 378 137	6 378 137
地心引力常数 GM/ (m^3/s^2)	3.986004418×10^{14}	3.986004418×10^{14}
自转角速度 ω/(rad/s)	7.292115×10^{-5}	7.292115×10^{-5}
扁率 f	1/ 298.257222101	1/ 298.257223563

由表 13-2 可知，两个坐标系使用的参考椭球非常相近，具体地说，在 4 个椭球常数 a、f、GM、ω 中，唯有扁率 f 有微小差异，即

$$f_{WGS84}=1/298.257223563$$

$$f_{CGCS2000}=1/298.257222101$$

文献[20]、[21]详细比较了 2000 中国大地坐标系(CGCS 2000)和 WGS 84 大地坐标系，得出如下结论：

CGCS 2000 椭球上的正常重力值与 WGS 84 椭球上的正常重力值的差异约为 0.02×10^{-8} m/ s^2。同一点在 CGCS 2000 椭球和 WGS 84 椭球上经度相同，纬度的最大差值约为 3.6×10^{-6}，相当于 0.105 mm。

鉴于在坐标系定义和实现上的比较，可以认为，CGCS 2000 和 WGS 84(G1150)是相容的；在坐标系的实现精度范围内，CGCS 2000 坐标和 WGS 84(G1150)坐标是一致的。

因此，在 CGCS2000 坐标系中，可以直接使用 GPS 定位数据，无须大地坐标系转换。

13.2.4　WGS 84 大地坐标系转换为高斯-克吕格坐标系

GPS 接收机接收的数据是 WGS 84 大地坐标，而在科学研究中通常用数字地图上标注的二维坐标。因此必须将 WGS 84 大地坐标向数字地图投影进行坐标转换。

数字地图投影的方法很多，我国采用高斯-克吕格投影。它是一种横轴椭圆柱面等角投影。如图 13-20 所示，设想用一个椭圆柱面与地球椭球在中央子午线上相切，椭圆柱的中心轴通过椭球体中心，将中央子午线两侧各一定经度差范围内的地区投影到椭圆柱面上，把椭圆柱面展开，即为高斯投影平面。如图 13-21 所示。

在图 13-21 中，中央子午线和赤道的投影都是直线，并且以中央子午线与赤道的交点 O 作为坐标原点，中央子午线的投影为纵坐标 x 轴，赤道的投影为横坐标 y 轴，构成高斯-克吕格投影直角坐标系。赤道以南为负，以北为正；中央子午线以东为正，以西为负。我国位于北半球，故纵坐标均为正值，但为避免中央子午线以西为负值的情况，将坐标纵轴 x 西移 500km(即在横坐标 y 上加 500000m)。

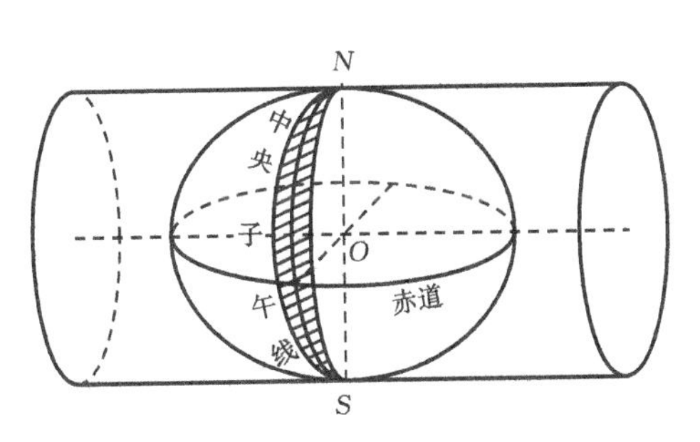

图 13-20　高斯-克吕格投影直角坐标系

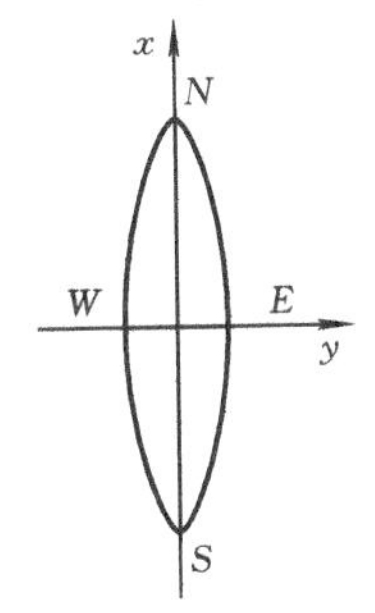

图 13-21　投影面

1. 高斯-克吕格投影分带

高斯-克吕格投影是一种正形投影，其特点是：在同一点上各方向的长度比相同，但不同点的长度比随点位而异，且距中央子午线越远，长度变形越大。为了控制长度变形，将椭球面按一定的经度差分为若干带。我国规定按6°和3°分带。

(1) 6°分带投影

比例尺为1∶25000及1∶50000的地形图采用6°分带投影。6°带是从格林威治0°经线起，自西向东每个经度差6°为一投影带，全球共分60个带，依次编号1、2、3、……，如图13-22所示，即东经0～6°为第一带，其中央子午线经度为东经3°，东经6～12°为第二带，其中央子午线经度为9°。我国6°带中央子午线经度为69°～135°，共计12带，其带号n与相应的中央子午线经度L_0的关系为

$$L_0 = 6n - 3 \tag{13-1}$$

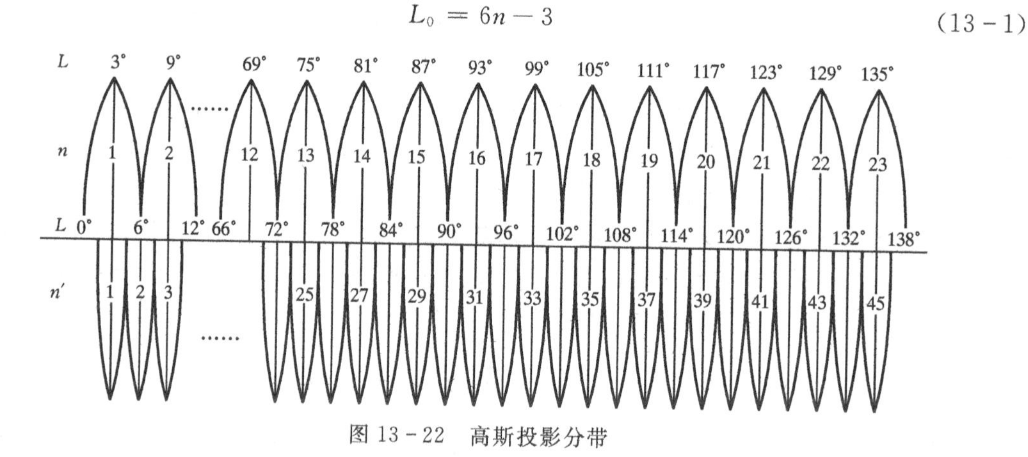

图13-22　高斯投影分带

地形图上公里网横坐标前2位为带号n，例如：1∶50000地形图上的横坐标为20345486，其中20即为带号，345486为横坐标值，其所处的6°带的中央子午线经度$L_0 = 6° \times 20 - 3° = 117°$。

(2) 3°分带投影

比例尺为1:10000的地形图采用3°分带投影。3°带从东经1.5°的经线开始，每隔3°为一带，用1、2、3、……表示，全球共划分120个投影带，即东经1.5°～4.5°为第1带，其中央子午线经度为东经3°，东经4.5°～7.5°为第2带，其中央子午线经度为东经6°，如图13-22所示。其带号n'与相应的中央子午线经度L'_0的关系为

$$L'_0 = 3n' \tag{13-2}$$

2. 根据当地经度计算中央子午线经度 L_0

对于6°分带投影，将当地经度的整数部分除以6，再取商的整数部分加上1，将所得结果乘以6后减去3，即可得到当地中央子午线经度L_0的值，即

$$L_0 = [\mathrm{INT}(\frac{\mathrm{ddd}_{\text{当地经度}}}{6}) + 1] \times 6 - 3 \tag{13-3}$$

式中：INT为取整号。

3. WGS 84大地坐标转换为高斯-克吕格坐标

(1) 转换纬度、经度数据

已知WGS 84坐标(B,L)，B和L分别为GPS定位输出的纬度、经度，数据格式为：

B:ddmm. mmmm(度度分分. 分分分分)

L:dddmm. mmmm(度度度分分. 分分分分)。

· 转换为度

B:dd. ddddd

L:ddd. ddddd

用以下公式把 B 和 L 转换位为度:

$$\left.\begin{aligned} B &= [B/100] + [B - (B/100) \times 100]/60 \\ L &= [L/100] + [L - (L/100) \times 100]/60 \end{aligned}\right\} \tag{13-4}$$

· 转换为弧度

$$\left.\begin{aligned} b &= B \times P_0 \\ l &= (L - L_0) \times P_0 \end{aligned}\right\} \tag{13-5}$$

(2) WGS 84 转换到高斯-克吕格坐标(x , y)

由 WGS 84 到高斯-克吕格坐标(x , y)的转换称高斯投影正算,其计算公式为

$$\left.\begin{aligned} x &= X_0 + \frac{1}{2}Ntm_0^2 + \frac{1}{24}(5 - t^2 + 9g^2 + 4g^4)Ntm_0^4 + \frac{1}{720}(61 - 58t^2 + t^4)Ntm_0^6 \\ y &= 500000 + Nm_0 + \frac{1}{6}(1 - t^2 + g^2)Nm_0^3 + \frac{1}{120}(5 - 18t^2 + t^4 - 14g^2 - 58g^2t^2)Nm_0^5 \end{aligned}\right\} \tag{13-6}$$

式(13-6)可保证 x 、y 的计算准确到 0.5mm,式中参数如下:

· X_0 ——大地坐标为(B,L)的点到赤道的子午线弧长,X_0 计算公式为

$$X_0 = a(1 - e^2) \cdot [\overline{A}b - \frac{1}{2}\overline{B}\sin(2b) + \frac{1}{4}\overline{C}\sin(4b) - \frac{1}{6}\overline{D}\sin(6b) + \frac{1}{8}\overline{E}\sin(8b) - \frac{1}{10}\overline{F}\sin(10b)] \tag{13-7}$$

式(13-7)中的系数为

$$\overline{A} = 1 + \frac{3}{4}e^2 + \frac{45}{65}e^4 + \frac{175}{256}e^6 + \frac{11025}{16384}e^8 + \frac{43659}{65536}e^{10}$$

$$\overline{B} = \frac{3}{4}e^2 + \frac{15}{16}e^4 + \frac{525}{516}e^6 + \frac{2205}{2048}e^8 + \frac{72765}{65536}e^{10}$$

$$\overline{C} = \frac{15}{64}e^4 + \frac{105}{256}e^6 + \frac{2206}{4096}e^8 + \frac{10395}{16384}e^{10}$$

$$\overline{D} = \frac{35}{512}e^6 + \frac{315}{2048}e^8 + \frac{31185}{13072}e^{10}$$

$$\overline{E} = \frac{315}{16384}e^8 + \frac{3465}{65536}e^{10}$$

$$\overline{F} = \frac{693}{13027}e^{10}$$

· a 为参考椭球的长半轴,$a = 6378137.0$;

e 为第一偏心率,$e = \sqrt{0.006693437}$,$E_0 = \dfrac{e^2}{1 - e^2}$;

· 高斯投影计算参数

$$\left.\begin{aligned}g &= \sqrt{E_0} \cdot \cos(b)\\ t &= \tan(b)\\ m_0 &= l \cdot \cos(b)\\ N &= \frac{a}{\sqrt{1-e^2\sin^2(b)}}\end{aligned}\right\} \tag{13-8}$$

(3) WGS 84 大地坐标转换为高斯-克吕格坐标的软件编程流程

WGS 84 大地坐标转换为高斯-克吕格坐标的软件编程流程如图 13-23 所示。

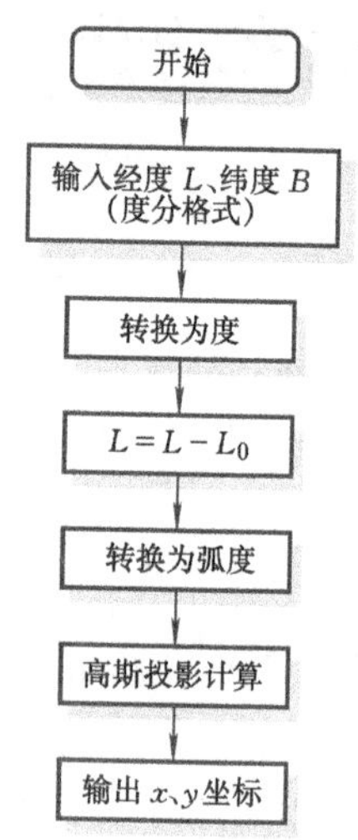

图 13-23　WGS 84 大地坐标转换为高斯-克吕格坐标流程

由 13.1.3 节可知,GPS 接收机的主要任务是:当 GPS 卫星在用户视界升起时,接收机能够捕捉到按一定卫星高度截止角所选择的待测卫星,并能够跟踪这些卫星的运行;对所接收到的 GPS 信号具有变换、放大和处理的功能,以便测量出 GPS 信号从卫星到接收天线的传播时间,解译出 GPS 卫星所发送的导航电文,实时地计算出测站的三维位置,甚至三维速度和时间,然后按照 NMEA 0183 协议输出数据。因此,需要了解 NMEA 0183 协议。

13.3　NMEA 0183 协议

NMEA 协议是为了在不同的 GPS(全球定位系统)导航设备中建立统一的 BTCM(海事无线电技术委员会)标准,由美国国家海洋电子协会(NMEA—The National Marine Electronics Association)制定的一套通信协议。

GPS 接收机根据 NMEA 0183 协议的标准规范,将位置、速度等信息通过串口传送到 PC 机、PDA 等设备。NMEA 0183 协议是 GPS 接收机应当遵守的标准协议,也是目前 GPS 接收机上使用最广泛的协议,大多数常见的 GPS 接收机、GPS 数据处理软件、导航软件都遵守或者至少兼容这个协议。

NMEA 通信协议规定通信语句采用 ASCII 码,其串行通信默认参数为:

- 波特率=4800bit/s;
- 数据位=8bit;

- 开始位＝1bit；
- 停止位＝1bit；
- 无奇偶校验。

NMEA 0183 协议语句的数据格式如下：

Start Sequence (消息头)	Payload (消息体)	Checksum (校验和)	End Sequence (消息尾)
格式：$XXyyy XX 为设备标识 yyy 为内容识别码	具体数据和 NMEA 消息字相关，数据之间用逗号间隔。 如：2243. 4976，N，11414. 7289，E，091828. 819，A	格式为*[16 进制数]，如*2C. 校验和是采用 XOR 的方法来计算 $ 和 * 之间的字符	回车换行 <CR><LF>

1. NMEA 0183 语法格式

NMEA 0183 的信息格式一般如下：

$GPsss，df1，df2，… dfn * hh<CR><LF>

以上格式中

- "$"—— 语句起始位
- GP —— 信息识别码
- sss—— 语句名
- df1、df2…dfn —— 数据
- * hh —— 校验和，即为 $ 与 * 之间所有字符代码的校验和(各字节做异或运算，得到校验和后，再转换 16 进制格式的 ASCII 字符。)
- <CR><LF> —— 语句结束，回车和换行。

2. GPS 信息识别码的含义

GPS 主要信息识别码的含义如下：

GGA：时间、位置、定位数据

GLL：经纬度、UTC 时间、定位状态

GSA：接收机模式和卫星工作数据

GSV：接收机能接收到的卫星信息，包括卫星 ID、仰角、方位角、信噪比(SNR)等

RMC：日期、时间、位置、方向、速度数据

VTG：方位角、对地速度

MSS：信噪比(SNR)、信号强度、频率、比特率

ZDA：日期和时间数据

注：GPS 还有一些信号未在此列出。

以上信息识别码包含的地理数据和卫星信息如表 13－3 所示。

表 13-3　信息识别码包含的地理数据和卫星信息

	日期	时间	纬度	经度	仰角	高程	定位状态	卫星数	地面速度	方位角
GGA		√	√	√		√	√	√		
GLL		√	√	√			√			
RMC	√	√	√	√			√		√	√
VTG									√	√
ZDA	√	√								
GSA							√			
MSS										
GSV					√			√		√

"$"、GP与信息识别码组合，构成如表13-4所示的NMEA 0183协议语句。

表 13-4　NMEA 0183 协议语句

序号	语句	说明	最大帧长
1	$GPGGA	全球定位数据	72
2	$GPGSA	卫星PRN数据	65
3	$GPGSV	卫星状态信息	210
4	$GPRMC	运输定位数据	70
5	$GPVTG	地面速度信息	34
6	$GPGLL	大地坐标信息	
7	$GPZDA	UTC时间和日期	

3. 常用的 NMEA 0183 协议语句

NMEA 0183协议定义的语句非常多，但是常用的或者说兼容性最广的语句只有$GPGGA、$GPGSA、$GPGSV、$GPRMC、$GPVTG、$GPGLL等。下面给出这些常用的NMEA 0183语句的字段定义解释。

(1)GGA(时间、位置、定位数据)

格式：$GPGGA,<1>,<2>,<3>,<4>,<5>,<6>,<7>,<8>,<9>,M,<10>,M,<11>,<12>*hh<CR><LF>

说明：

<1>—— UTC时间，hhmmss(时分秒)格式

<2>—— 纬度ddmm.mmmm(度分)格式(前面的0也将被传输)

<3>—— 纬度半球：N(北半球)或S(南半球)

<4>—— 经度dddmm.mmmm(度分)格式(前面的0也将被传输)

<5>—— 经度半球：E(东经)或W(西经)

<6>—— GPS状态：0=未定位，1=非差分定位，2=差分定位，6=正在估算

<7>—— 正在使用解算位置的卫星数量(00～12)(前面的0也将被传输)

<8>—— HDOP 水平精度因子(0.5～99.9)

<9> —— 天线高程[海平面上的天线高(m)]

<10>—— 大地椭球面相对海平面的高度(m)

<11>—— 差分时间(从最近一次接收到差分信号开始的秒数,如果不是差分定位将为空)

<12>—— 差分站 ID 号:0000～1023(前面的 0 也将被传输,如果不是差分定位将为空)

* hh—— 校验和

<CR><LF> —— 回车,换行

例样数据:$GPGGA,1661229.478,3723.2475,N,12158.3416,W,1,07,1.0,9.0,M,7.3,M,,0000*18

以上例样数据解释如表 13-5 所示。

表 13-5　$GPGGA 例样数据解释

名称	样例	单位	描述
消息 ID	$GPGGA		GGA 协议头
UTC 时间	161229.487		hhmmss. sss
纬度	3723.2475		ddmm. mmmm
N/S 指示	N		N 为北,S 为南
经度	12158.3416		dddmm. mmmm
E/W 指示	W		W 为西,E 为东
定位指示 (质量因子)	1		0:未定位 1:实时 GPS 模式,定位有效 2:差分 GPS 模式,定位有效 3:PPS 模式,定位有效
可用卫星数目	07		范围:0～12
HDOP(水平精度因子)	1.0		水平精度,范围:1.0～99.9
天线高程	9.0	米	范围:-9999.9～99999.9
单位	M	米	
大地椭球面相对海平面的高度	7.3	米	高程(海拔高度),范围:-999.9～9999.9
单位	M	米	
差分时间(差分 GPS 数据年龄)		秒	当前没有 DGPS(Differential Global Position System,差分全球定位系统),实时 GPS 时无效
差分 ID(差分基准站号)	0000		差分基准站号
校验和	*18		
<CR><LF>			回车换行将消息结束

(2) GLL(经纬度、UTC时间、定位状态)

格式:$GPGLL,<1>,<2>,<3>,<4>,<5>,<6>,<7> * hh<CR><LF>

说明:

<1> —— 纬度 ddmm. mmmm(度分)格式(前面的0也将被传输)

<2> —— 纬度半球:N(北半球)或S(南半球)

<3> —— 经度 dddmm. mmmm(度分)格式(前面的0也将被传输)

<4> —— 经度半球:E(东经)或W(西经)

<5> —— UTC时间,hhmmss(时分秒)格式

<6>—— 定位状态,A=有效定位,V=无效定位

<7>—— 模式指示(仅NMEA 0183 3.00版本输出,A=自主定位,D=差分,E=估算,N=数据无效)

例样数据:$GPGLL,3723.2475,N,12158.3416,W,161229.487,A * 2C

以上例样数据解释如表13-6所示。

表13-6　$GPGLL例样数据解释

名称	样例	单位	描述
消息ID	$GPGLL		GLL协议头
纬度	3723.2475		ddmm. mmmm
N/S指示	N		N为北,S为南
经度	12158.3416		dddmm. mmmm
E/W指示	W		W为西,E为东
UTC时间	161229.487		hhmmss. sss
状态	A		A=数据有效;V=数据无效
校验和	* 2C		
<CR><LF>			回车换行,结束消息

(3) GSA(接收机模式和卫星工作数据)

格式:$GPGSA,<1>,<2>,<3>,<3>,<3>,<3>,<3>,<3>,<3>,<3>,<3>,<3>,<3>,<3>,<4>,<5>, <6> * hh<CR><LF>

说明:

<1> —— 模式:M=手动,A=自动

<2>—— 定位类型:1=没有定位,2=2D定位,3=3D定位

<3> —— PRN码(伪随机噪声码),正在用于解算位置的卫星号(01~32,前面的0也将被传输)。

<4>—— PDOP位置精度因子(0.5~99.9)

<5>—— HDOP水平精度因子(0.5~99.9)

<6>—— VDOP垂直精度因子(0.5~99.9)

例样数据:$GPGSA,A,3,07,02,26,27,09,04,15,……,1.8,1.0,1.5, * 33

以上例样数据解释如表13-7所示。

表 13-7　$GPGSA 例样数据解释

名称	样例	单位	描述
消息 ID	$GPGSA		$GPGSA
模式 1	A		M＝手动(强制操作在 2D 或 3D 模式), A＝自动
模式 2	3		1:定位无效 2:2D 定位 3:3D 定位
卫星使用通道	07		通道 7(PRN,伪随机噪声代码号,范围:1～32)
卫星使用通道	02		通道 2
……			
卫星使用通道			通道 12
PDOP	1.8		位置精度
HDOP	1.0		水平精度
VDOP	1.5		垂直精度
校验和	*33		
<CR><LF>			回车换行将消息结束

(4)GSV(接收机能接收到的卫星信息,包括卫星 ID、仰角、方位角、信噪比(SNR)等)

格式:$GPGSV,<1>,<2>,<3>,<4>,<5>,<6>,<7>,…<4>,<5>,<6>,<7>*hh<CR><LF>

说明:

<1>—— GSV 语句的总数

<2>—— 本句 GSV 的编号

<3>—— 可见卫星的总数(00～12,前面的 0 也将被传输)

<4>—— PRN 码(伪随机噪声码)(01～32,前面的 0 也将被传输)

<5>—— 卫星仰角(00～90°,前面的 0 也将被传输)

<6>—— 卫星方位角(000～359°,前面的 0 也将被传输)

<7>—— 信噪比(00～99dB,没有跟踪到卫星时为空,前面的 0 也将被传输)

注:<4>,<5>,<6>,<7>信息将按照每颗卫星进行循环显示,每条 GSV 语句最多可以显示 4 颗卫星的信息。其他卫星信息将在下一序列的 NMEA 0183 语句中输出。

例样数据:$GPGSV,2,1,07,07,79,048,42,02,51,062,43,26,36,256,42,27,27,138,42*71

$GPGSV,2,2,07,09,23,313,42,04,19,159,41,15,12,041,42,*41

这两条例样数据描述一个完整的卫星信息(这里共描述 7 颗卫星),每颗卫星用 4 个段来描述:卫星 ID(又称随机伪代码,PRC)、卫星高程(仰角,即卫星和接收点连线与水平面的夹角)、方位角(连线在水平面上的投影与正北方向的顺时针旋转夹角)、信噪比。

以上例样数据解释如表 13-8 所示。

表 13-8　$GPGSV 例样数据解释

名称	样例	单位	描述
消息 ID	$GPGSV		GSV 协议头
消息数目(总的 GSV 语句电文数)	2		范围 1～3
消息编号(当前 GSV 语句号)	1		范围 1～3
可视卫星总数	07		
卫星 ID(PRC)	07		范围 1～32
仰角(卫星高程)	79	度	最大 90,90 表在天顶
方位角	048	度	0～359
信噪比(SNR)	42	dBHz	范围 0～99,没有跟踪时为空。典型值在 0～50 之间,SNR 虽可达到 99,但极罕见,50 已是非常好的情况
……			
卫星 ID	27		范围 1 到 32
仰角	27	度	最大 90
方位角	138	度	范围 0～359
信噪比(SNR)	42	dBHz	范围 0～99,没有跟踪时为空
校验和	*71		
<CR><LF>			回车换行,结束消息

(5)RMC(日期、时间、位置、方向、速度数据,推荐定位信息)

格式:$GPRMC,<1>,<2>,<3>,<4>,<5>,<6>,<7>,<8>,<9>,<10>,<11>,<12>*hh<CR><LF>

说明:

<1>—— UTC 时间,hhmmss(时分秒)格式

<2>—— 定位状态,A=有效定位,V=无效定位

<3>—— 纬度 ddmm.mmmm(度分)格式(前面的 0 也将被传输)

<4>—— 纬度半球:N(北半球)或 S(南半球)

<5>—— 经度 dddmm.mmmm(度分)格式(前面的 0 也将被传输)

<6>—— 经度半球:E(东经)或 W(西经)

<7>—— 地面速率(000.0～999.9 节,前面的 0 也将被传输)

<8>—— 地面航向(000.0～359.9 度,以真北为参考基准,前面的 0 也将被传输)

<9>—— UTC 日期,ddmmyy(日月年)格式

<10>—— 磁偏角(000.0～180.0 度,前面的 0 也将被传输)

<11>—— 磁偏角方向:E(东)或 W(西)

<12>—— 模式指示(仅 NMEA 0183 3.00 版本输出,A=自主定位,D=差分,E=估算,N=数据无效)

例样数据：$GPRMC,161229.487,A,3723.2475,N,12158.3416,W,0.13,309.62,120598,,*10

这条语句基本上包含了 GPS 应用程序所需的全部数据：纬度、经度、速度、方向、卫星时间、状态以及磁场变量。

以上例样数据解释如表 13-9 所示。

表 13-9　$GPRMC 例样数据解释

名称	样例	单位	描述
消息 ID	$GPRMC		RMC 协议头
UTC 时间	161229.487		hhmmss.sss
状态	A		A=数据有效;V=数据无效
纬度	3723.2475		ddmm.mmmm
N/S 指示	N		N 为北,S 为南
经度	12158.3416		dddmm.mmmm
E/W	W		W 为西,E 为东
对地速度	0.13	Knot(节)	1852 米/小时
方位角	309.62	度	
日期	120598		ddmmyy(日日月月年年)
地磁角			用户忽略
检验和	*10		
<CR><LF>			回车换行,结束消息

(6)VTG(地面速度信息)

格式：$GPVTG,<1>,T,<2>,M,<3>,N,<4>,K,<5>*hh<CR><LF>

说明：

<1>—— 以真北为参考基准的地面航向(000～359°,前面的 0 也将被传输)

<2>—— 以磁北为参考基准的地面航向(000～359°,前面的 0 也将被传输)

<3>—— 地面速率(000.0～999.9 节,前面的 0 也将被传输)

<4>—— 地面速率(0000.0～1851.8 km/h,前面的 0 也将被传输)

<5>—— 模式指示(仅 NMEA 0183 3.00 版本输出,A=自主定位,D=差分,E=估算,N=数据无效)

例样数据：$GPVTG,309.62,T, ,M,0.13,N,0.2,K*6E

以上例样数据解释如表 13-10 所示。

表13-10　$GPVTG例样数据解释

名称	样例	单位	描述
消息ID	$GPVTG		VTG
方位角	309.62	度	
参考方向	T		真北
方位角		度	
参考方向	M		地磁南极(地理北极附近)
速度	0.13	Knot(节)	
单位	N		节
速度	0.2	公里/小时	
单位	K		公里/小时
校验和	*6E		
<CR><LF>			回车换行,结束消息

13.4　GR-213U接收机简介

HOLUX GR-213U智能型卫星接收机(以下简称GR-213U)是一个完整的卫星定位接收机,如图13-24所示。内建卫星接收天线,并采用美国瑟孚(SiRF)公司设计的第三代卫星定位接收芯片,具备全方位功能,能满足专业定位的严格要求与个人消费需求。适用范围从汽车导航、保全系统、地图制作、各种调查到农业用途等。使用的基本要求只有"适当的电源供应和面对天空"。藉由USB接口,与其他电子设备沟通,并以内建充电电池,储存卫星数据如卫星信号状态、上次使用的最后位置、日期及时间。其耗电量低,且能同时追踪20颗定位卫星的信号,每0.1秒接收一次,每秒更新一次定位信息。

图13-24　GR-213U接收机

13.4.1 GR-213U的特点

(1) 内建卫星接收天线,使用SiRF第三代高效能芯片,大大地缩小体积。

(2) 快速定位及追踪20颗卫星的能力。

(3) 晶片内建200000个卫星追踪运算器,大幅提高搜寻及运算卫星信号能力。

(4) 内置高效率的ARM7TDMI CPU,容易与客户端应用程序结合。

(5) 内建WASS/EGNOS解调器,提高定位精准度。

(6) 内建时钟、存储器和可重复充电锂电池,随时保存最新资料,减低首次定位时间(TTFF)。

(7) 低耗电量。

(8) 支持NMEA 0183 2.2版本规格输出。

(9) 改良式计算理论,提高不良环境下的信号接收能力和定位准确度。

(10) 发光二极管(LED)显示定位状态,当LED灯亮时,表示已接上电源;当LED灯闪动时,表示已经定位完成。

(11) 达到工业标准的防水功能。

13.4.2 技术规格

1. 外观尺寸及重量

(1)单机结构,内建接收器和天线。

(2)尺寸:64.5 × 42 × 17.8 mm。

(3)LED功能:电源开关及导航显示。

(4)重量:< 84 g

2. 温度和湿度

(1)操作温度:−40 ℃ ~ 80 ℃(内部温度)。

(2)储存温度:−45 ℃ ~ 100 ℃。

(3) 操作湿度:5% ~ 95% 无压缩条件下。

3. 电气特性

(1)输入电压:4.5 ~ 5.0 VDC,电流< 80 mA。

(2)内部锂电池:3.0V,最长放电500 h。

4. 功能

(1)最多可同时接收20个卫星。

(2)接收码:L1频率,C/A码。

(3)定位资料更新速率:1次/ s。

(4)信号灵敏度:−159 dBm。

5. 定位精度

(1)未加偏差修正

位置:5 ~ 25 m圆周误差(CEP)

速度:0.1 m/s

时间:1 μs(卫星时间)

(2)加值定位

启动同步卫星 EGNOS/WAAS,位置误差:

<2.2 m,水平误差 95%时间。

<5 m,垂直误差 95%时间。

6. 定位时间(平均值)

重新搜寻:0.1s。

热开机:1s。

暖开机:38s。

冷开机:42s。

7. 通信协议及接口

(1)通信协议:NMEA 0183 V2.2。

(2)波特率:使用者可自选波特率 4800(出厂预设值)、9600、19200 或 38400 bit/s。

(3)数据位:8。

(4)奇偶校验:N。

(5)停止位:1。

(6)输出格式:GGA, GSA, GSV, RMC(可选 GLL,VTG, ZDA, SiRF 二进制)。

(7)输出接口:USB。

8. 适用范围

海拔高度:极限 18000 m。

速度:极限 515 m/s。

加速度:极限 4 G(G 为地心引力)。

13.4.3 操作特性

1. 初始化設定

开机自检测试完成后,GR-213U 随即开始接收卫星信号,接收程序完全自动进行。正常情况下,定位约需 42s(如果内部存储器中的位置推算资料仍有效,则只需 38s)。定位后,有效的位置、速度及时间资料即由输出端输出。

GR-213U 利用内部储存的初始资料,如上次储存的位置、日期、时间及卫星轨道资料,以达到最佳的接收效果。如果内部储存的初始化资料不正确,或卫星轨道资料已被清除,则需要较长的时间才能定位。另有自动寻找卫星功能,可以自动决定搜寻卫星方式,以尽速定位,而不需要运用其他功能。当下列情况出现时,GR-213U 会采用较长时间的冷开机模式。

(1)旅行超过 500km(指定位后未使用 GR-213U 而位置移动超过 500 km)。

(2)内部充电电池失效,以致没有储存最新的卫星资料。

2. 导航

GR-213U 定位后,便经由输出通道,开始传送如下有效的导航资料:

(1)经度/纬度/高度

(2)速度

(3)日期/时间

(4)估计误差值

(5)卫星状态及接收状态

3. 硬件接口

(1)外观尺寸

GR－213U 的外观如图 13－25 所示。

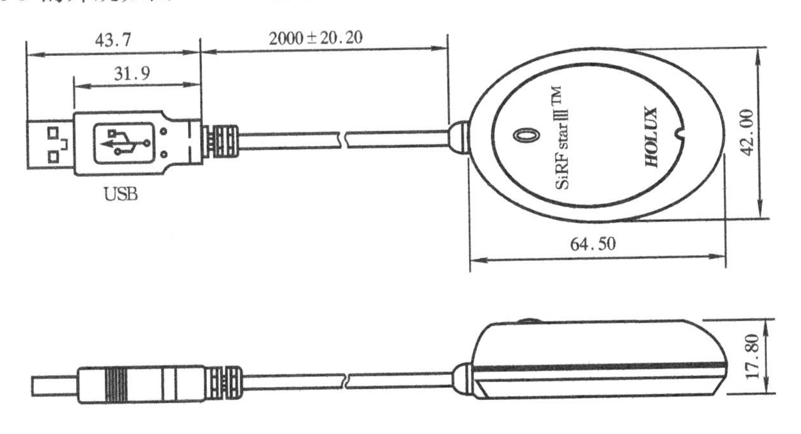

图 13－25 GR－213U 的外观

(2)硬件连接接口

① GR－213U 智能型卫星接收机,包含 GPS 接收器及天线,置于精致而且防水的塑料外壳内。提供 USB 接口,易连接到笔记本电脑或其他具有 USB 接口的设备。

② USB 接口定义

GR－213U 的 A 型 USB 接头引脚定义如图 13－26 所示。

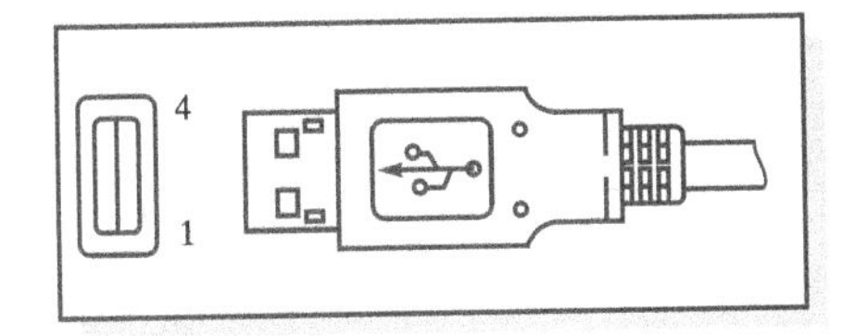

引脚	信号类型
1	+5V
2	D+
3	D-
4	接地

图 13－26 USB 接头引脚定义

4. GR－213U USB 驱动程序安装

(1)硬件要求

- 个人计算机:Pentium 以上
- 内存:16MB 以上
- 操作系统:Windows 98/Me/2000/XP
- 显卡:VGA

(2)安装 USB 驱动程序的步骤

①将光盘中的 GR-213U—> 中文—> USB Driver—> Win98_2k_XP—> USB_V2.1.0.exe 复制到硬盘。

②执行 USB_V2.1.0.exe 文件。

③将 GR-213U 的 USB 接头插入计算机,计算机会自动寻找即插即用的装置,并自动安装驱动程序,完成 GR-213U USB Driver 的安装。

在安装以上 GR-213U USB 驱动程序后,将在设备管理器中虚拟一个 COM 口与之对应。

(3)注意事项

在安装完成 GR-213U USB 后,按以下步骤确认 GR-213U USB 所对应的 COM 口。

①用鼠标左键点击＜开始＞,点击＜设置＞,然后点击＜控制面板＞。

②进入＜控制面板＞后,双击＜系统＞,点击＜硬件＞。

③点击＜设备管理器＞,屏幕将出现“设备管理器”窗体,如图 13-27 所示。

④点击＜端口(COM 和 LPT)＞,检查是否出现＜USB to Serial Port(COM ＃)＞,若有则表示安装完成。例如图 13-27 中,在端口(COM 和 LPT)选项下出现＜HOLUX GPS USB DEVICE(COM4)＞,表示接收机已安装到计算机,与接收机对应的通信端口为 COM4,至此,可以使用GR-213U。

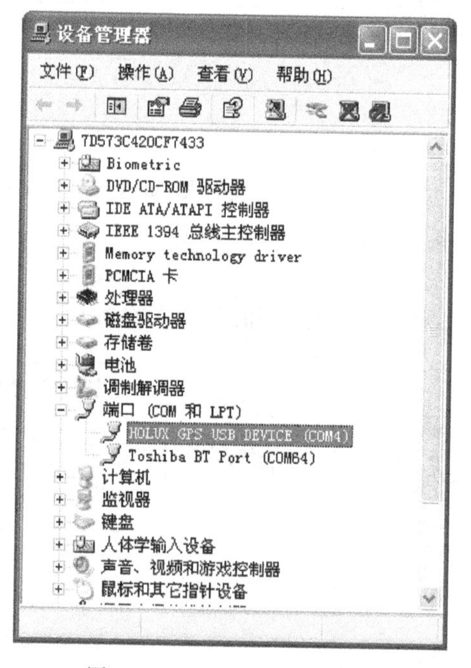

图 13-27　设备管理器窗体

注意:“COM4”代表驱动程序为 GR-213U USB 虚拟的 COM 口,在编写 GPS 数据采集程序时,要从驱动程序指定的 COM 4 端口读取,才能正确接收导航数据。

如果没有将 GR-213U 的 USB 接头插入计算机,即使已安装了驱动程序,设备管理器的＜端口(COM 和 LPT)＞选项下,也不会出现＜HOLUX GPS USB DEVICE(COM4)＞。

5. 软件协议

GR-213U的软件协议格式是根据NMEA(National Marine Electronics Association) 0183 ASCII的格式设计而成，这个格式完整规范于"NMEA 0183 V2.2"，以及RTCM(Radio Technical Commission for Maritime Services)。RTCM建议偏差修正的标准为："Differential Navstar GPS Service，2.1版，RTCM特别委员会第104公报"或WAAS(美洲)或EGNOS(欧洲)。

由上一节可知，GR-213U接收机的USB驱动程序在笔记本电脑虚拟了一个COM4通信串口。因此，需要采用串口通信技术获取GPS数据。可使用10.2节介绍的MSComm控件，除此之外，还可以使用另一个编程简单、通用性强、多线程的串口通信控件——SPComm。

13.5　SPComm串口通信控件简介

13.5.1　SPComm串口通信控件概述

SPComm是一个免费的第三方Delphi/C++ Builder串口通信控件，该控件具有丰富的与串口通信密切相关的属性及事件，提供了对串口的各种操作，且编程简单、通用性强、可移植性好。在Delphi/C++ Builder软件开发中已经成为一个被广泛应用的串口通信控件。

SPComm共实现了三个类：串口类Tcomm、读线程类TreadThread以及写线程类TwriteThread。Tcomm的某个实例在方法StartComm中打开串口，并实例化了一个读线程ReadThread和一个写线程WriteThread，它们和主线程之间进行消息的传递，实现串口通信。

13.5.2　SPComm控件的基本属性、方法和事件

SPComm串口通信控件的基本属性、方法和事件说明如下。

1. 属性

· CommName属性：计算机串口端口号的名字为：COM1、COM2、……等，在打开串口前，必须填写好此值。

· Parity属性：奇偶校验，有None、Odd、Even、Mark、Space等。

· BaudRate属性：设定支持串口通信用的波特率9600、4800等，根据实际需要来定，在串口打开后也可更改波特率，实际波特率随之更改。

· ByteSize属性：表示一个字节中，使用多少个数据位收发数据，根据具体情况设定5、6、7、8等。

· StopBits属性：表示一个字节中，使用停止位的位数，根据具体情况设定1、1.5、2等。

· SendDataEmpty属性：布尔属性，为True时表示发送缓存为空，或者发送队列里没有信息；为False时表示表示发送缓存不为空，或者发送队列里有信息。

2. 方法

· StartComm方法：用来打开通信串口，开始通信。如果失败，则会导致串口错误。错误类型大致有以下7种：

①串口已经打开；

②打开串口错误；

③文件句柄不是通信句柄；

④不能安装通信缓存；

⑤不能产生事件；

⑥不能产生读进程；

⑦不能产生写进程；

· StopComm 方法：用来停止通信串口的所有进程，关闭串口。

· WriteCommData(pDataToWrite：PChar；dwSizeofDataToWrite：Word) 方法是带有布尔型返回值的函数，其中参量：

pDataToWrite 是要写入串口的字符串；

dwSizeofDataToWrite 是要写入的字符串的长度。

该函数通过一个写线程向串口输出缓冲区发送数据。发送操作将在后台默认执行。如果写线程 PostMessage 成功，则返回值是 True，若写线程失败，返回值是 False。

3. 事件

· OnReceiveData ：procedure (Sender：TObject；Buffer：Pointer；BufferLength：Word) of object 当有数据输入缓存时将触发该事件，在这里可以对从串口收到的数据进行处理。其中参量：

Buffer 中是收到的数据(指向输入缓冲区的指针)；

BufferLength 是收到的数据长度(是从缓冲区收到的数据长度)。

· OnReceiveError ：procedure(Sender：TObject；EventMask ：DWORD)

当接收数据出现错误时将触发该事件。

13.5.3 SPComm 串口通信的关键技术问题

SPComm 控件应用的核心在于主线程、读线程和写线程之间的消息传递机制，而通信数据相关信息的传递也是以消息传递的方式进行的。在使用 SPComm 控件进行串口通信编程时，除按照控件说明使用外，还需要特别注意以下两个问题。

(1) SPComm 控件是通过 ReadIntervalTimeout 属性的设置，确定所接收到的数据是否属于同一帧数据，其默认值是 100ms，也就是说，只要任何两个字节到达的时间间隔小于 100ms，都被认为是属于同一帧数据。在与单片机协同工作时，要特别注意此问题。

(2) SPComm 控件的默认属性设置是支持软件流控制的，用于流控制的字符是 13H(XoffChar)和 11H(XonChar)，当单片机以二进制方式发送数据时，必须要禁用 SPComm 对于软件流控制的支持，否则，在数据帧中出现的 13H、11H 会被 SPComm 作为控制字符而加以忽略。

13.5.4 SPComm 控件的安装

在 Deiphi 6.0 中安装 SPComm 串口通信控件的方法如下。

(1) 用鼠标左键点击 Delphi 主菜单 的 Component 中的 Install Component 选项，弹出如图 13－28 所示的窗体。

(2) 在图 13－28 窗体中点击“Into new package”，用鼠标左键点击 Unit file name 对话框

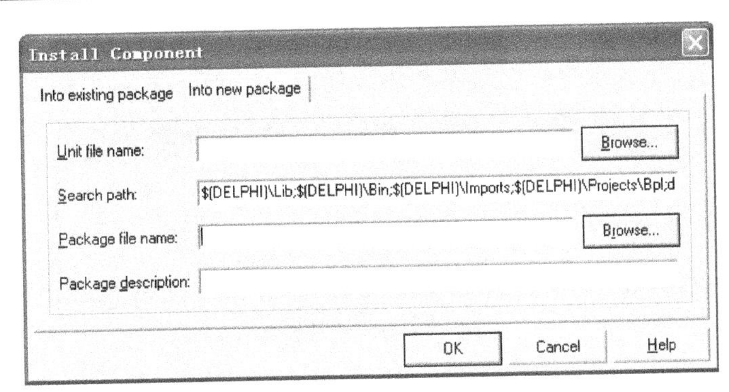

图 13 - 28　安装控件对话窗体 I

右边的“Browse”按钮，屏幕将出现如图 13 - 29 所示的单元文件名窗体，供打开 SPComm 控件所在的文件夹，选择 SPComm 控件。

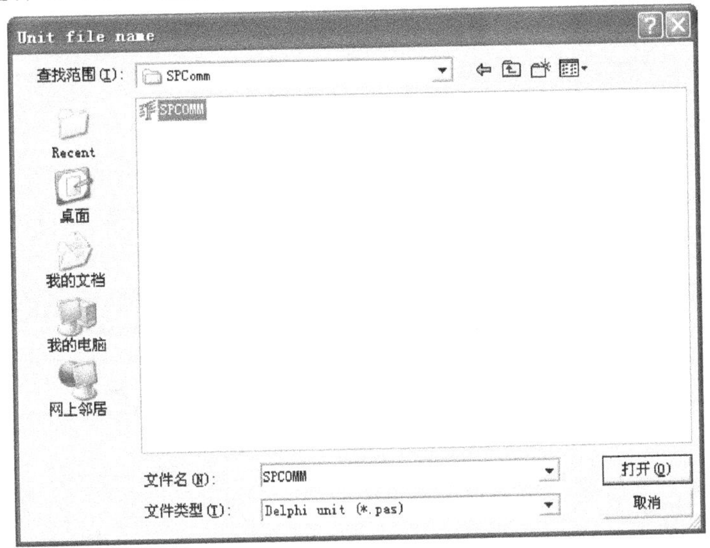

图 13 - 29　单元文件名窗体

(3) 用鼠标左键点击 SPComm，然后鼠标左键点击“打开(O)”按钮，屏幕将出现如图 13 - 30 所示的窗体。

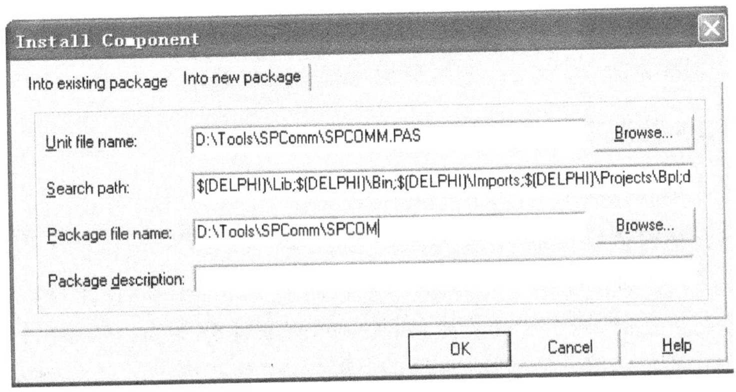

图 13 - 30　安装控件对话窗体 II

在图13-30窗体的Package file name对话框中,输入“D:\Tools\SPComm\SPCOM”。

(4)用鼠标左键点击“OK”按钮,屏幕将出现如图13-31所示的窗体。

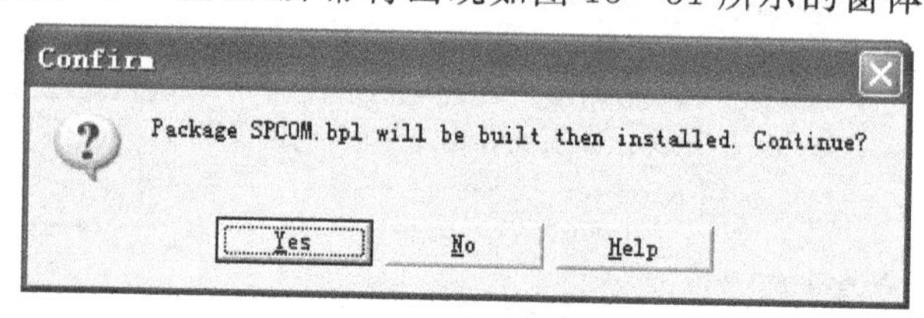

图13-31 确认窗体

(5)用鼠标左键点击“Yes”按钮,屏幕将出现如图13-32所示的窗体。

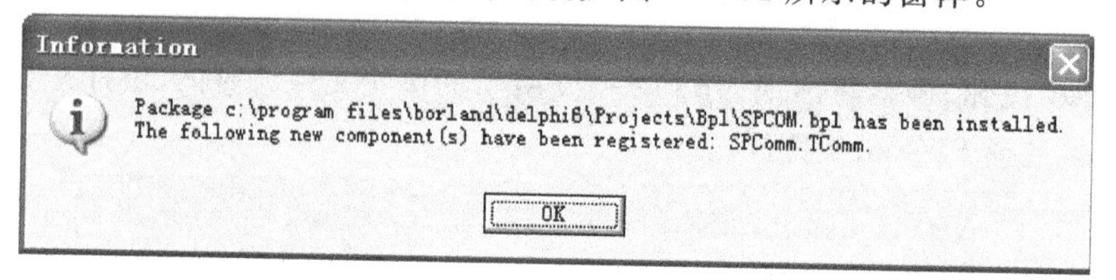

图13-32 信息窗体

(6)用鼠标左键点击“OK”按钮,SPComm控件将安装到Delphi 6.0,在System面板中将出现一个红色COM控件,如图13-33所示。至此,可以像Delphi 6.0自带控件一样使用SP-Comm控件。

图13-33 Delphi 6 IDE

13.6 GPS数据采集

如前所述,GPS利用24颗卫星的测距和测时功能进行全球定位,在许多领域中,如机场导航系统,车辆导航、江河流域的灾害信息管理和预测系统、农机作业面积测量、地质勘探等,GPS得到了广泛的应用。本节讲述利用GR-213U接收机和SPComm控件实现GPS数据采集的Delphi程序编程方法,可为上述领域的应用提供定位数据。

13.6.1 GPS数据采集程序界面设计

在Delphi 6.0中新建一个工程项目GPSReceiver.DPR,窗体(Form)的Caption属性为:“GPS数据采集”。在窗体(Form)中放置四个Label控件,Label控件的“Caption”属性分别为:“纬度:”、“经度:”、“纵坐标:”、“横坐标:”;放置四个Panel控件,用于显示接收到的地球经纬度和转换后的直角坐标,四个Panel控件的“name”属性分别为:Panel1、Panel2、Panel3和Panel4;在四个Panel控件下方放置两个BitBtn按钮,用于数据接收的控制和退出程序,两个按钮的“Caption”属性分别为“接收”、“返回”;在窗体(Form)中放置一个Timer控件和一个

SPComm 控件。设计好的程序界面如图 13－34 所示。

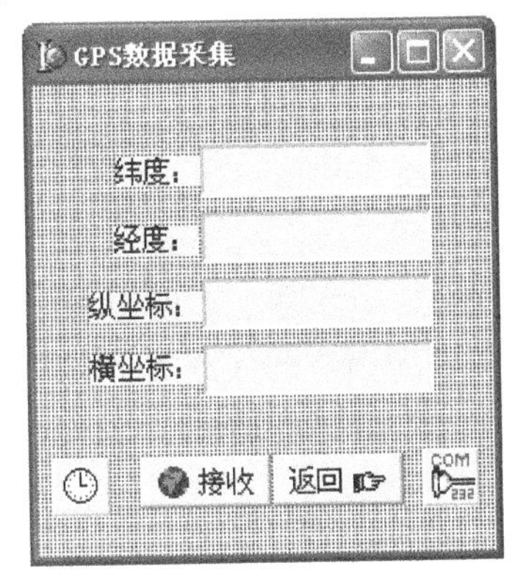

图 13－34　GPS 数据采集程序界面

图 13－34 中的“接收”按钮是一个双作用按钮。程序运行时，用鼠标左键点击一次此按钮，按纽上的文字标识变为“断开”，即关闭串口；再一次鼠标左键点击此按钮，按纽上的文字标识又变为“接收”，即打开串口，接收 GPS 数据。

13.6.2　SPComm 控件实现串口通信的方法

SPComm 串行通信控件具有多线程的特性，接收和发送数据分别在两个线程内完成：接收线程负责收到数据时触发 OnReceiveData 事件；用 WriteCommData()函数将待发送的数据写入输出缓冲器，发送线程在后台完成数据发送工作。因此，在接收和发送数据前需要初始化串口。

1. 初始化并打开串口

需要选择本次通信使用的串口，确定通信协议，即设置波特率、奇偶校验方式、数据位、停止位等属性，然后打开该串口。Delphi 6.0 示例代码如下：

```
// 初始化并打开串口
Comm1.BaudRate := 9600;   // 波特率 9600bit/s
Comm1.Parity := None;     // 奇偶校验无
Comm1.ByteSize := _8;     // 数据位 8
Comm1.StopBits := _1;     // 停止位 1
Comm1.StartComm;          // 打开串口
```

2. 接收 GPS 数据

在编写 GPS 数据采集程序时，为了实时监测 GPS 数据的变化，需要使用 SPComm 控件的事件驱动方式接收数据的功能。利用 SPComm 串口控件接收 GR－213U 接收机发送的数据信息的示例代码如下：

```
  // 事件驱动方式接收数据程序
procedure TForm1.Comm1ReceiveData(Sender:TObject; Buffer:Pointer; bufferLength:Word);
begin
  sleep(100);                                   // 等待 100ms,保证接收到所有数据
```

```
  SetLength(str,BufferLength);
  move(buffer ^,pchar(@str[1])^,bufferlength);    // 将接收缓存区中的数
                                                  // 据转移到字符串 str
end;
```

3. 关闭串口

在进行 GPS 数据采集系统开发时，应注意在不使用串口时及时关闭串口，释放系统资源，否则可能会影响系统的其他应用。关闭串口的代码如下：

```
procedure TForm1.FormClose ( Sender:TObject;var Action:TCloseAction );
begin
  Comm1.StopComm;
end;
```

13.6.3 GPS 数据采集源程序完整代码(Delphi6.0)

使用 GR-213U USB 接口 GPS 接收机，调用 SPComm 控件，把按 NMEA 0183 协议输出的 GPS 数据采集到笔记本电脑的 Delphi 6.0 源程序如下。

```
unit Unit1;


interface


uses
  Windows, Messages, SysUtils, Variants, Classes, Graphics, Controls, Forms,
  Dialogs, StdCtrls, Buttons, ExtCtrls, SPComm, Math;


type
  TForm1 = class(TForm)
    Label1: TLabel;
    Label2: TLabel;
    Panel1: TPanel;
    Panel2: TPanel;
    Label3: TLabel;
    Panel3: TPanel;
    Label4: TLabel;
    Panel4: TPanel;
    BitBtn1: TBitBtn;
    BitBtn2: TBitBtn;
    Comm1: TComm;
    Timer1: TTimer;
    procedure FormShow(Sender: TObject);
    procedure BitBtn1Click(Sender: TObject);
```

```
    procedure BitBtn2Click(Sender: TObject);
    procedure FormClose(Sender: TObject; var Action: TCloseAction);
    procedure Comm1ReceiveData(Sender: TObject; Buffer: Pointer; BufferLength: Word);
    procedure Timer1Timer(Sender: TObject);
  private
    { Private declarations }
  public
    { Public declarations }
  end;

var
  Form1: TForm1;
  str: string;
  Comm: string;
  BaudRte: Integer;
  MyMouse: Integer;
  e, E0, pi, P0: double;
  x, y, n, a: double;
  AA,BB,CC,DD,EE,FF: double;
  e2,e4,e6,e8,e10: double;
  X0: double;
  L0: Extended;
implementation

{$R *.dfm}

procedure TForm1.FormShow(Sender: TObject);
begin
  Comm:= 'COM4';
  BaudRte:= 4800;
  MyMouse:= 1;
  a:= 6378137.0;                  // WGS 84 参考椭球长半轴 a
  e:= sqrt(0.00669437999013);     // 第一偏心率
  E0:= (e*e)/(1-e*e);
  pi:= 3.1415926535898;
  P0:= pi/180;
  e2:= e*e;
  e4:= e2*e2;                     // e*e*e*e
  e6:= e4*e2;                     // e*e*e*e*e*e
```

```
  e8:= e4 * e4;                  // e*e*e*e*e*e*e*e
  e10:= e4 * e4 * e2;            // e*e*e*e*e*e*e*e*e*e
  AA:= 1+3*e2/4+45*e4/64+175*e6/256+11025*e8/16384+43659*e10/65536;
  BB:= 3*e2/4+15*e4/16+525*e6/512+2206*e8/2048+72765*e10/65536;
  CC:= 15*e4/64+105*e6/256+2205*e8/4096+10395*e10/16384;
  DD:= 35*e6/512+315*e8/2048+31185*e10/131072;
  EE:= 315*e8/16384+3465*e10/65536;
  FF:= 693*e10/131072;
end;

procedure TForm1.BitBtn1Click(Sender: TObject);
begin
  if MyMouse mod 2 = 0 then
  begin
    BitBtn1.Caption:= '接收';
    Timer1.Enabled:= False;
    Comm1.StopComm;
  end
  else
begin
    BitBtn1.Caption:= '断开';
    Comm1.CommName:= Comm;
    Comm1.BaudRate:= BaudRte;        // 波特率
    Comm1.Parity:= None;             // 奇偶校验无
    Comm1.ByteSize:= _8;             // 数据位 8
    Comm1.StopBits:= _1;             // 停止位 1
    Comm1.StartComm;                 //打开串口
    Timer1.Enabled:= True;
  end;
  MyMouse:= MyMouse + 1;
end;

procedure TForm1.BitBtn2Click(Sender: TObject);
begin
  Comm1.StopComm;                    //关闭串口
  Form1.Close;
end;

procedure TForm1.FormClose(Sender: TObject; var Action: TCloseAction);
```

```
begin
  Comm1.StopComm;                          //关闭串口
end;

procedure TForm1.Comm1ReceiveData(Sender: TObject; Buffer: Pointer;
  BufferLength: Word);
begin
  sleep(100);                               // 延时
  SetLength(str,BufferLength);              // 设置字符串 str 长度
  move(buffer^,pchar(@Str[1])^,bufferlength);
                                            // 将接收缓存区中的数据转移到字符串 str
end;

procedure TForm1.Timer1Timer(Sender: TObject);
var
  tmpstr, strq1, strq2: string;
  latitudestr,longitudestr: string;
  B, L, ll: double;
  g,t,m0: double;
  X0, L1: double;
  longitude, latitude: double;
begin
  tmpstr: = Copy(str, Pos('$GPRMC',str), Pos('*',str)); //从字符串 str 中取出 $GPRMC 字串
  if copy(tmpstr,1,pos(',',tmpstr) - 1) = '$GPRMC' then
  begin
    delete(tmpstr,1,pos(',',tmpstr));                //删除","号和前面的字符
    delete(tmpstr,1,pos(',',tmpstr));                //删除","号和前面的字符
    if copy(tmpstr,1,pos(',',tmpstr) - 1) = 'A' then
    begin
      delete(tmpstr,1,pos(',',tmpstr));              //删除","号和前面的 A 字符
      latitudestr: = copy(tmpstr,1,pos(',',tmpstr) - 1); // 取出纬度数据字符串
      strq1: = copy(latitudestr,1,2);                //取出纬度数据中的"度"字串
      strq2: = copy(latitudestr,3,6);                //取出纬度数据中的"分"字串
      Panel1.Caption: = strq1 + '°' + strq2 + '′';
      latitude: = StrToFloat(latitudestr);
      B: = (latitude/100) + (latitude - (latitude/100) * 100)/60;
                                                     //把纬度数据转换为"dd.ddddd"格式
      b: = B * P0;                                   //把纬度数据转换为弧度
      delete(tmpstr,1,pos(',',tmpstr));              //删除","号和前面的字符
```

```
delete(tmpstr,1,pos(',',tmpstr));            //删除","号和前面的字符
Panel2.Caption:='';
longitudestr:= copy(tmpstr,1,pos(',',tmpstr)-1);      // 取出经度数据字符串
strq1:= copy(longitudestr,1,3);          //取出经度数据中的"度"字串
strq2:= copy(longitudestr,4,6);          //取出经度数据中的"分"字串
Panel2.Caption:= strq1+'°'+strq2+'"';
longitude:= StrToFloat(longitudestr);
L1:= Trunc(StrToFloat(strq1)/6+1);  //当地经度的整数部分/6,加1,然后取整数
L0:= L1*6-3;                          //计算中央子午线经度L0
L:= (longitude/100)+(longitude-(longitude/100)*100)/60;
                                      // 把经度数据转换为"ddd.ddddd" 格式
ll:= abs(L-L0)*P0;                    //把经度数据转换为弧度
g:= sqrt(E0)*cos(b);                  //高斯投影计算参数
t:= Tan(b);
m0:= ll*cos(b);
n:= a/sqrt(1-e2*sin(b)*sin(b));
X0:=a*(1-e2)*(AA*b-BB*sin(2*b)/2+CC*sin(4*b)/4-DD*sin(6*b)/6+
     EE*sin(8*b)/8-FF*sin(10*b)/10);
X:= X0+n*t*m0*m0/2+N*t*(5-t*t+9*g*g+4*g*g*g*g)*m0*m0*
m0*m0/24+ n*t*(61-58*t*t+t*t*t*t+270*g*g-330*g*g*t*t)*m0*m0
*m0*m0*m0*m0/720;
Y:= 500000+n*m0+n*(1-t*t+g*g)*m0*m0*m0/6+n*(5-18*t*t+t*
t*t*t+14*g*g-58*g*g*t*t)*m0*m0*m0*m0*m0/120;
Panel3.Caption:= FloatToStr(Round(X*1000)/1000);   // 保留X数据中小数点后三位
Panel4.Caption:= FloatToStr(Round(Y*1000)/1000);   // 保留Y数据中小数点后三位
  end;
 end;
end;
end.
```

运行以上GPS数据采集程序,笔记本电脑屏幕上将出现如图13-35所示的窗体。

用鼠标左键点击图13-35窗体中的“接收”按钮,“纬度”、“经度”、“纵坐标”、“横坐标”对话框中将显示采集到的GPS定位数据,如图13-36所示。

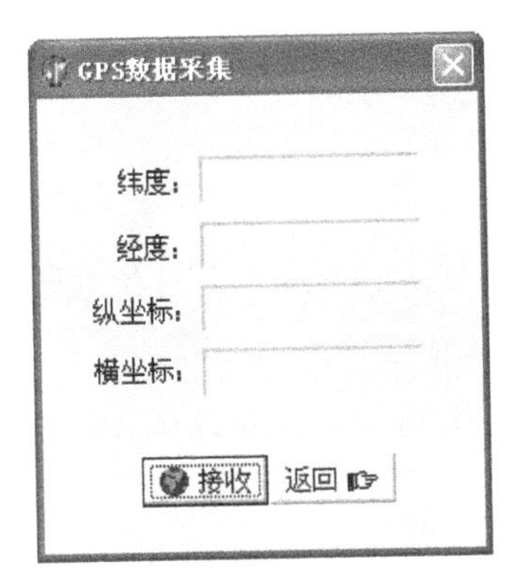

图 13-35　GPS 数据采集窗体

图 13-36　GPS 定位数据采集

用鼠标左键点击图 13-36 窗体中的“断开”按钮，程序将停止 GPS 定位数据采集。用鼠标左键点击窗体中的“返回”按钮，将退出 GPS 数据采集程序，返回操作系统。

至此，GPS 数据采集的 Delphi 6.0 程序编写完成。经过调试和实际应用表明，以上讲述的 GPS 数据采集程序能稳定可靠地工作，其次，SPComm 控件的多线程机制，可提高程序实时采集 GPS 数据的能力，同时避免计算机资源冲突。读者可以本章讲述的 NMEA 0183 协议为基础，以 SPComm 控件为工具，以 C++ Builder 6.0 语言为开发环境，编写自己的 GPS 应用程序。

习题与思考题

1. GPS 由哪几部分组成，各部分的功能是什么？
2. 什么是 GPS 接收机，它由哪几部分构成？
3. 简述 GPS 接收机的种类及主要用途。
4. 什么是信号通道？
5. GPS 定位系统用于测量有什么优势？
6. WGS 84 大地坐标系是什么坐标系？
7. CGCS 2000 大地坐标系与 WGS 84 大地坐标相比有何差异？
8. 高斯投影平面是怎样形成的？
9. 简述 WGS 84 大地坐标转换为高斯-克吕格坐标的步骤。
10. NMEA 0183 协议是什么协议？其作用是什么？
11. 简述 RMC 数据格式中每一部分的含义。

第14章　数据采集系统的抗干扰技术

数据采集系统一般在工业生产过程中使用，各种干扰弥布着工作现场，由于内部或外部干扰的影响，在被测信号上会叠加上干扰信号，通常，把这种干扰信号称为噪声，所谓干扰就是内部或外部噪声对有用信号的不良作用。

噪声对被测信号存在着严重的干扰，当被测信号很微弱时，就会被噪声“淹没”掉，导致很大的数据采集误差。为了能精确地采集数据，需要消除和抑制系统中的噪声。所以，在分析和设计数据采集系统时，必须考虑到可能存在的各种干扰对系统的影响，把抗干扰问题作为系统设计中的一个至关重要的内容，从硬件和软件上采取相应的措施以增强系统的抗干扰能力。

14.1　数据采集系统中常见的干扰

数据采集系统工作环境的干扰源有很多，可以依据一定的特征，对干扰源作如下分类。

1. 从干扰的来源划分

(1) 内部干扰

内部干扰是指系统内部电子电路的各种干扰。如电路中的电阻热噪声，晶体管、场效应管等器件内部分配噪声和闪烁噪声，放大电路正反馈引起的自激振荡等。

(2) 外部干扰

外部干扰是指由外界窜入到系统内的各种干扰。如电动机电刷引起的火花放电，某些电路中的脉冲开关接触所产生的电磁信号，自然界的闪电、宇宙辐射的电磁波等。

2. 按干扰出现的规律划分

(1) 固定干扰

固定干扰是指系统附近固定的电气设备运行时发出的干扰。如邻近的“强电”设备的启停有可能引入一个固定时刻的干扰。

(2) 半固定干扰

半固定干扰是指某些偶然使用的电气设备(如行车、电钻等)引起的干扰。

(3) 随机干扰

随机干扰属于偶发性的干扰。如闪电、供电系统继电保护的动作等干扰。

半固定干扰和随机干扰的区分在于，前者是可预测的，后者是难以预测的。

3. 从干扰产生和传播的方式划分

(1) 静电干扰

静电干扰实际上是电场通过电容耦合的干扰，如图14-1所示。从电路理论可知，电流流经一导体时，导体产生电场，这个电场可交连到附近的导体中使它们感生出电位，这个电位就是干扰电压。从交流电路传输来看，干扰起因于导线与导线之间、元件之间的寄生电容。外部噪声源通过噪声源与导体之间的寄生电容耦合到电路，造成对电路的干扰。

此外，如果人穿的衣服是化纤织物，纤维之间摩擦会产生静电，通过感应使人体带电。带电者若触碰电子设备，就会出现放电电流，感应到电子设备内部信号线上形成干扰，尤其是对 CMOS 器件，这种放电将直接导致器件的损坏。

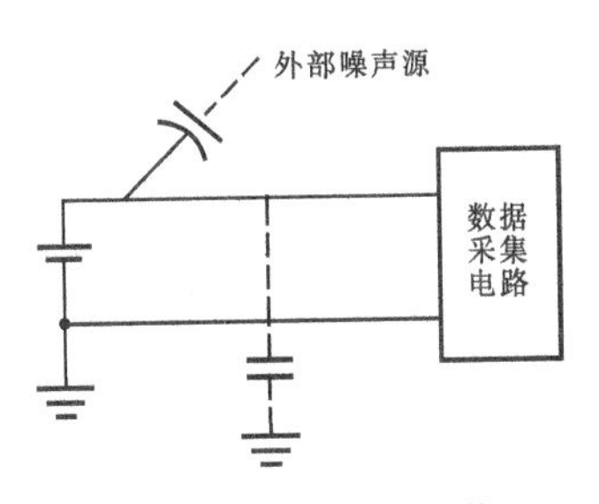

图 14-1　静电耦合干扰

(2) 磁场耦合干扰

磁场耦合干扰是一种感应干扰。如图 14-2 所示，在连接信号源的传输线经过的空间总存在着交变电磁场。在诸如动力线、变压器、电动机、继电器、电风扇等附近都会有这种磁场。这些交变的磁场穿过传输线形成的回路将在传输线上或闭合导线上感应出交流干扰电压。

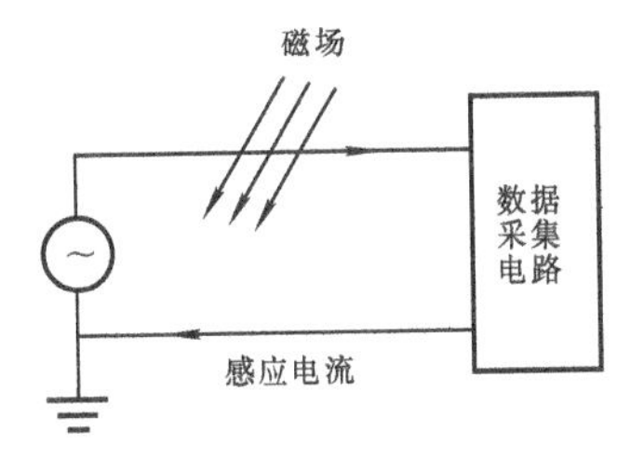

图 14-2　磁场干扰

(3) 电磁辐射干扰

在工厂内，各种大功率高频、中频发生装置(如高频感应加热装置、可控硅中频炉)以及各种电火花机床，都将产生高频电磁波向周围空间辐射，形成电磁辐射干扰源。辐射能量是以与通信接收机接收无线电频率能量相同的方法耦合到电路中而产生干扰。

(4) 电导通路耦合干扰

电导通路是指构成电回路的通路。电导通路耦合干扰是由各单元回路之间的公共阻抗产生的干扰。

由于接地电位不同而造成的干扰是这类干扰的主要表现形式。在数据采集系统中，“地”有两种含义：一种是指大地，它是系统中各个设备的自然参考电位；另一种是指一个设备内部电源的参考电位。如果一个仪器的地线不与大地连接，则称为“浮地”，否则称为接地。理想情况下电路中不同接地点间电位差为零，即地阻抗为零。实际上大地的电位并不是恒定值，在不同的地之间存在着电位差，尤其在高压电力设备附近，大地的电位梯度可以达到每米几伏甚至几十伏。由于非零的公共地阻抗将会给电路带来干扰，它主要发生在远距离信号传输中，两端仪器接地的情况下。如图 14-3 所示，两个电路系统 1、2 的接地点分别为 A 和 B，A 和 B 的地电位不同，在这两个接地点的公共连线上有电流流过。这种多个接地点的公共连线部分称之为“接地环路”，接地环路上的环行电流通过接地环路的阻抗把瞬态噪声干扰耦合到下一级电路。

(5)漏电耦合干扰

漏电耦合干扰是由于仪器内部的电路绝缘不良，而出现的漏电流引起的电阻耦合产生的干扰，如图 14-4 所示，或在高输入阻抗器件组成的系统中，其阻抗与电路板绝缘电阻可以比拟，通过电路板产生漏电流，将形成干扰。

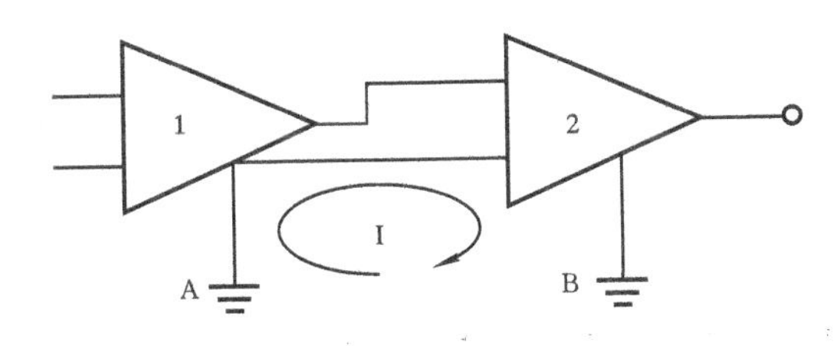

图 14-3　接地环路

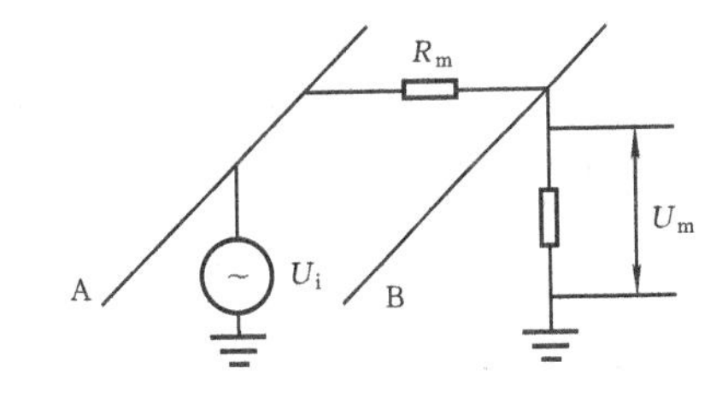

图 14-4　漏电耦合干扰

4. 从干扰输入信号的关系划分

(1) 串模(差模)干扰

串模干扰是指干扰信号与被测信号串联在一起，其形式如图14－5所示。图14－5(a)中被测信号为U_S，串模干扰为U_N，在信号放大器输入端AE处合成为$U_{SN}=U_S+U_N$，如图14－5(b)所示。U_N叠加在被测信号U_S之上，成为被测信号的一部分，被送到放大器进行放大，影响是很大的。

产生串模干扰的原因是：外部高压供电线交变电磁场通过寄生电容耦合进传感器一端；电源交变电磁场对传感器一端的漏电流耦合。

(2) 共模干扰

共模干扰是指在信号地和仪器地(大地)之间产生的干扰。如图14－6所示，图14－6(a)中E为信号地，F为仪器地，被测信号为U_S，U_N是出现在U_S与仪器地之间的干扰信号。A、B两端叠加的干扰电压相同。由于有干扰信号U_N的存在，使被测信号U_S受到干扰，如图14－6 (b)所示。

在对地阻抗呈理想对称的传感器和放大器输入电路中，共模干扰在理论上并不会引起数据采集误差，这是因为差分放大器的两个输入端A和B具有相同的幅值和电位。然而，实际上由于数据传输回路、导线和放大器输入回路的电阻或电容对地呈非对称性，共模干扰电压将通过接地回路中的接地干扰电压转换成干扰程度不同的差模电压。

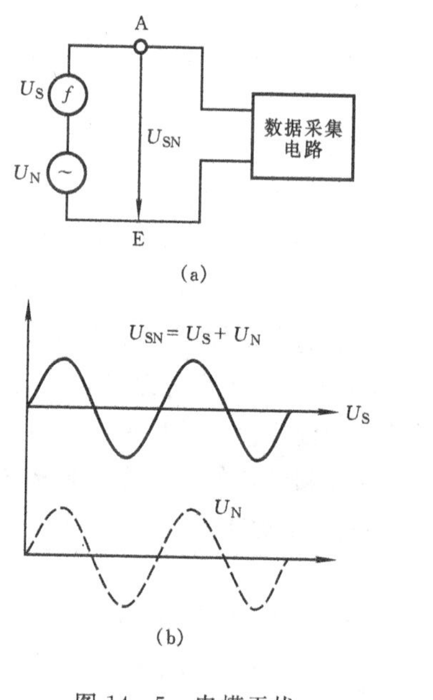

图14－5　串模干扰

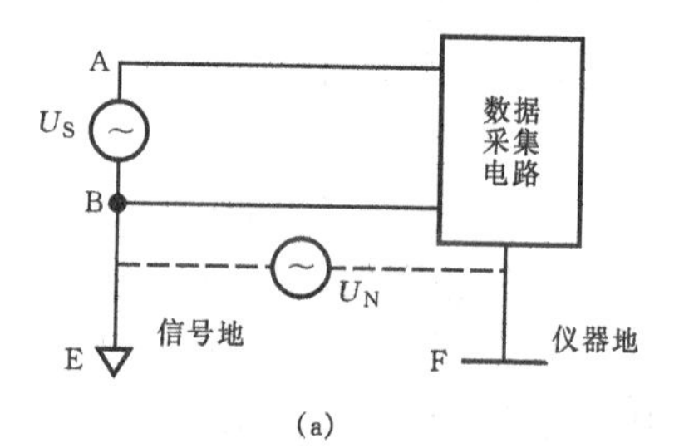

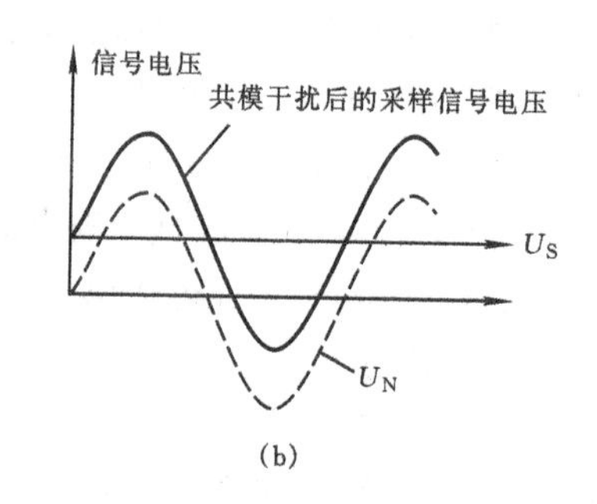

图14－6　共模干扰

产生对地共模干扰的原因有以下几种。

① 在数据采集系统附近有大功率的电气设备，电磁场以电感或电容形式耦合到传感器和传输导线中。

② 电源绝缘不良而引起漏电或三相动力电网负载不平衡致使零线有较大的电流时，存在着较大的地电流和地电位差。如果系统有两个以上的接地点，则地电位差就会造成共模干扰。

③ 电气设备的绝缘性能不良时，动力电源会通过漏电阻耦合到数据采集系统的信号回路，形成干扰。

④ 在交流供电的仪器中，交流电会通过原、副边绕组间的寄生电容、整流滤波电路、信号电路与地之间的寄生电容到地构成回路，形成干扰。

14.2　供电系统的抗干扰

数据采集系统的供电系统，与其他系统一样，是非常重要的一环。数据采集系统中的设备大多数使用220 V、50 Hz的市电，由于我国电网的频率与电压波动较大，都会直接对数据采集系统产生干扰，因此必须对数据采集系统的供电采取一些抗干扰措施。为了消除和抑制电网传递给数据采集系统的干扰，可以采取如下一些措施。

1. 采用隔离变压器

一般来说，电网与数据采集系统分别有各自的地线。在应用中，如果直接把数据采集系统与电网相连，两者的地线之间存在地电位差 U_{cm}，如图14－7所示。

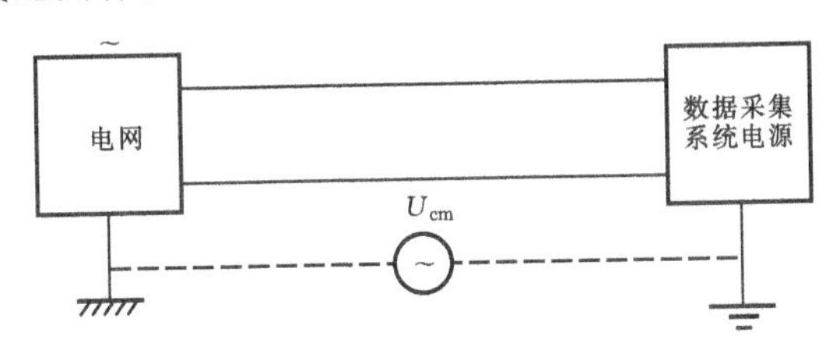

图14－7　环路电流的干扰

由于 U_{cm} 的存在而形成环路电流，造成共模干扰。因此，数据采集系统须与电网隔离，通常采用隔离变压器进行隔离。考虑到高频噪声通过变压器不是靠初、次级线圈的互感耦合，而是靠初、次级间寄生电容的耦合。因此，隔离变压器的初级和次级之间均用屏蔽层隔离，以减少其寄生电容，提高抗共模干扰能力。数据采集系统与电网的隔离如图14－8所示。数据采集系统的地接入标准地线后，由于采用了隔离变压器，使电网地线的干扰不能进入系统，从而保证数据采集系统可靠地工作。

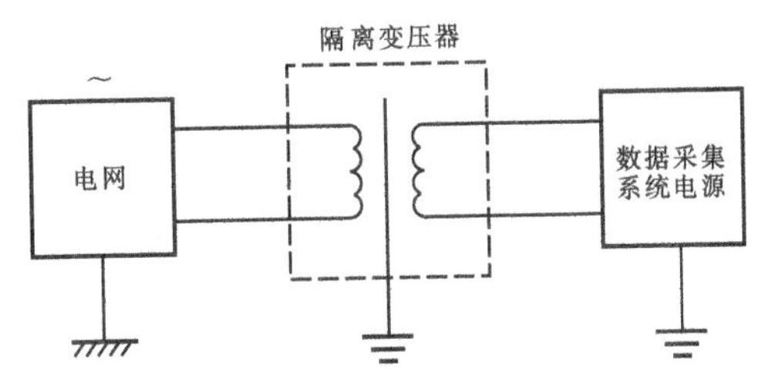

图14－8　数据采集系统的电源隔离

2. 采用电源低通滤波器

由于电网的干扰大部分是高次谐波，故采用低通滤波器来滤除大于50Hz的高次谐波，以改善电源的波形。电源低通滤波器的线路如图14－9所示。

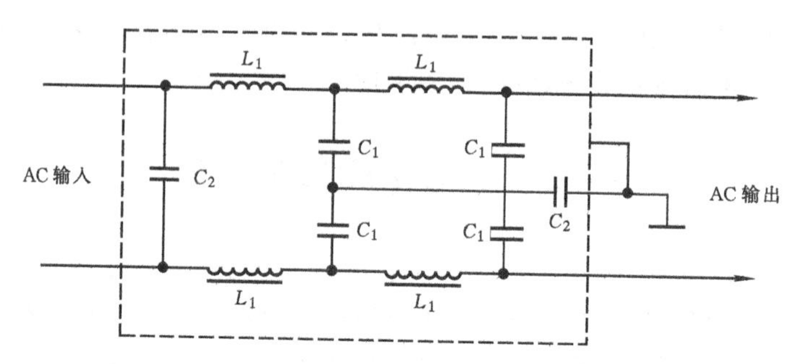

图14-9　电源低通滤波器

$L_1=100\ \mu H$　$C_1=0.1\sim0.5\mu F$　$C_2=0.05\sim0.1\mu F$

它是由电容和电感组成的滤波网络，能滤除电网噪声。但是，当噪声电平较高时，由于电感发生磁饱和现象，使电感元件几乎完全失去作用，从而导致抗干扰失效。

为了避免低通滤波器进入磁饱和状态，需要在干扰进入低通滤波器前加以衰减。为此，常在电源低通滤波器的前面，加设一个分布参数噪声衰减器。它是由一捆近50米长的双绞线组成的，导线的横截面积根据通电电流强度决定。分布参数噪声衰减器靠两根导线之间及各匝导线之间存在的分布参数(分布电容和分布电感)，对流过它的叠加在低频市电上的各种干扰脉冲进行衰减甚至滤除。从而保证低通滤波器的电感工作在非饱和区。由于衰减器是无电感器件，所以不会产生磁饱和现象。

在使用低通滤波器时，应注意以下几点：

① 低通滤波器本身应屏蔽，而且屏蔽盒与系统的机壳要保持良好的接触；

② 为减少耦合，所有导线要靠近地面走线；

③ 低通滤波器的输入与输出端要进行隔离；

④ 低通滤波器的位置应尽量靠近需要滤波的地方，其间的连线也要进行屏蔽。

3. 采用交流稳压器

用来保证交流供电的稳定性，防止交流电源的过压或欠压。对于数据采集系统来说，这是目前最普遍采用的抑制电网电压波动的方法，在具体使用时，应保证有一定的功率储备。

4. 系统分别供电

为了阻止从供电系统窜入的干扰，一般采用如图14-10所示的供电线路，即交流稳压电源串接隔离变压器、分布参数噪声衰减器和低通滤波器，以便获得较好的抗干扰效果。

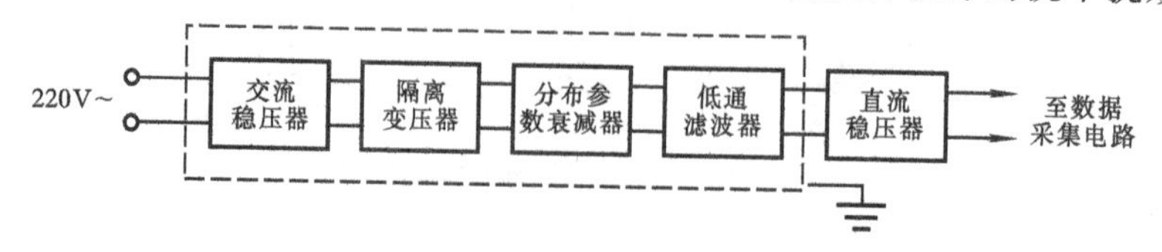

图14-10　数据采集系统的一般供电线路

当系统中使用继电器、磁带机等电感设备时，向采集系统电路供电的线路应与向继电器等供电的线路分开，以避免在供电线路之间出现相互干扰。供电线路如图14-11所示。

在设计供电线路时，要注意对变压器和低通滤波器进行屏蔽，以抑制静电干扰。

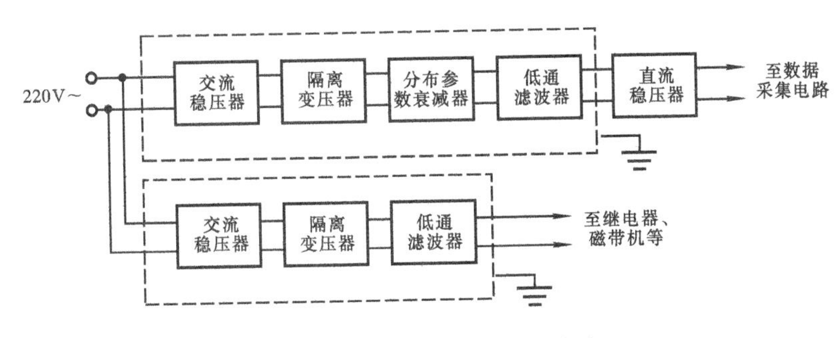

图14-11 系统分别供电的线路

5. 采用电源模块单独供电

近年来,在一些数据采集板卡上,广泛采用DC—DC电源电路模块,或三端稳压集成块如7805、7905、7812、7912等组成的稳压电源单独供电。其中,DC—DC电源电路由电源模块及相关滤波元件组成。该电源模块的输入电压为+5V,输出电压为与原边隔离的±15V和+5V,原副边之间隔离电压可达1500V。与集中供电相比,采用单独供电方式具有以下一些优点。

① 每个电源模块单独对相应板卡进行电压过载保护,不会因某个稳压器的故障而使全系统瘫痪。

② 有利于减小公共阻抗的相互耦合及公共电源的相互耦合,大大提高供电系统的可靠性,也有利于电源的散热。

③ 总线上电压的变化,不会影响板卡上的电压,有利于提高板卡的工作可靠性。

6. 供电系统馈线要合理布线

在数据采集系统中,电源的引入线和输出线以及公共线在布线时,均需采取以下抗干扰措施。

(1) 电源前面的一段布线

从电源引入口,经开关器件至低通滤波器之间的馈线要尽量用粗导线。

(2) 电源后面的一段布线

① 均应采用双绞线,扭绞的螺距要小。如果导线较粗而无法绞合时,应把馈线之间的距离缩到最短。

② 交流线、直流稳压电源线、逻辑信号线和模拟信号线、继电器等感性负载驱动线、非稳压的直流线均应分开布线。

(3) 电路的公共线

电路中应尽量避免出现公共线,因为在公共线上,某一负载的变化引起的压降都会影响其他负载。若公共线不能避免,则必须把公共线加粗以降低阻抗。

14.3 模拟信号输入通道的抗干扰

模拟信号输入通道是数据采集板卡和微型计算机、传感器之间进行信息交换的渠道。对这一信息渠道侵入的干扰主要是因公共地线所引起。其次是当传输线路较长时,还会受到静电和电磁波噪声的干扰。这些干扰将严重影响采样信号的准确性和可靠性,因此,必须予以消除或抑制。常用的抗干扰措施有如下几种。

14.3.1 采用隔离技术隔离干扰

所谓隔离干扰,就是从电路上把干扰源与敏感电路部分隔离开来,使它们之间不存在电的联系,或者削弱它们之间电的联系。

隔离技术从原理上可分为光电隔离和电磁隔离。

1. 光电隔离

光电隔离是利用光电耦合器件实现电路上的隔离,其工作原理如下。

① 光电耦合器的输入端为发光二极管,输出端为光敏三极管,输入端与输出端之间是通过光传递信息的,而且又是在密封条件下进行,故不会受到外界光的影响。光电耦合器的结构如图 14-12 所示。

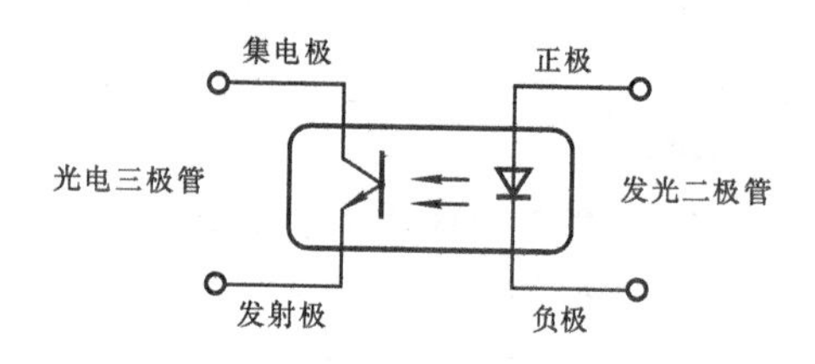

图 14-12　二极管—三极管型的光电耦合器

② 光电耦合器的输入阻抗很低,一般在 100Ω～1000Ω 之间,而干扰源的内阻一般很大,通常为 $10^5\Omega \sim 10^6\ \Omega$,根据分压原理可知,这时能馈送到光电耦合器输入端的噪声自然很小。

③ 由于干扰噪声源的内阻一般很大,尽管它能提供较大幅度的干扰电压,但能提供的能量很小,即只能形成微弱的电流。而光电耦合器输入端的发光二极管,只有当流过的电流超过其域值时才能发光,输出端的光敏三极管只在一定光强下才能工作。因此即使是电压幅值很高的干扰,由于没有足够的能量而不能使发光二极管发光,从而被抑制掉。

④ 光电耦合器的输入端与输出端之间的寄生电容极小,一般仅为 0.5 pF～2 pF,而绝缘电阻又非常大,通常为 $10^{11}\Omega \sim 10^{13}\ \Omega$,因此输出端的各种干扰噪声很难反馈到输入端去。

由于光电耦合器件的以上优点,使光电耦合器在数据采集系统中得到如下方面的应用。

(1) 用于系统与外界的隔离

在实际应用中,因为数据采集系统采集的信号来源于工业现场,所以需把待采集的信号与系统隔离。其做法是在传感器与数据采集电路之间,加上一个光电耦合器,如图 14-13 所示。

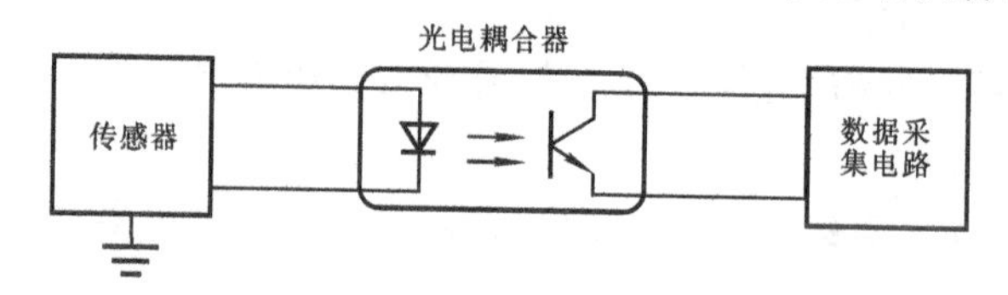

图 14-13　信号与系统的隔离

(2) 用于系统电路之间的隔离

这种方法是在两个电路之间加入一个光电耦合器,如图 14-14 所示。电路 I 的信号向电路 II 传递是靠光传递,切断了两个电路之间电的联系,使两电路之间的电位差 U_{cm} 不能形成干扰。

电路 I 的信号加到发光二极管上,使发光二极管发光,它的光强正比于电路 I 输出的信号电流。这个光被光电三极管接收,再产生正比于光强的电流输送到电路 II。由于光电耦合器的线性范围比较小,所以,它主要用于传输数字信号。

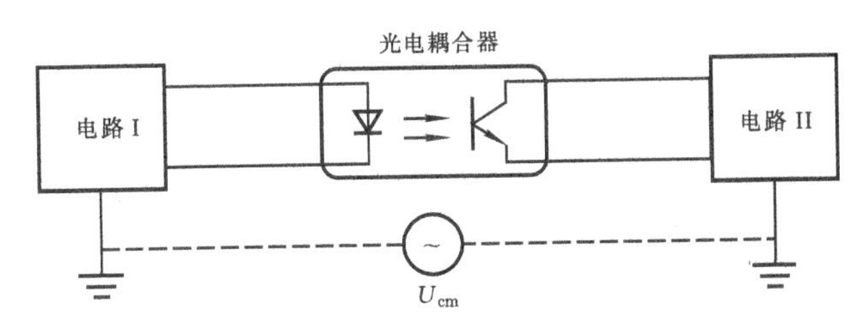

图 14－14　电路光电耦合隔离

2. 电磁隔离

这种方法是在传感器与采集电路之间加入一个隔离放大器，利用隔离放大器的电磁耦合，将外界的模拟信号与系统进行隔离传送，隔离放大器的结构见第 4 章。隔离放大器在系统中的使用如图 14－15 所示。

由图 14－15 可以看到，外界的模拟信号由隔离放大器进行隔离放大，然后以高电平低阻抗的特性输出至多路开关。为抑制市电频率对系统的影响，电源部分由变压器隔离。另外，A/D转换输出采取光电隔离后送入计算机总线，以防止模拟通道的干扰馈入计算机；计算机总线的控制信号也经光电隔离传送至多路开关、采样/保持和 A/D 转换芯片。

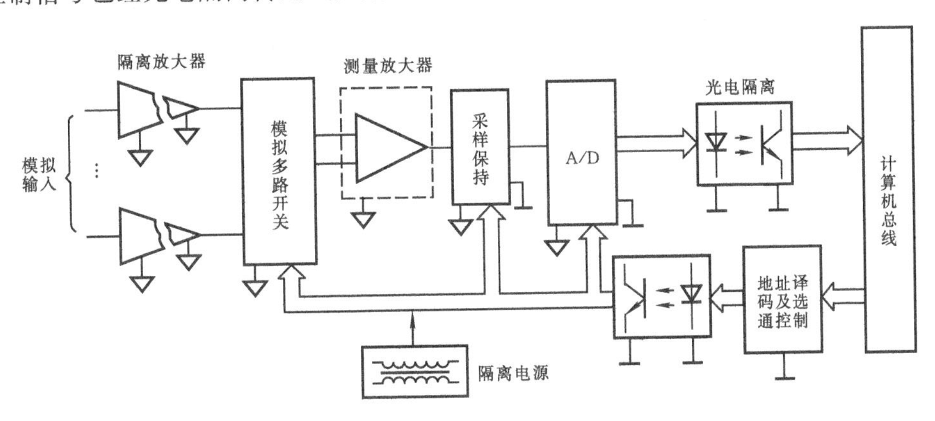

图 14－15　数据采集系统的隔离

14.3.2　采用滤波器滤除干扰

滤波是一种只允许某一频带信号通过的抑制干扰措施之一，特别适用于抑制经导线传导耦合到电路中的噪声干扰。

从工业现场采集到的信号，是经过传输线送入采集电路或微机的接口电路。因此，在信号传输过程中可能会引进干扰。为使信号在进入采集电路或接口电路之前就消除或减弱这种干扰，可在信号传输线上加上滤波器。图 14－16 为热电偶测温系统信号滤波原理图。Z 为热电偶到地的漏阻抗；φ 为干扰磁通；U_{cm} 为不稳定的地电位差。电阻 R 和

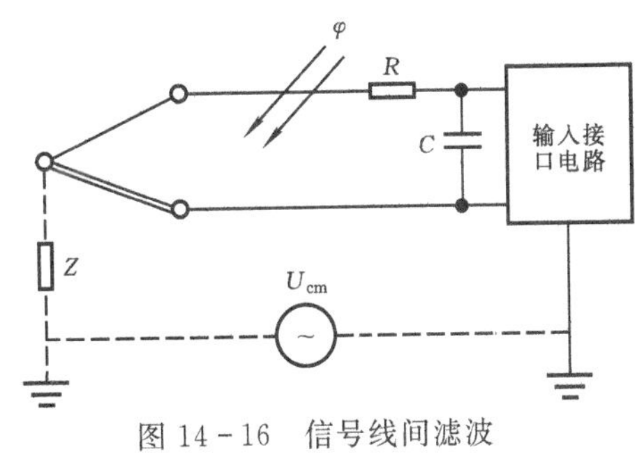

图 14－16　信号线间滤波

电容 C 组成 $R-C$ 滤波器。

在信号线间采用 $R-C$ 法滤波，会对信号造成一定损失，对于微弱信号，当采用此法抑制干扰时，应注意这一点。

14.3.3　采用浮置措施抑制干扰

浮置又称浮空、浮接，它是指数据采集电路的模拟信号地不接机壳或大地。对于被浮置的数据采集系统，数据采集电路与机壳或大地之间无直流联系。

注意：浮置的目的是为了阻断干扰电流的通路。

数据采集系统被浮置后，明显地加大了系统的信号放大器公共线与地(或机壳)之间的阻抗。因此，浮置能大大地减少共模干扰电流。但是，浮置不是绝对的，不可能做到"完全浮置"。其原因是信号放大器公共线与地(或机壳)之间，虽然电阻值很大(是绝缘电阻级)，可以大大减少电阻性漏电流干扰，但是，它们之间仍然存在着寄生电容，即容性漏电流干扰仍然存在。

数据采集系统被浮置后，由于共模干扰电流大大减少，因此，其共模抑制能力大大提高。下面以图 14-17 所示的浮置桥式传感器数据采集系统为例进行分析。

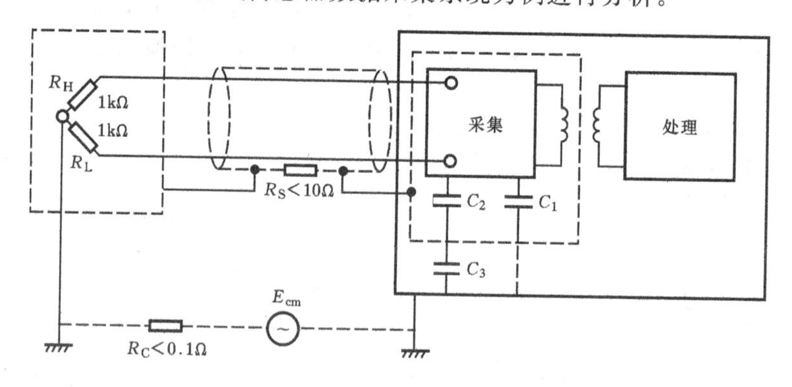

图 14-17　桥式传感器浮置输入采集系统

图中 R_H，R_L 为传感器电阻，均为 1kΩ，传感器到采集电路间用带屏蔽网的电缆连接，屏蔽网的电阻 $R_S<10\Omega$；采集电路有两层屏蔽，因采集电路与内层屏蔽体不相连，所以是浮置输入；其内层屏蔽体通过信号线的屏蔽网在信号源处接地，外层屏蔽(外壳)接大地。信号源(传感器)地与采集电路机壳地之间的地电位差 E_{cm} 构成共模干扰源，两个地之间的电阻 $R_C<0.1\Omega$。E_{cm} 形成的干扰电流分成两路：一路经 R_S、内外屏蔽间的寄生电容 C_3 到地；另一路经 R_L、采集电路与内屏蔽间的寄生电容 C_2、C_3 到地，因为 $R_L+X_{C2}\gg R_S$，故此路电流很小。

取 $C_2=C_3=0.01\ \mu\text{F}$，$C_1=3\ \text{pF}$，$E_{cm}$ 为 50Hz 工频干扰，则有 $X_{C1}\gg R_L$，$X_{C2}\gg R_L$，$X_{C3}\gg R_S$，R_L 两端的干扰电压 U_N 可以表示为

$$U_N\approx\left(\frac{R_SR_L}{X_{C2}X_{C3}}+\frac{R_L}{X_{C1}}\right)\cdot E_{cm}$$

共模抑制比：$CMRR(\text{dB})=20\lg\dfrac{E_{cm}}{U_N}=-20\lg\left(\dfrac{R_SR_L}{X_{C2}X_{C3}}+\dfrac{R_L}{X_{C1}}\right)$

根据给定的电路参数，则有 $\dfrac{R_SR_L}{X_{C2}X_{C3}}\ll\dfrac{R_L}{X_{C1}}$，所以

$$CMRR(\mathrm{dB}) \approx 20\lg \frac{X_{C1}}{R_L} = 20\lg \frac{\dfrac{1}{2\pi \times 100 \times 3 \times 10^{-12}}}{10^3} \approx 119(\mathrm{dB})$$

若用漏电阻 R_1、R_2、R_3 代替寄生电容 C_1、C_2、C_3，则可以看出，浮置同样能抑制直流共模干扰。

这里需要指出的是，只有在对电路要求高，并采用多层屏蔽的条件下，才采用浮置技术。采集电路的浮置应该包括该电路的供电电源，即这种浮置采集电路的供电系统应该是单独的浮置供电系统，否则浮置将无效。

14.3.4 长线传输的抗干扰措施

当进行数据采集时，有些被采集信号与系统相距较远，可能是几十米、几百米甚至上千米。在这样长的距离进行信号传输时，除了因空间感应引入的干扰外，还会因传输线两端阻抗不匹配而出现信号在传输线上反射的现象，并可能在短时间内出现多次反射。多次反射会形成非耦合性的干扰，使信号波形发生畸变。因此，在用长线传输信号时，抗干扰的重点应是防止和抑制非耦合性(反射畸变)干扰。从技术上讲，主要解决两个问题：一个是阻抗匹配；另一个是长线驱动。下面讨论长线传输信号的抗干扰。

1. 长线干扰的特点

(1) 长线的定义

长线 L_{max} 的判断可以用下式得出

$$L_{max} = \frac{t_\tau V}{n} \tag{14-1}$$

式中：t_τ 为系统所用逻辑电路器件或组件的上升时间；V 为速度，取 $V = 2.5 \times 10^8$ m / s；n 为经验数据，一般取 $n = 4$。

例如，某高速组件的 $t_\tau = 10$ns，则

$$L_{max} = \frac{10 \times 10^{-9} \times 2.5 \times 10^8}{4} = 0.62\ (\mathrm{m})$$

即在该系统中，超过 0.62m 的传输线就可算作长线。

表 14-1 列出了常用逻辑电路的上升时间 t_τ。

表 14-1　常用逻辑电路的上升时间 t_τ

逻辑种类	ECL	TTL	RTL	DTL	CMOS	HTL
t_τ / ns	3	10	25	30	35	85
产生噪声	低中	高	中	中	中高	低

(2) 长线传输信号时遇到的问题

长线传输信号时遇到的问题有三个。

① 对信号的传输速度有延迟。根据实验和计算可知，单位长度上传输延迟为：架空单线 3.3ns/m；双绞线 5ns/m；同轴电缆 6ns/m。

② 高速的信号脉冲波在传输过程中会产生畸变和衰减，引起非耦合性干扰。

③ 长线传输易受到外界和其他传输线的干扰。

这里需要指出的是,问题②是非耦合性干扰,即使无外界的干扰,它自身也会产生干扰。严重时会完全破坏信号的正确传输,所以作为重点问题来讨论。

(3) 长线的波阻抗 Z_0

长线由于存在寄生电容(用单位长度上的电容 C 表示)和寄生电感(用单位长度上的电感 L 表示),长线的波阻抗 $Z_0 = \sqrt{L/C}$ 。实际上,长线本身还有分布电阻,故波阻抗一般非纯电阻。

(4)脉冲信号波在长线上引起的反射

图 14-18 所示为地面上的单根传输长线,其长度为 L,电源 U_S 的输出电阻(电源内阻)为 R_S ,负载电阻为 R_L ,则有反射系数 ε

$$\varepsilon = \varepsilon_1 \times \varepsilon_2$$

式中:ε_1 为始端发射系数,$\varepsilon_1 = -(Z_0 - R_S)/(Z_0 + R_S)$;ε_2 为终端发射系数,$\varepsilon_2 = -(Z_0 - R_L)/(Z_0 + R_L)$ 。

图 14-18 地面上的单线

从上式可看出,如果 $Z_0 = R_S = R_L$,则 $\varepsilon_1 = \varepsilon_2 = \varepsilon = 0$,无任何反射。若 $Z_0 = R_S$,则 $\varepsilon_1 = 0$,此时 $\varepsilon = \varepsilon_1 \times \varepsilon_2 = 0$;若 $Z_0 = R_L$,则 $\varepsilon_2 = 0$,此时 $\varepsilon = \varepsilon_1 \times \varepsilon_2 = 0$,也可以无反射。$\varepsilon_1 = 0$ 表示始端阻抗匹配,$\varepsilon_2 = 0$ 表示终端阻抗匹配。

传输线终端具有不同负载电阻下的反射系数如表 14-2 所示。

表 14-2 不同负载电阻下的反射系数

负载电阻 R_L	0(短路)	$0 < R_L < Z0$	Z0	$Z0 < R_L < \infty$	∞(开路)
电压反射系数 K_U	-1(全反射)	$-1 < K_U < 0$	0	$0 < K_U < +1$	$+1$(全反射)
电流反射系数 K_I	$+1$(全反射)	$+1 > K_I > 0$	0	$0 > K_I > -1$	-1(全反射)

当传输线终端不匹配时,信号便被反射,反射波到达始端时,若始端也不匹配,同样又产生反射,这就发生了信号在传输线上多次往返反射的情况。实际上,信号传输多处于这种情况,下面举例说明。

如图 14-19(a)所示,假设信号内阻 $R_S = 60\Omega$,传输线波阻抗 $Z_0 = 90\Omega$,传输线终端电阻 $R_L = 270\Omega$ 。当信号源单独和波阻抗 $Z_0 = 90\Omega$ 的传输线串联时,电压值必定是 Z_0 两端的电压,即

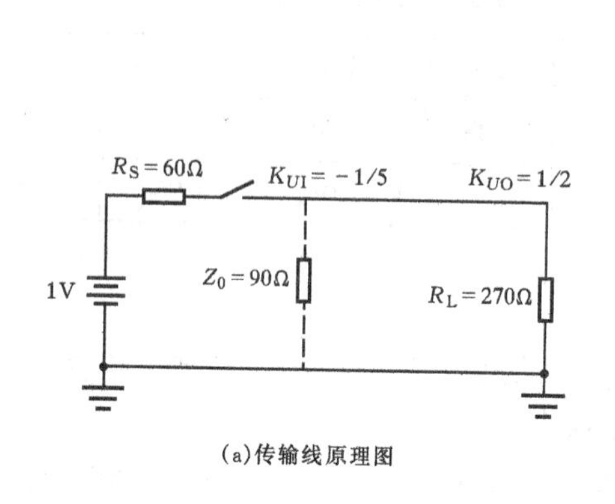

(a)传输线原理图

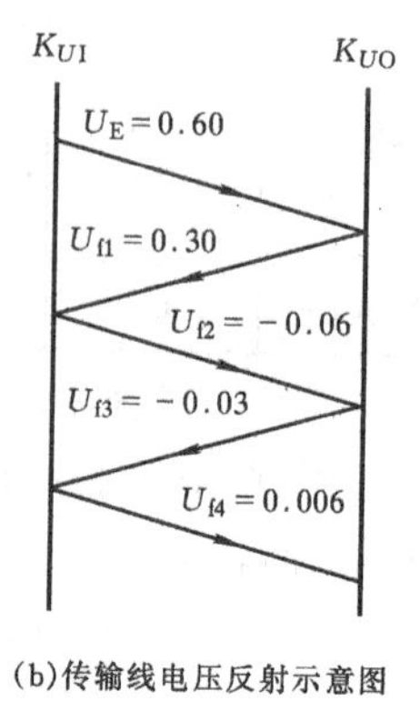

(b)传输线电压反射示意图

图 14-19 传输线原理及电压反射

$$U_E = \frac{U_S \cdot Z_0}{R_S + Z_0} = \frac{1 \times 90}{60 + 90} = 0.60\ \text{V}$$

当这个电压向终端传输时，将要发生反射，下面求终端反射系数 K_{UO} 。

$$K_{UO} = -\frac{Z_0 - R_L}{Z_0 + R_L} = -\frac{90 - 270}{90 + 270} = \frac{1}{2}$$

始端反射系数 K_{UI} 为

$$K_{UI} = -\frac{Z_0 - R_S}{Z_0 + R_S} = -\frac{90 - 60}{90 + 60} = -\frac{1}{5}$$

因此终端第一次反射电压为

$$U_{f1} = U_E \cdot K_{UO} = 0.60 \times 1/2 = 0.30\ \text{V}$$

当它传到始端时，又被反射向终端，第二次反射电压为

$$U_{f2} = 0.30 \times (-\frac{1}{5}) = -0.06\ \text{V}$$

当它传到终端时，又被反射向始端，第三次反射电压为

$$U_{f3} = -0.06 \times \frac{1}{2} = -0.03\ \text{V}$$

当它传到始端时，又被反射向终端，第四次反射电压为

$$U_{f4} = -0.03 \times (-\frac{1}{5}) = 0.006\ \text{V}$$

如此继续，最后达到稳定值，其反射情况可用图 14－19(b)表示。由此可画出始端和终端的电压波形，如图 14－20 所示。可以看出，此时终端电压波形将产生过冲，并逐渐达到稳定值。

对于终端电阻小于波阻抗的情况，可根据上面的讨论，类似推导得出：终端电压不再有过冲，较慢地逐渐趋于稳定值，此时始端和终端电压波形如图 14－21 所示。

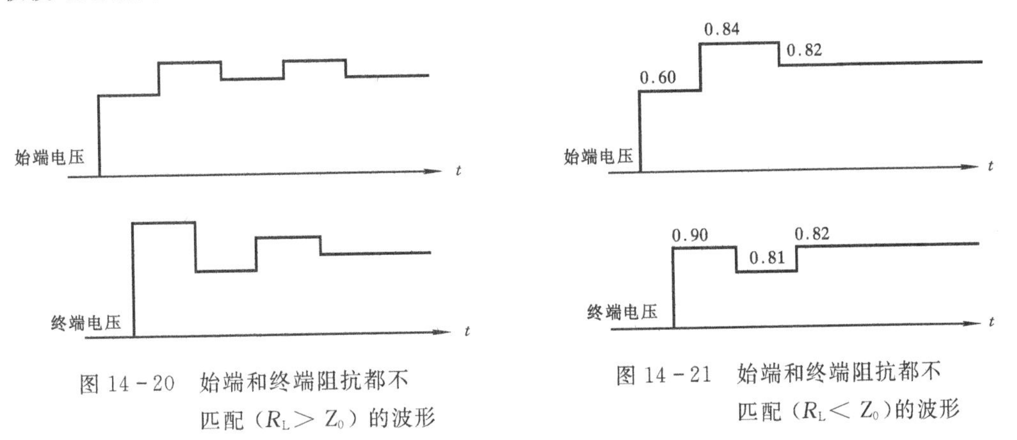

图 14－20　始端和终端阻抗都不匹配（$R_L > Z_0$）的波形

图 14－21　始端和终端阻抗都不匹配（$R_L < Z_0$）的波形

对于始端匹配的电压波形也不难画出，图 14－22 表示了这种波形，这时 R_S 应等于 Z_0 ，电压将以 $\frac{U_S}{2}$ 的电压波形式进行传输，到达终端时进行反射，以 $\frac{U_S}{2}$ 幅度的反射波反射向始端，当到达始端时，则整个传输线被充电到 U_S ，这样只经过一个来回，电压便达到稳定值。

总结以上讨论可得出：

① 当传输线终端匹配时(即 $R_L = Z_0$),传输的信号电压波没有反射,电流波平稳地进入负载。

② 当传输线始端匹配时(即 $R_S = Z_0$),终端的反射波等于入射波,反射波到达始端时,则被匹配的阻抗所吸收,整个传输线被充电而到达稳定状态,不再有反射。

③ 当终端电阻小于波阻抗时,传输线上的电压不再有过冲,逐渐地恢复到稳定值。

始端电压

终端电压

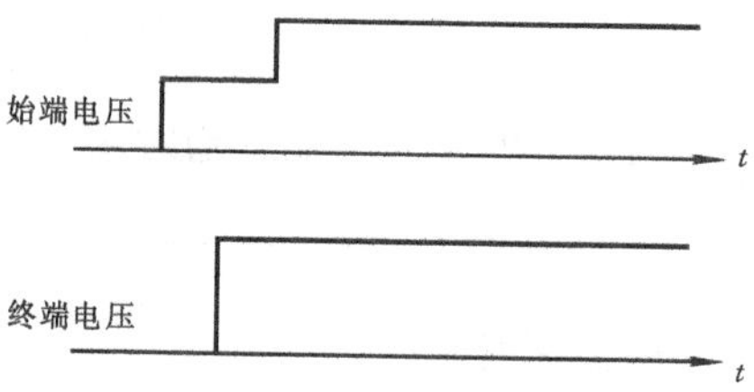

图 14-22　始端匹配时的电压波形

④ 当终端电阻大于波阻抗时,传输线上的电压将产生过冲,并在稳定值的附近产生振荡,最后趋向于稳定值。

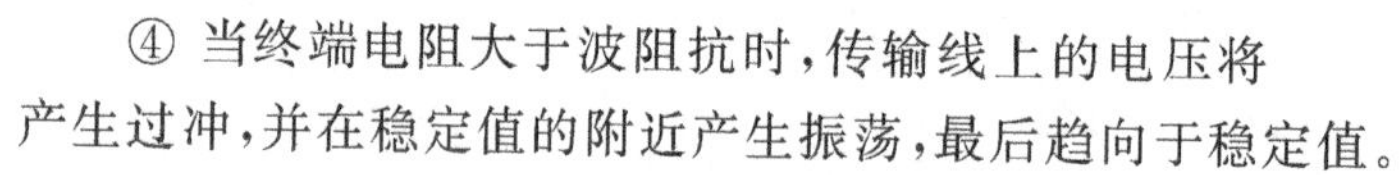

表 14-3 列出了几种常用传输线的波阻抗。

表 14-3　几种常用传输线的波阻抗

种　类	波阻抗 Z_0 / Ω	说　　明
贴地单线	50～80	离散性较大
远离地单线	200～250	离散性较大
双绞线	100～200	绞合愈密,波阻抗愈低
SWY 同轴电缆	50～100	波阻抗较精确,由规格决定

2. 长线传输信号的抗干扰措施

由前面的叙述可知,长线传输中,抗干扰的技术问题主要有两个:阻抗匹配和长线驱动。其中阻抗匹配的好坏,直接影响长线上信号的反射强弱。因此,下面重点讨论这两个问题的解决方法。

(1) 阻抗匹配

阻抗匹配可以从以下两方面解决。

① 始端匹配

始端匹配的方法有两种。

a. 始端串联电阻匹配

如图 14-23 所示,始端匹配是通过在始端串接电阻,增大长线的特性阻抗,以便达到与终端阻抗相匹配。

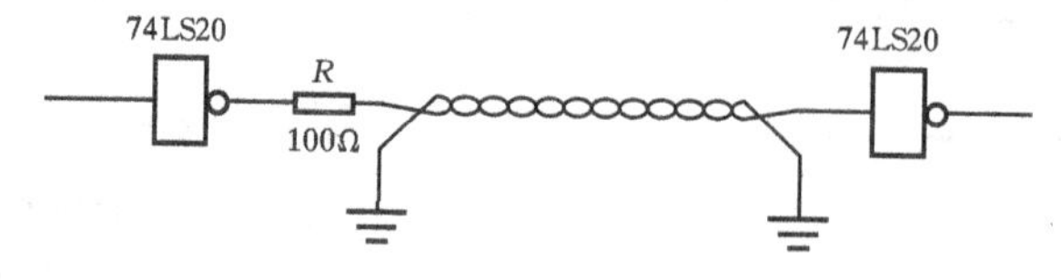

图 14-23　始端串联电阻匹配

一般选取

$$R = Z_0 - R_S$$

其中,R_S 表示门电路的输出内阻,Z_0 为传输线波阻抗。如果与非门电路输出低电平时,输出内阻约为几十欧姆,对于波阻抗为 150Ω 的传输线,R 可选取在 100Ω 左右。

b. 始端上拉电阻或阻容匹配

图 14－24(a)所示为始端采用上拉电阻的方法进行匹配。它用于吸收一部分终端的反射波。

图 14－24(b)所示为始端采用上拉电阻串接电容的方法进行匹配。上拉电阻通过 43pF 电容接至门电路发送端的始端，在静态时，由于电容隔直流，上拉电阻对传输线是开路的，当信号由高电平变为低电平时，其电容向传输线放电以抵消反射波，这种匹配在动态时起作用。

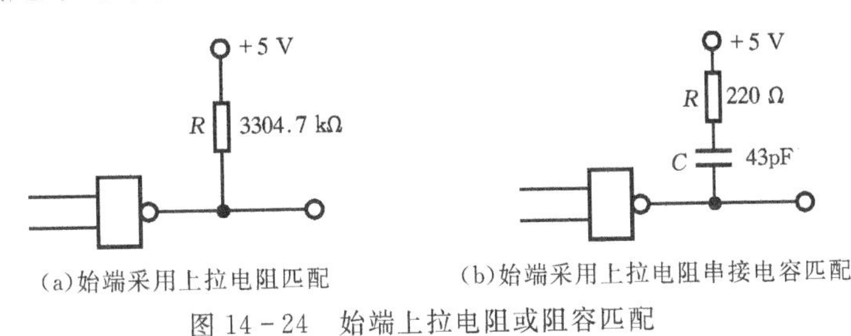

(a)始端采用上拉电阻匹配　　(b)始端采用上拉电阻串接电容匹配

图 14－24　始端上拉电阻或阻容匹配

② 终端匹配

终端匹配的方法有三种。

a. 终端并联阻抗匹配

这种方法如图 14－25(a)所示。

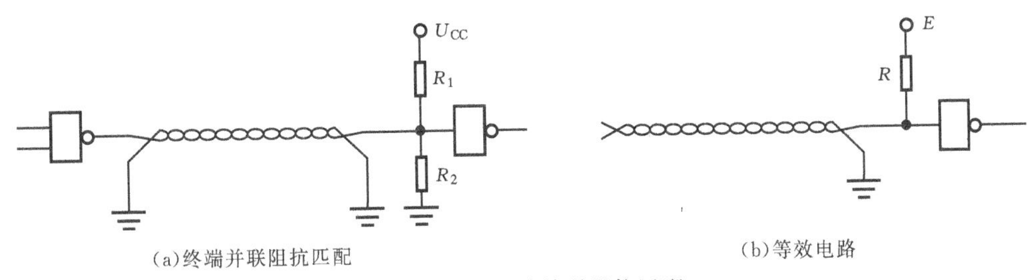

(a)终端并联阻抗匹配　　(b)等效电路

图 14－25　终端并联阻抗匹配

在长线终端处，如图 14－25(a)所示，电阻 R_1 和 R_2 构成一个分压回路，这相当于把终端经过一个等效电阻 R 接到等效电源 E 上，如图 14－25(b)所示。此时

$$R = \frac{R_1 \cdot R_2}{R_1 + R_2} \tag{14-2}$$

$$E = \frac{U_{CC} \cdot R_2}{R_1 + R_2} \tag{14-3}$$

由于 TTL 电路在输出高电平的输出阻抗与输出低电平时的输出阻抗差别较大，约从 120Ω 左右到几十欧姆，其输入阻抗在低电平时为 50 kΩ 左右，在高电平时为几百千欧，因此在讨论终端匹配时，匹配电阻将主要由外加电阻决定。

那么如何选择 R_1 和 R_2 呢？由上面的式(14－2)和式(14－3)可知，此时的 R 应等于传输线的波阻抗，E 一般选取为输出高电平时的电压值，如 2.8V 左右。若 R_2 选取小值，则低电平拉入电流大，而使输入的低电平抬高；若 R_1 选取小值，则使流入的电流增加，降低了高电平。因此，一般要权衡考虑，例如可选取 $R_1 = 330\Omega, R_2 = 470\Omega$ 。

b. 终端阻容匹配

这种方法如图 14－26 所示，把电容 C 与电阻 R 串联后与匹配电路并联。当 C 较大时，其阻抗接近于零，只起隔直流作用，不会影响阻抗匹配。因此，只要使 $R = R_p$ 就可以了。电容 C

的选取应满足下述关系：

$$C \geqslant \frac{10T}{R_1 + R_p}$$

式中：T 为传输信号脉冲宽度；R_1 为始端低电平输出阻抗(约 20Ω)；R 为匹配电阻；R_p 为长线特性阻抗。

这种终端阻容匹配方法有助于提高信号电平的抗干扰能力。

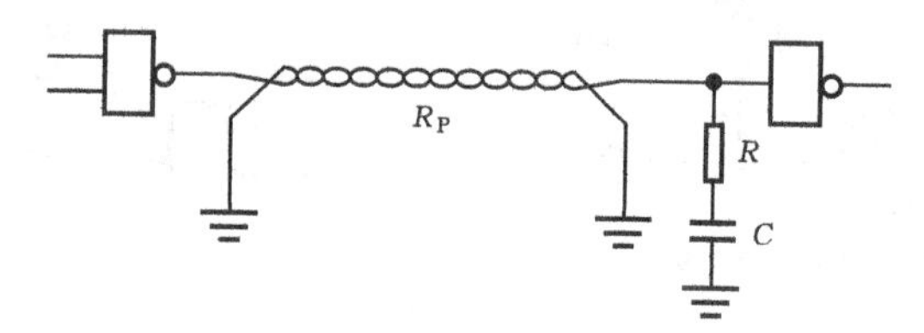

图 14-26　终端阻容匹配

c. 终端接钳位二极管匹配

终端接钳位二极管匹配的方法如图 14-27 所示。

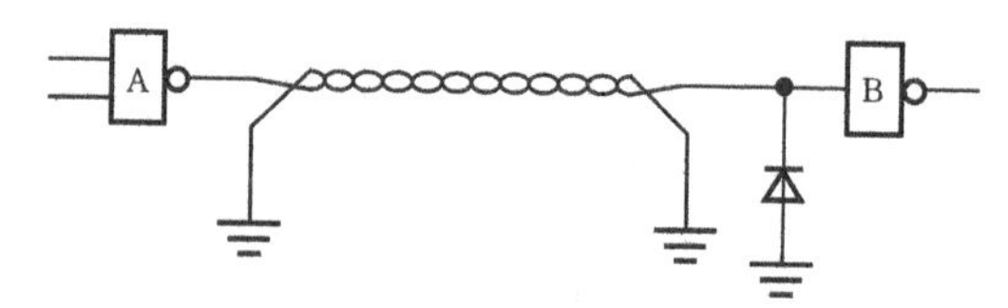

图 14-27　终端接钳位二极管匹配

这种匹配方法的好处是：

- 由于把门 B 输入端的低电平钳至 0.3V 以内，可以减少反冲与振荡现象；
- 有了二极管，可以吸收反射波，减少了波的反射现象；
- 大大减少线间串扰，提高动态抗干扰能力。

(2) 长线驱动

长线如果用 TTL 电路直接驱动，有可能使电信号幅值不断减小，抗干扰能力下降及存在串扰和噪声，结果使电路传错信号。因此，在长线传输中，需采用驱动电路和接收电路。

图 14-28 为驱动电路和接收电路组成的信号传输线路的原理图。

- 驱动电路：它将 TTL 信号转为差分信号，再经长线传至接收电路。为了使多个驱动电路能公用一条传输线，一般驱动电路都附有禁止电路，以便在该驱动电路不工作时，禁止其输出。
- 接收电路：它具有差分输入端，把接收到的信号放大后，再转换成 TTL 信号输出。由于差动放大器有很强的共模抑制能力，而且工作在线性区，所以容易做到阻抗匹配。

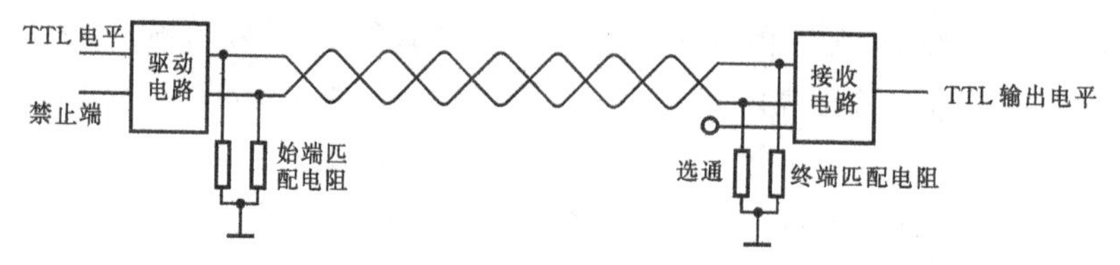

图 14-28　长线驱动示意图

(3) 用光电耦合器隔离、浮置传输线

当传输线很长或数据采集现场干扰十分强烈时，为了进一步提高信号传输的可靠性，可以通过光电耦合器将传输线隔离和完全“浮置”起来。

所谓“浮置”是指去掉传输线两端之间的公共地线，由于传输线两端不共地，也就阻断了地环路，从而也就消除了地电位差带来的共模干扰，图 14-29 所示的传输长线是一条单工线路，传输方向是从左到右。左边的光电耦合由缓冲器驱动，它的光敏三极管与三极管 T 接成复合管，复合管按射极跟随器工作。负载电阻等于双绞线波阻抗与 R_0 的并联值。传输长线的发送端按射极跟随器方式工作时，长线驱动和阻抗匹配的问题都好解决，始端阻抗匹配可以通过调整 R_0 和电位器 W 来实现。电位器 W 还有另一作用，这就是可以改变射极跟随器的工作点，因而可以抵消因光电耦合器及三极管 T 的电参数不一致所造成的工作点偏离。

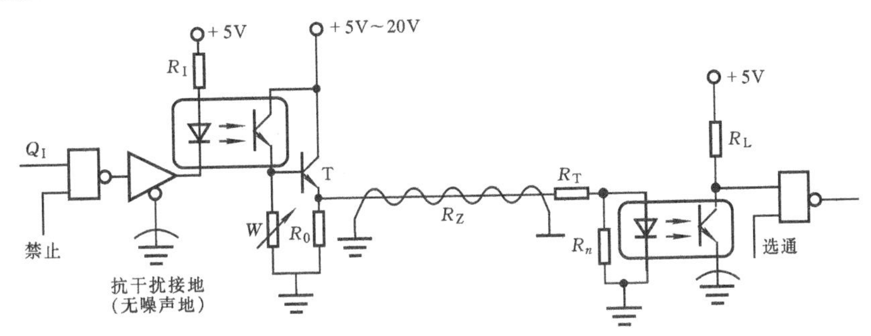

图 14-29　传输长线完全隔离和浮置处理

终端（即接收端）的阻抗匹配可以通过调整 R_T 和 R_n 来实现，使从 R_T 左端到浮地点之间的输入阻抗等于双绞线的波阻抗。发光二极管导通时的直流等效电阻一般为几十欧姆，而匹配时流过传输长线的电流峰值往往大于发光二极管的允许值 I_{FM}，所以需设置分流电阻 R_n。

驱动传输长线的射极跟随器的电源电压视传输距离和干扰场强而定。距离很远时，为了补偿传输中的衰减，增大传输线上的信噪比，可将电源电压设计得高一些；干扰场强很高时，也需将电压设计得高一些。实际调试时，应该在始端和终端用示波器边观察边调整。R_T 的调整方向由大到小，R_0、R_n 和 W 的调整方向是由小到大。

图 14-29 所示的线路只能传送一位信息，在进行系统设计时，要根据传送信息的位数进行配置。

3. 传输线的使用

长线传输时，有很多类型的传输线可供选择，下面介绍一些常见的传输线的使用方法。

(1) 屏蔽线的使用

屏蔽线是在信号线的外面包裹了一层铜质屏蔽层而构成的。**采用屏蔽线可以有效地克服静电感应的干扰。**对理想的屏蔽层来说，它的串联阻抗很低，可以忽略不计，所以由瞬时干扰电压引起的干扰电流，只通过屏蔽层流入大地，由于干扰电流不流经信号线，故信号传输不受干扰。

为了达到屏蔽的目的，屏蔽层要一端接地，另一端悬空。接地点一般可选在数据采集设备的接地点上，如图 14-30 所示。

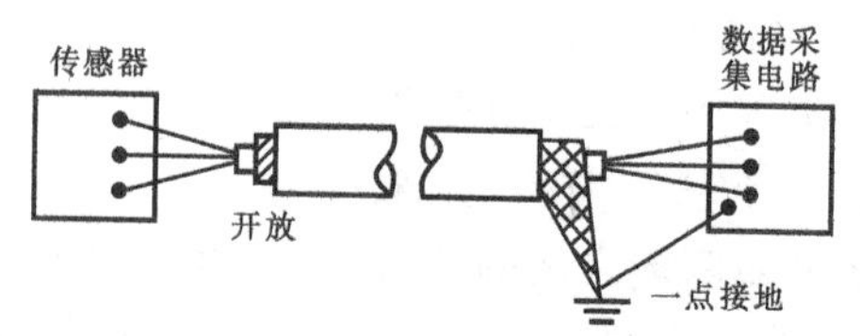

图 14－30　屏蔽线接地方法

(2) 同轴电缆的使用

同轴电缆的使用情况如图 14－31 所示，电流 I 由信号源通过电缆中心导体流入接收负载，再沿屏蔽层流回信号源。电缆中心导体内的电流 $+I$ 和屏蔽层内的电流 $-I$ 产生的磁场相互抵消，因此，它在电缆屏蔽层的外部产生的磁场为零。同样，外界磁场对同轴电缆内部的影响也为零。

在使用同轴电缆时，一定要把屏蔽层的两端都接地，如图 14－31 所示。否则电流将沿电缆中心导体和地形成环路，使屏蔽层无电流流过，造成屏蔽层不起屏蔽的作用，如图 14－32 所示。当两端接地时，屏蔽层流过的电流实际上与中心导体相同，因而能有效地防止电磁干扰。

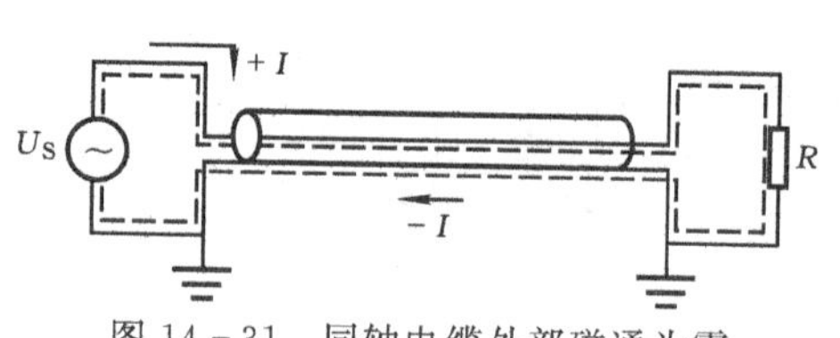

图 14－31　同轴电缆外部磁通为零

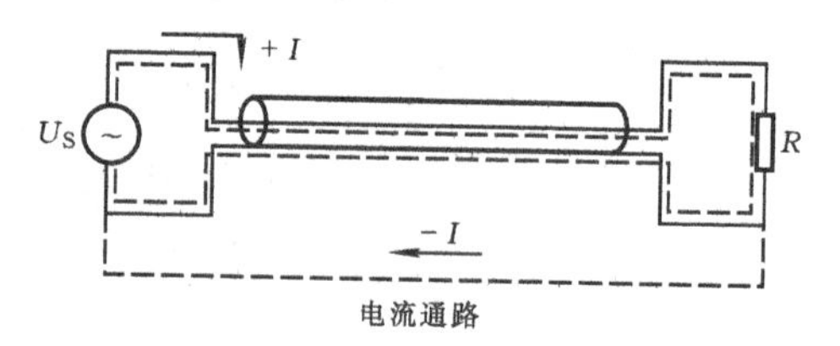

图 14－32　两端不接地的电流回路

(3) 双绞线的使用

双绞线是最常用的一种信号传输线，与同轴电缆相比，具有波阻抗高，体积小，价格低的优点。缺点是传送信号的频带不如同轴电缆宽。

用双绞线传输信号可以消除电磁场的干扰。这是因为在双绞线中，感应电势的极性取决于磁场与线环的关系。图 14－33 所示为外界电磁场干扰在双绞线中引起感应电流的情况。由此图可以看出，外界电磁场干扰引起的感应电流在相邻绞线回路的同一根导线上方向相反，相互抵消，从而使干扰受到抑制。双绞线的使用比较简单、方便和经济，用一般塑料护套线扭绞起来即可。双绞的节距越短，电磁感应干扰就越低。图 14－34 所示为双绞线的应用例子，它可以接在门电路的输出端和输入端之间，也可以接在晶体管射极跟随器发射极电阻的两端，双绞线中途不能接地。

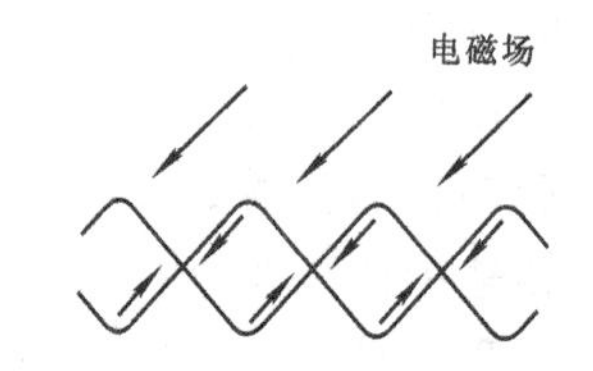

图 14－33　双绞线中的电磁感应

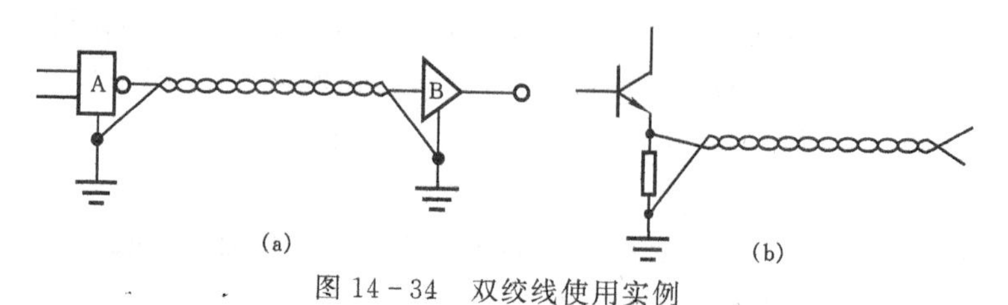

图 14－34　双绞线使用实例

结论：抑制静电干扰应该用屏蔽线，抑制电磁感应干扰应该用双绞线。

(4) 扁平带状电缆的使用

目前，使用扁平带状电缆作为传输线的情况很普遍，这是因为市场上有很多与扁平带状电缆相配套的接插件可供选择，用相应的接插件压接在扁平带状电缆上或接在印刷电路板上都很方便。虽然它的抗干扰能力比双绞线要差一些，但由于很实用，因而使用很广泛。若采取一些措施，也可成为一种很好的传输线。

由于扁平带状电缆的导线较细，当传输距离较远时，用它做地线，地电位会发生变化。因此，最好采用双端传送信号的办法。当单端传送信号时，每条信号线都应配有一条接地线。扁平带状电缆的接地方法如图 14-35 所示，即在每一对信号线之间留出一根导线作为接地线。这种扁平带状电缆接地方法，对减小两条信号线之间的电容耦合和电感耦合是很有效的。这种方法只适合于信号在 10～20m 以内的传输，再长就不适用了，原因是地电位明显地出现电位差。

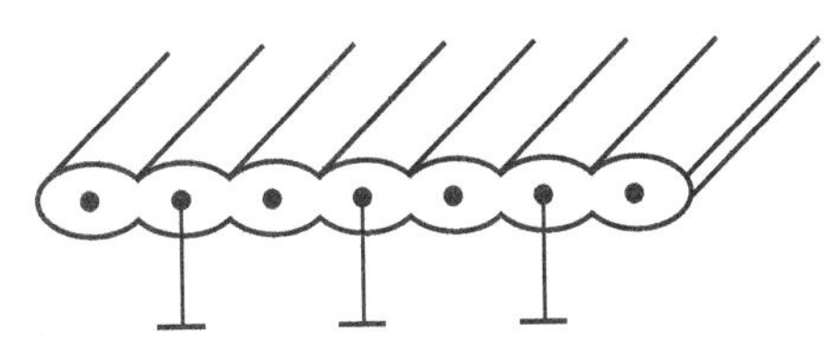

图 14-35　扁平电缆接地法

14.3.5　A/D 转换器的抗干扰

1. A/D 转换器的抗干扰措施

下面从三个方面来讨论 A/D 转换器的抗干扰措施。

(1) 抗串模干扰的措施

① 在串模干扰严重的场合，可以用积分式或双斜积分式 A/D 转换器。由于转换的是平均值，瞬间干扰和高频噪声对转换结果的影响较小。同时由同一积分电路进行的正反两次积分，使积分电路的非线性误差得到了补偿，所以转换精度较高，动态性能好，其缺点是 A/D 转换的速度较慢。

② 对于高频干扰，可以采用低通滤波器加以滤除。对于低频干扰，可采用同步采样的方法加以消除。这需要先检测出干扰的频率，例如 50Hz 的工频干扰，然后选取与干扰频率成整数倍的采样频率，并使两者同步，如图 14-36 所示。

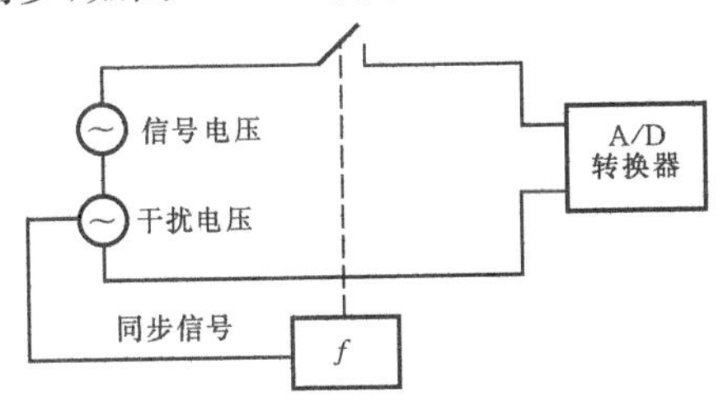

图 14-36　同步采样滤除干扰

③ 尽量把 A/D 转换器直接附在传感器上，这样可以减小传输线引进的干扰。

④ 当传感器和 A/D 转换器相距较远时，容易引起干扰。解决的办法是用电流传输代替电压传输。如图 14-37 所示，传感器直接输出4～20mA电流信号，在长线上传输。在接收端并接 250 Ω的电阻，将电流信号转换成 1～5 V 的电压信号，然后送到 A/D 转换器的输入端，且屏蔽线在接收端一点接地。

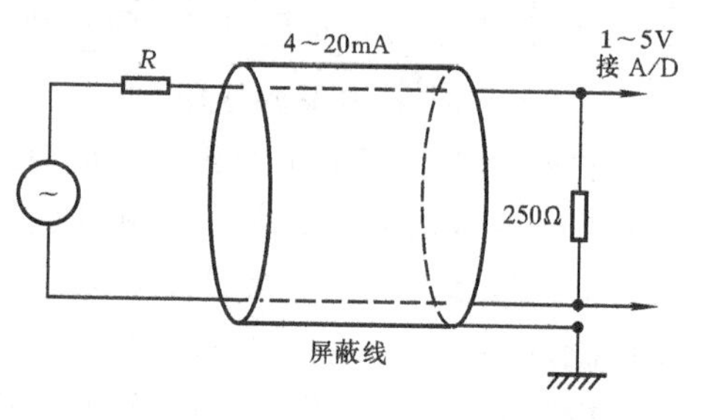

图 14-37　电流传输代替电压传输

(2) 抗共模干扰的措施

① 采用三线采样双层屏蔽浮置技术

所谓三线采样，就是将信号线和地线一起采样。实际证明，这种双层屏蔽技术，是抗共模干扰最有效的方法。由于传感器和机壳之间会引起共模干扰，因此，A/D 转换器的模拟地一般采取浮置接地方式。图 14-38(a)为双层屏蔽的原理电路，图 14-38(b)是等效电路。

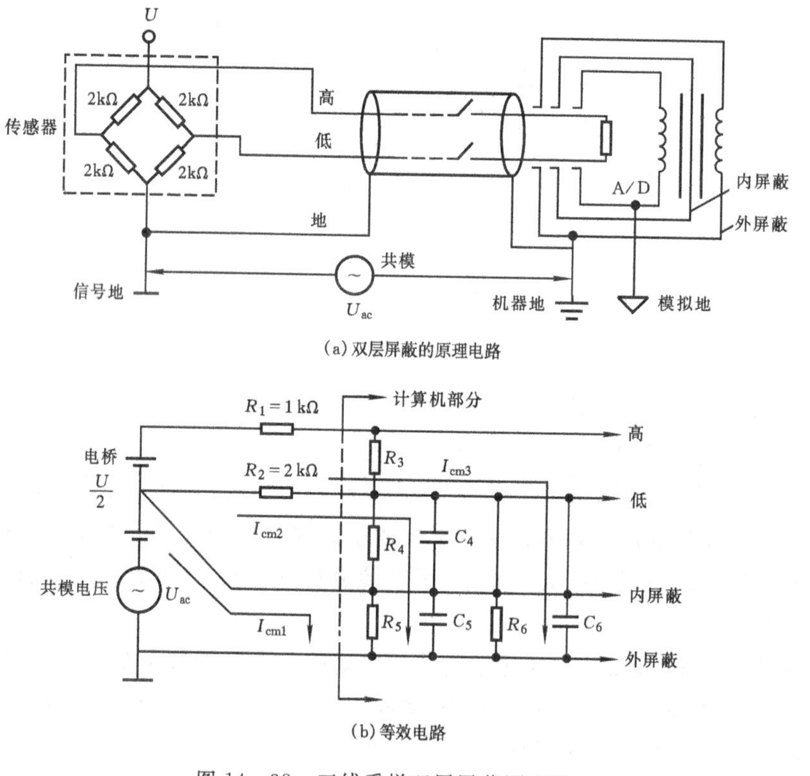

图 14-38　三线采样双层屏蔽原理图

图中，R_3 为 A/D 的等效输入电阻；R_4 为低端到内屏蔽层的漏电阻，约 10^9 Ω；C_4 为低端到内屏蔽层的寄生电容，约 2500 pF；R_5 为内屏蔽层到外屏蔽层的漏电阻，约 10^9 Ω；C_5 为内屏蔽层到外屏蔽层的寄生电容，约 2500 pF；R_6 为低端到外屏蔽层的漏电阻，约 10^{11} Ω；C_6 为低端到外屏蔽层的寄生电容，约 2 pF。

采用内外屏蔽之后，由共模电压 $(\frac{U}{2}+U_{ac})$ 所引起的共模电流有 I_{cm1}、I_{cm2}、I_{cm3} 。I_{cm1} 是主

要部分，它通过 R_5、C_5 入地，不经过 R_2，所以不引起与信号相串联的串模干扰；I_{cm2} 流经的阻抗比 I_{cm1} 流经的阻抗大 1 倍，所以它只有 I_{cm1} 的 $\frac{1}{2}$；I_{cm3} 在 R_2 上所产生的压降可以忽略不计。所以，只有 I_{cm2} 在 R_2 上的压降导致串模干扰而引起误差，但其数值很小。如果有 10V 共模电压，仅产生 0.1μV 的 DC 串模型电压和 20μV 的 AC 串模型电压。在这种情况下(屏蔽层电阻忽略不计)，其共模抑制比 $CMRR$ 为

$$\begin{cases} \text{DC}: CMRR = -20\lg\dfrac{10^{11}}{10^3} = -160\text{dB} \\ \text{AC}: CMRR = -20\lg\dfrac{\dfrac{1}{2\pi f_{cb}}}{10^3}\Bigg|_{f=60\text{Hz}} = -120\text{dB} \end{cases}$$

由以上分析可知，这种抑制干扰技术，效果是明显的。应该指出的是，要注意屏蔽层的接法，否则会引起干扰；A/D 的电流应自成系统，不能与大地相接。

② 采用隔离技术

一般传感器与 A/D 连接中，均采用隔离技术，其方法已在前面叙述过，这里不再重复。

③ 采用电容记忆法

图 14－39 为电容记忆法原理图。A/D 转换器工作在脱离信号连线的情况下。A/D 转换器采集的信号是存储在电容 C 上的电压信号，它不会受共模干扰的影响。只有在电容充电时，由于寄生电容的不对称而引入少量误差。

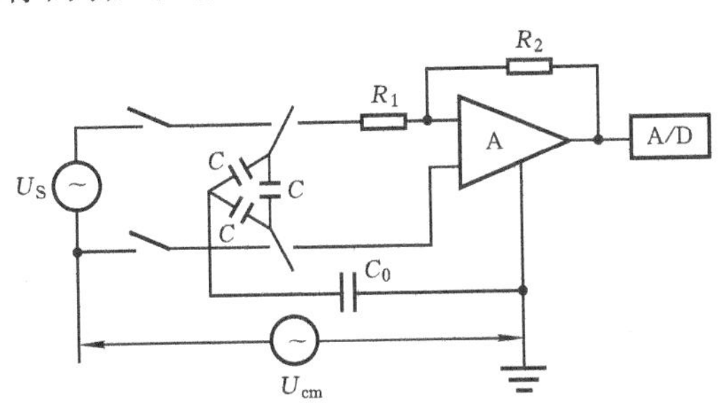

图 14－39　电容记忆法原理图

④ 利用屏蔽法来改善高频共模抑制比

在高频下工作时，由于两条输入线的 R、C 时常不平衡(串联导线电阻、寄生电容及放大器内部的不平衡)会导致共模抑制比的下降。如图 14－40 所示，当加入屏蔽层后，此误差可以降低。由于共模信号直接加于屏蔽层上，因此在 C_a、C_b 上不会有共模电压，而且屏蔽本身也减少了其他信号对电路的干扰耦合。具体应用时，注意屏蔽层应接在共模电压上，而不能接在地或其他屏蔽层上。

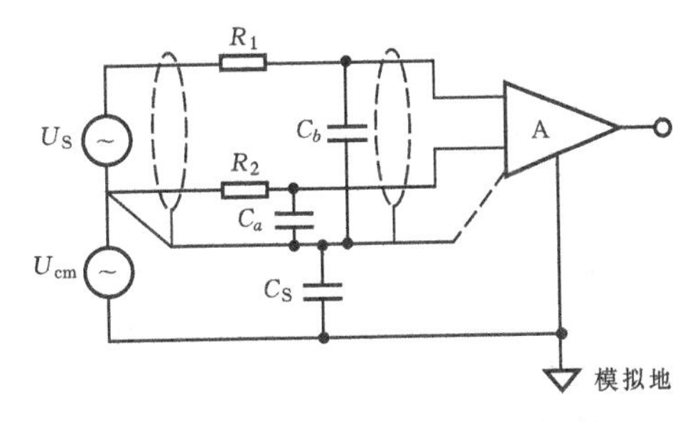

图 14－40　利用屏蔽法改善共模抑制比

2. A/D 转换器位置的确定

在工业生产过程中,数据采集系统中的微型计算机通常是远离现场的。在这种情况下,A/D转换器如何放置,是实际应用中的一个具体问题。一般有如下两个方案。

(1) 靠近微型计算机放置

如图14-41所示,A/D转换器与微型计算机放在一起,而远离采集现场。

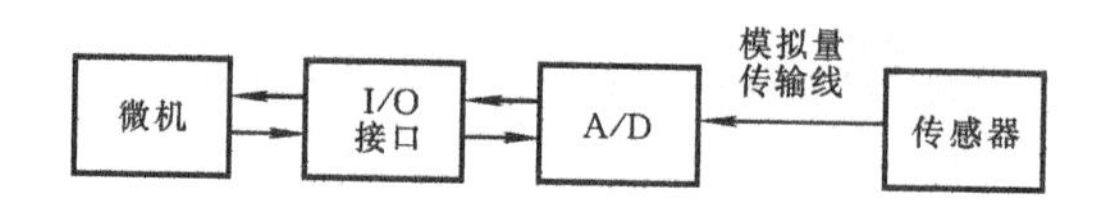

图14-41　A/D靠近微型计算机放置

把A/D转换器与微型计算机放在一起,便于将A/D转换器产生的并行数字化信息传送到微型计算机中,而且有利于微型计算机对A/D转换器的控制。但是,由于A/D转换器远离采集现场,使得模拟信号的传送线路太长,分布参数以及干扰的影响,易引起模拟信号的衰减,从而直接影响A/D转换的精度。

(2) 靠近采集现场放置

如图14-42所示,A/D转换器放在采集现场附近,远离微型计算机。

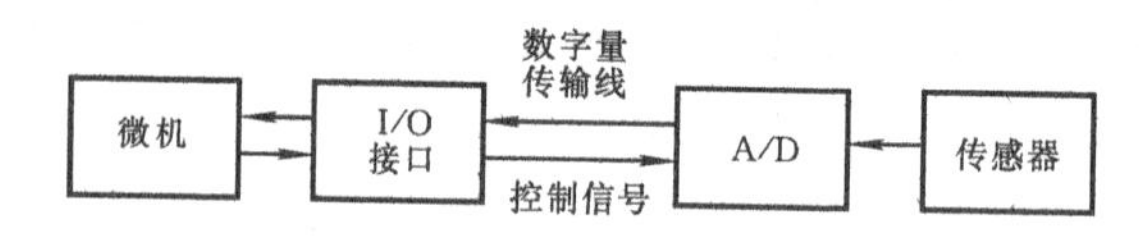

图14-42　A/D靠近采集现场放置

首先,将A/D转换器放在采集现场,能缩短与传感器之间的距离,使得模拟信号的传送线路不长,降低分布参数以及干扰的影响,保证A/D转换的精度;其次,长线传输的信号是数字信号,由于数字信号抗干扰的能力较强,因此保证了信号的传输精度。但是,如果传输的信号是并行数字信号,则将耗用很多的传输线;如果传输的信号是串行数字信号,则传输速度很慢。另外,对A/D转换器的控制也显得很不方便。

以上这两种方案都存在长线传输中遇到的问题,要根据前面的讨论加以解决。

14.3.6　印刷电路板及电路的抗干扰设计措施

印刷电路板是数据采集系统中器件、信号线、电源线的高度集合体,印刷电路板设计的好坏,对抗干扰能力影响很大,故印刷电路板的设计决不单纯是器件、线路的简单布局安排,还必须采取如下抗干扰措施。

1. 合理布置印刷电路板上的器件

印刷电路板上器件的布置应符合器件之间电气干扰小和易于散热的原则。

一般印刷电路板上同时具有电源变压器、模拟器件、数字逻辑器件、输出驱动器件等,为了减小器件之间的电气干扰,应将器件按照其功率的大小及抗干扰能力的强弱分类集中布置:将电源变压器和输出驱动器件等大功率强电器件作为一类集中布置;将数字逻辑器件作为一类集中布置;将易受干扰的模拟器件作为一类集中布置。各类器件之间应尽量远离,以防止相互干扰。此外,每一类器件又可按照小电气干扰原则再进一步分类布置。

印刷电路板上器件的布置还应符合易于散热的原则。为了使电路稳定可靠地工作，从散热角度考虑器件的布置时，应注意以下几个问题：

(1) 对发热元器件要考虑通风散热，必要时要安装散热器。

(2) 发热元器件要分散布置，不能集中。

(3) 对热敏感元器件要远离发热元器件或进行热屏蔽。

2. 合理分配印刷电路板插脚

当印刷电路板是插入 PC、S－100 等总线扩展槽中使用时，为了抑制线间干扰，对印刷电路板的插脚必须进行合理分配。为了减小强信号输出线对弱信号输入线的干扰，多将输入、输出线分置于印刷板的两侧，以使二者相互远离。地线设置在输入、输出信号线的内侧，以减小信号线间寄生电容的影响，起到一定的屏蔽作用。

3. 印刷电路板合理布线

印刷电路板上的布线，一般应注意以下几点。

(1) 印刷板是一个平面，不能交叉配线。但是，与其在板上寻求十分曲折的路径，不如采用通过元器件实行跨接的方法。

(2) 配线不要做成环路，特别是不要沿印刷板周围做成环路。

(3) 不要有长段的窄条并行，不得已而并行时，窄条间要再设置隔离用的窄条。

(4) 旁路电容器的引线不能长，尤其是高频旁路电容器，应该考虑不用引线而直接接地。

(5)地线设置很重要，地线面积通常要选取大些，但又不能随意扩大地线面积，避免增大电路和地线之间的寄生电容。

(6)单元电路的输入线和输出线，应当用地线隔开，如图 14－43 所示。在图 14－43(a)中，由于输出线平行于输入线，存在寄生电容 C_0，将引起寄生耦合。所以，这种布线形式是不可取的。图 14－43(b)中，由于输出线和输入线之间有地线会起到屏蔽作用，消除了寄生电容 C_0 和寄生反馈，因此这种布线形式是正确的。

(7)信号线尽可能短，优先考虑小信号线，采用双面走线，使线间间距尽可能宽些。布线时元器件面和焊接面的各印刷引线最好相互垂直，以减少寄生电容。尽可能不在集成芯片引脚之间走线。易受干扰的部位增设地线或用宽地线环绕。

4. 电源线的布置

电源线、地线的走向应尽量与数据传输的方向一致，且应尽量加大其宽度，这都有助于提高印刷电路板的抗干扰能力。

5. 印刷电路板的接地线设计

印刷电路的接地是一个很重要的问题，请见后一节的讨论。

6. 印刷电路板的屏蔽

(1) 屏蔽线

为了减小外界干扰作用于电路板或者电路板内部导线、元件之间出现的电容性干扰，可以在两个电流回路的导线之间另设一根导线，并将它与有关的基准电位(或屏蔽电位)相连，就可以发挥屏蔽作用。图 14－44 中，干扰线通过寄生电容 C_{K1}，直接对连接信号发送器 SS 和信号接收器 SE 的信号线 SL 造成耦合干扰。图 14－45 中，在干扰线与信号线之间接入一根屏蔽

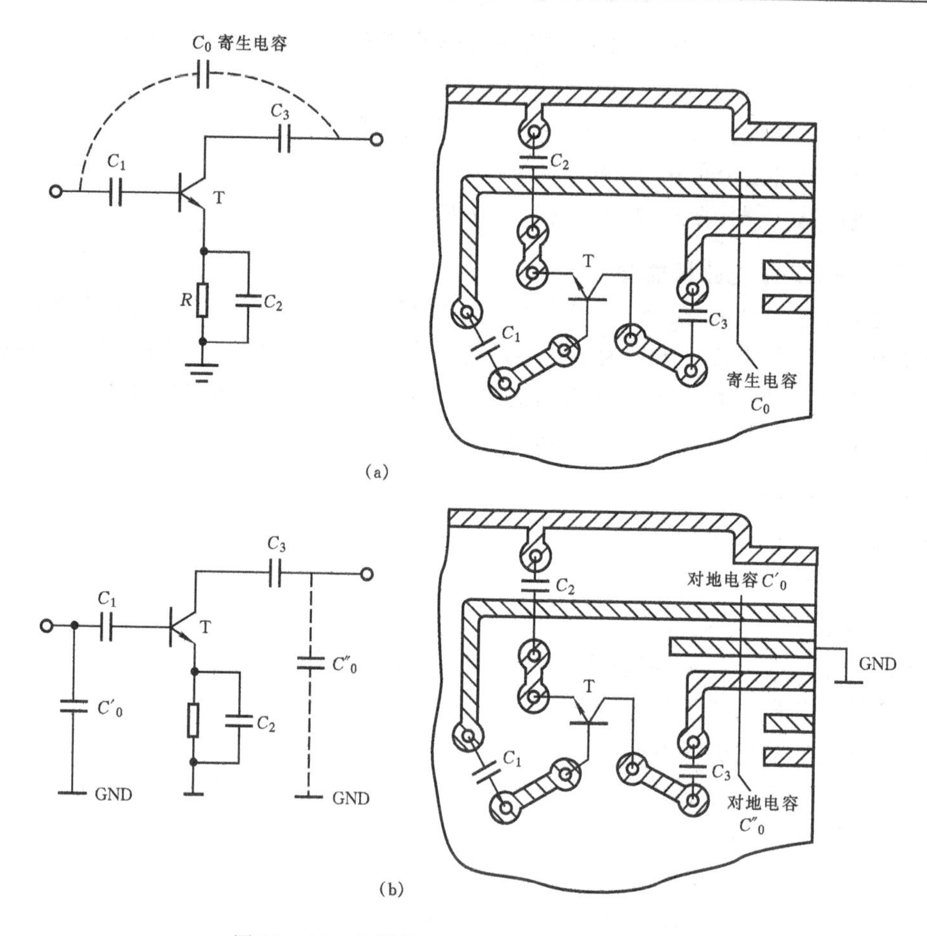

图 14-43 印刷单元电路的输入输出线布置

线，这时 $C_{K2} \ll C_{K1}$，干扰可以大为减小。由于屏蔽线不可能完全包围干扰对象，因此屏蔽作用是不完全的。

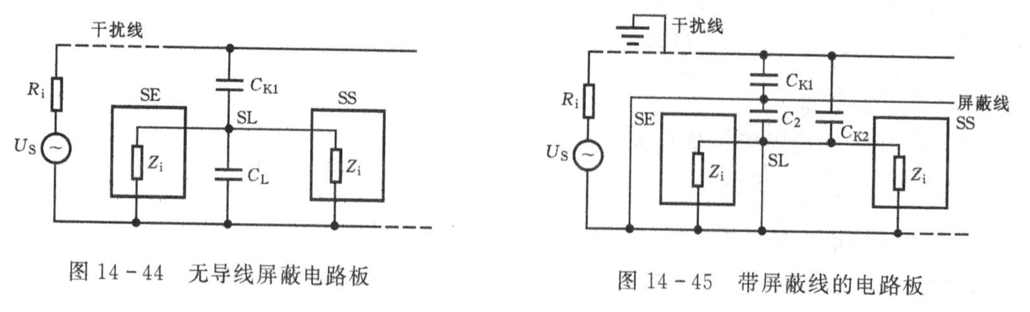

图 14-44 无导线屏蔽电路板

图 14-45 带屏蔽线的电路板

这种导线屏蔽主要用于极限频率高、上升时间短(<500ns)的系统，因为此时耦合电容虽小而作用极大。

(2) 屏蔽环

屏蔽环是一条导电通路，它位于印刷电路板的边缘并围绕着该电路板，且只在某一点上与基准电位相连。它可对外界作用于电路板的电容性干扰起屏蔽作用。

如果屏蔽环的起点与终点在电路板上相连，或通过插头相连，则将形成一个短路环，这将使穿过其中的磁场削弱，对电感干扰起抑制作用。这种屏蔽环不允许作为基准电位线使用。

屏蔽环如图 14－46 所示。图 14－46(a)为抗电容性干扰屏蔽环；图 14－46(b)为抗电感性干扰屏蔽环。

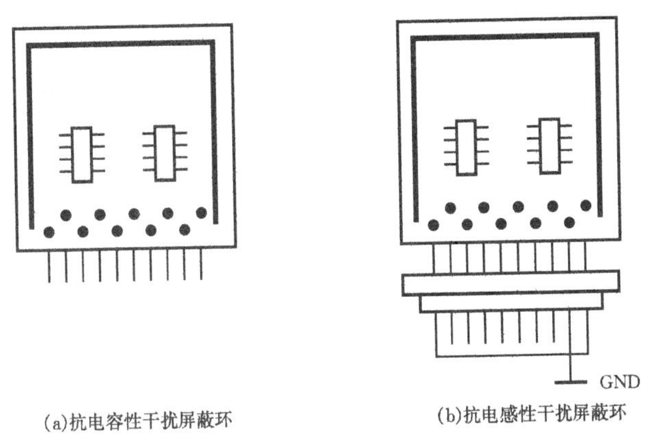

图 14－46　屏蔽环

7. 去耦电容器的配置

集成电路在工作状态翻转时，其工作电流变化是很大的。如对于具有图 14－47 所示输出结构的 TTL 电路，在状态转换的瞬间，其输出部分的两个晶体管会有大约 10ns 的瞬间同时导通，这时相当于电源对地短路，每一个门电路在这一转换瞬间有 30ms 左右的冲击电流输出，它在引线阻抗上产生尖峰噪声电压，对其他电路形成干扰，这种瞬变的干扰是稳压电源不能稳定的。

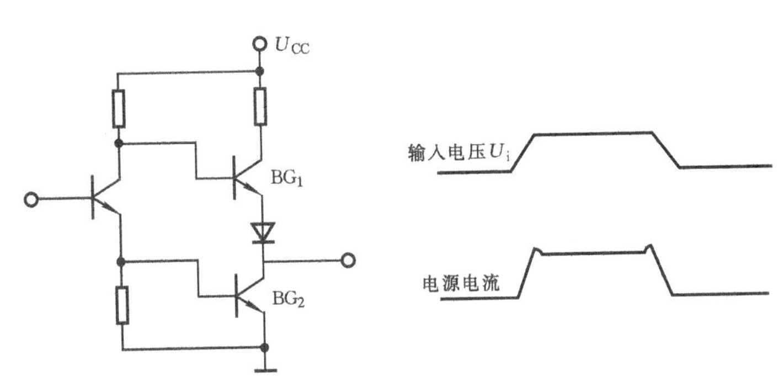

图 14－47　集成电路的工作状态

对于集成电路工作时产生的电流突变，可以在集成电路附近加接旁路去耦电容将其抑制，如图 14－48 所示。其中图 14－48(a)的 i_1、i_2、…、i_n 是同一时间内电平翻转时，在总地线返回线上流过的冲击电流，图 14－48(b)是加了旁路去耦电容使得高频冲击电流被去耦电容旁路，根据经验，一般可以每 5 块集成电路旁接一个 0.05μF 左右的陶瓷电容，而每一块大规模集成电路也最好能旁接一个去耦电容。

由以上讨论可知，在印刷电路板的各个关键部位配置去耦电容，是避免各个集成电路工作时对其他集成电路产生干扰的一种常规措施，具体做法如下。

(1) 在电源输入端跨接 10 ～100μF 的电解电容器。

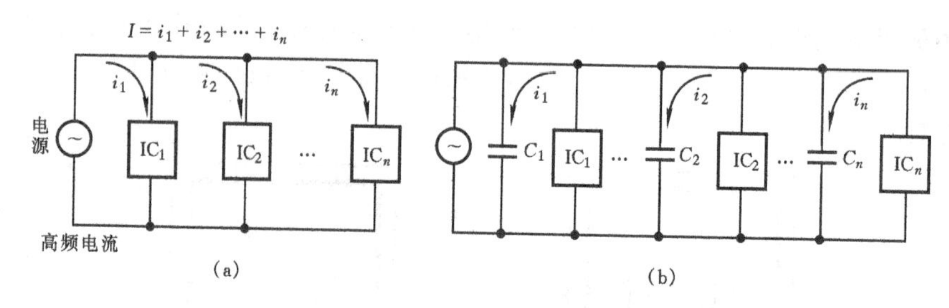

图 14-48　集成电路干扰的抑制

(2) 原则上,每个集成电路芯片都应配置一个 0.01μF 的陶瓷电容器,如遇到印刷电路板空间小安装不下时,可每 4～10 个芯片配置一个 1 ～10μF 的限噪声用电容器(钽电容器)。这种电容器的高频阻抗特别小,在 500kHz～20MHz 范围内,阻抗小于 1Ω,而且漏电流很小(0.5μA 以下)。

(3) 对于抗干扰能力弱,关断时电流变化大的器件和 ROM、RAM 存储器件,应在芯片的电源线(U_{CC})和地线(GND)之间直接接入去耦电容器。

(4) 电容引线不能太长,特别是高频旁路电容不能带引线。

8. 数字电路的抗干扰措施

在数据采集系统中,会用到许多类型的数字电路,如微型计算机的外围电路、接口电路、数字量采集电路等。数字电路与模拟电路相似,电源的性能不好、接地方式不当、外界及内部的电场和磁场噪声等都可能成为数字电路的干扰源。因此,前面所述的抗干扰措施同样适用于数字电路。此外,还可以采用以下抗干扰措施。

(1) 采用积分电路抑制干扰

图 14-49 用积分电路消除干扰脉冲。在脉冲电路中,为抑制脉冲型的噪声干扰,使用积分电路是有效的。当脉冲电路以脉冲前沿的相位作为信号传输时,通常用微分电路取出前沿相位。但是,这时如果有噪声脉冲存在,其宽度即使很小也会出现在输出中。如果使用积分电路,脉冲宽度大的信号噪声脉冲输出大,而脉冲宽度小的信号噪声脉冲输出也小,所以能将噪声干扰除掉。图 14-49 以波形图的形式说明了用积分电路消除干扰脉冲的原理。在图 14-49(a)中,宽的为信号脉冲,窄的为干扰脉冲。图 14-49(b)为对信号和干扰脉冲进行积分后的波形。图 14-49(c)为对图 14-49(b)进行积分后的波形。信号脉冲宽,积分后信号幅度高;干扰脉冲窄,积分后信号幅度小。用一个门坎电平将幅度小的干扰脉冲去掉,即可实现抑制干扰脉冲的作用。

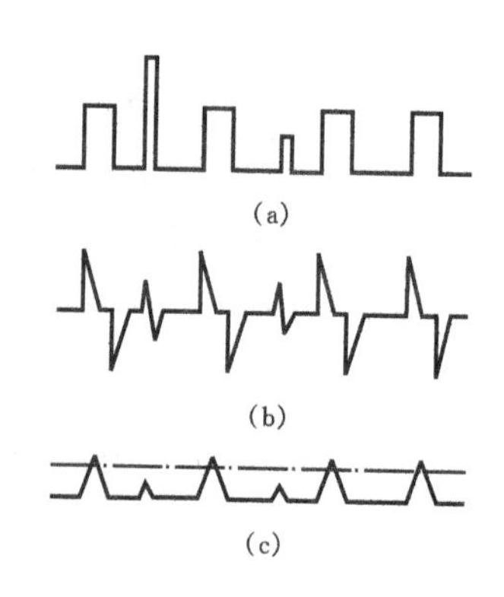

图 14-49　用积分电路消除干扰脉冲

(2) 采用脉冲隔离门抑制干扰

利用硅二极管的正向压降对幅值小的干扰脉冲加以阻挡,而让幅值大的信号脉冲顺利通过。图 14-50 示出脉冲隔离门的原理电路。电路中的二极管最好选用开关管。

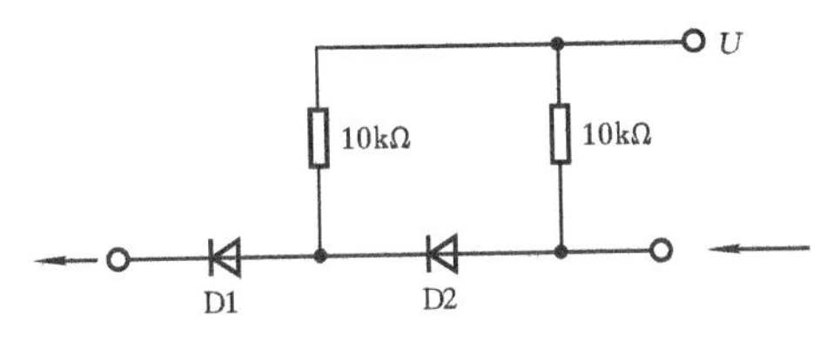

图 14－50　脉冲隔离门

(3) 采取削波器抑制干扰

当噪声电压低于脉冲信号波形的波峰值时，可以使用图 14－51 所示的削波器。该削波器只让高于电压 U 的脉冲信号通过，而低于电压 U 的噪声则被削掉。图 14－51(d)为原理图；图 14－51(a)为输入信号，包括幅值大的信号脉冲和不规则的幅值小的干扰脉冲；图 14－51(b)为削波器输出信号，把干扰脉冲削掉了；图 14－51(c)为经过放大后的信号脉冲。

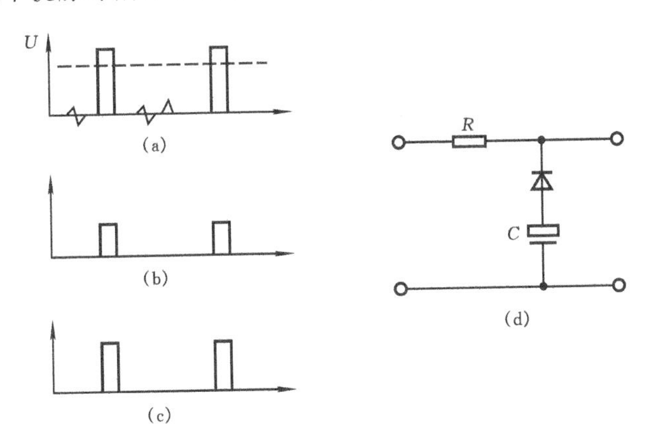

图 14－51　削波器

14.4　接地问题

接地问题在数据采集系统抗干扰中占有非常重要的位置。可以这样说，如果把接地问题处理好，就解决了数据采集系统中的大部分干扰问题。

在讨论接地问题之前，首先要明确地线的类型。

14.4.1　数据采集系统中地线的类型

数据采集系统中有以下类型的地线。

1. 信号地

信号地分为模拟信号地、数字信号地和信号源地。

(1) 模拟信号地

模拟信号地是指放大器、采样/保持器和 A/D 转换器等模拟电路的零电位基准。

(2) 数字信号地

数字信号地又称逻辑地，它是指数字电路的零电位基准。

(3) 信号源地

因为传感器可看作数据采集系统的信号源。所以信号源地是指传感器的零电位基准。

2. 功率地

功率地是指大电流网络部件的零电位基准。

3. 屏蔽地

屏蔽地又称机壳地，是为防止静电感应和电磁感应而设计的。

4. 交流地

交流地是指交流50Hz电源的地线。

5. 直流地

直流地是指直流电源的地线。

14.4.2 接地问题的处理

实践证明，数据采集系统受到的干扰与系统的接地有很大关系，接地往往是抑制干扰的重要手段之一。良好的接地可以在很大程度上抑制内部噪声的耦合和防止外部干扰的侵入，从而提高系统的抗干扰能力。反之，如果接地处理不当将会导致噪声耦合，产生干扰。因此，应该重视接地问题。

通常在考虑数据采集系统接地时，应遵循以下接地原则。

1. 一点接地原则

任何导体，包括大地在内都有电阻抗，当其中流过电流时，导体中就呈现出电位。如果数据采集系统在两点接地，由于大地各地电位很不一致，因而两个分开的接地点很难保证电位相等，造成它们之间有电位差，形成地环路电流，从而对两点接地电路产生干扰，这时地电位差是采集系统输入端共模干扰的主要来源。

如果在信号输入端一点接地，就可以有效地避免共模干扰。在低频情况下，由于信号线上分布电感不是大问题，故往往要求一点接地。一点接地从形式上可以分为以下两种。

(1) 串联一点接地

串联一点接地如图14-52所示。

其中R_1、R_2、R_3分别表示各地线段的等效电阻。显然，A、B、C各点的电位不为零，而是：

$$U_A=(I_1+I_2+I_3)R_1$$
$$U_B=(I_2+I_3)R_2+U_A$$
$$U_C=U_A+U_B+I_3R_3$$

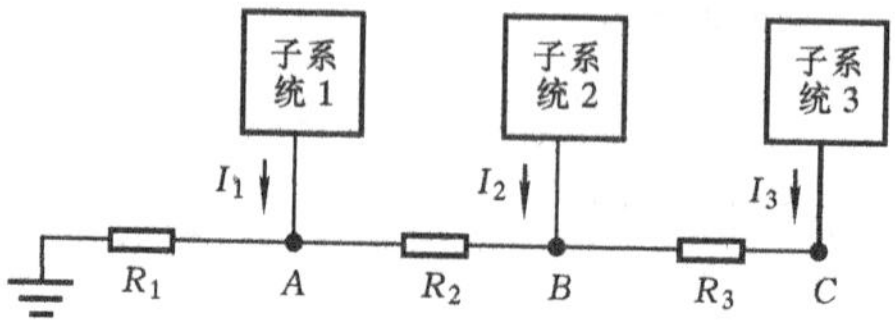

子系统1 子系统2 子系统3
I_1 I_2 I_3
R_1 A R_2 B R_3 C

图14-52 串联一点接地

由此可见，串联一点接地存在着各接地点电位不同的问题，将造成子系统之间的相互干扰。但是，由于这种接地方式布线比较简单，现在仍然使用，不过应满足下述条件：

① 各子系统的对地电位应相差不大。当各子系统对地电位相差很大时不能使用，因为高的地电位子系统将会产生很大的地电流，经共接地线阻抗对低的地电位子系统产生很大的干扰。

② 应把低的地电位子系统放在距离接地点最近的地方。如图 14－52 中 A 点，该点最接近接地点。

(2) 并联一点接地

如图 14－53 所示，各子系统建立一个独立的接地线路，然后各子系统并联一点接地，各子系统的地电位仅与本子系统的地电流和地电阻（如 R_1、R_2、R_3、R_4）有关，即

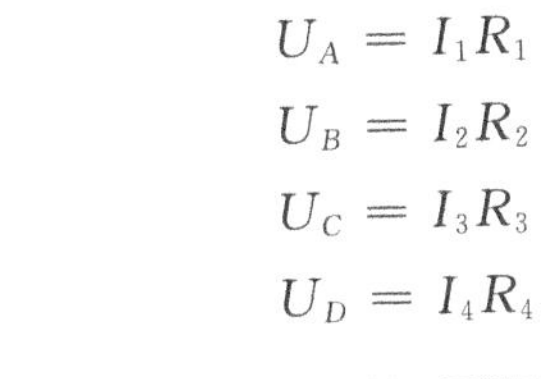

$$U_A = I_1R_1$$
$$U_B = I_2R_2$$
$$U_C = I_3R_3$$
$$U_D = I_4R_4$$

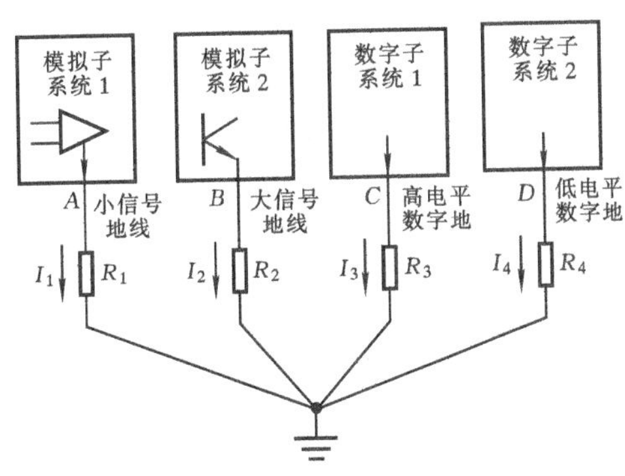

图 14－53　并联一点接地

各子系统的地电流之间不会形成耦合，因此，没有共接地线阻抗噪声影响。这种接地方式对低频电路最为适用，共接地线噪声得以有效抑制。

在数据采集系统中，一般存在着模拟信号和数字信号。模拟信号在未经放大以前，通常是比较弱的，可能是毫伏级甚至是微伏级。数字信号则相对较强，其跳变的幅度对 TTL 电平是 3～5V。在设计印刷电路板时，应尽量使模拟信号与数字信号分开，以减少它们之间的耦合。但是，事实上模拟信号与数字信号不可能完全能够分开，因为许多芯片的正常工作要求这两种信号有相同的地电位（参考电位），所以要特别注意防止数字信号通过地线耦合到模拟信号上，而对系统的工作产生严重的干扰。

> 避免数字信号耦合到模拟信号的**一条基本原则是：**电路中的全部模拟地与数字地仅仅在一点相连。

现在的许多芯片，如 A/D 转换器、采样/保持器、多路开关等都提供了单独的模拟地与数字地的引脚，从工作原理上讲，这两种地的电位是相同的，可以连接在一起。但是，实际上应把每个芯片的模拟地接到模拟地线上，数字地接到数字地线上，然后在某一个合适点把数字地与模拟地连接，如图 14－54 所示。在这个图中，如果只在芯片 2 处用线段①把模拟地与数字地连接起来，则数字信号的电流不会流到模拟地线，这是正确地接法。但是，如果除了①以外，还有线段②连接模拟地与数字地，则数字信号的电流 i_d 的一部分 i_{d2} 将流经模拟地，并在这段模

拟地线的线阻 R_a 上产生压降 $i_{d2} \cdot R_a$，加到放大器 A 的输入端，这就可能形成严重的干扰。

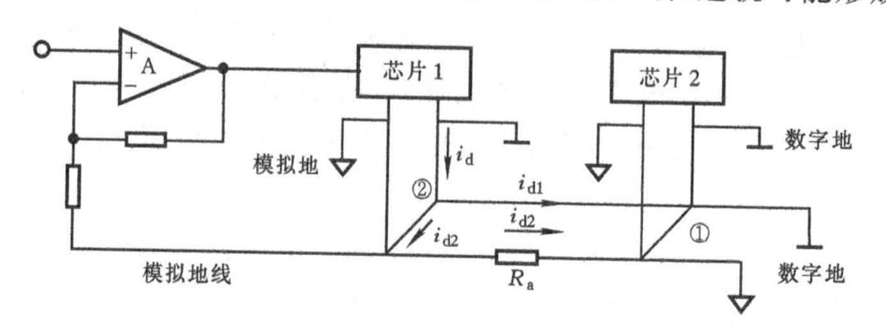

图 14-54 数据采集系统地线的连接

如前所述，并联一点接地方式仅适用于低频电路，不能用于高频电路，这是因为许多根相互靠近又很长的地线，对于高频信号会呈现出电感而使地线阻抗增大；也会造成各地线之间的磁场耦合，寄生电容造成各地线间电场耦合。因此，在高频电路中不能采用一点接地，应该采用多点接地方式。

2. 多点接地原则

多点接地方式如图 14-55 所示。每个电路的接地线要尽可能降低其阻抗，即接地线越短越好，因而每个电路应就近接地。这样，由于地线很短，阻抗又低，可以防止高频时地线向外辐射噪声；由于地线阻抗低且互相远离，大大减小了噪声的磁场耦合和电场耦合。

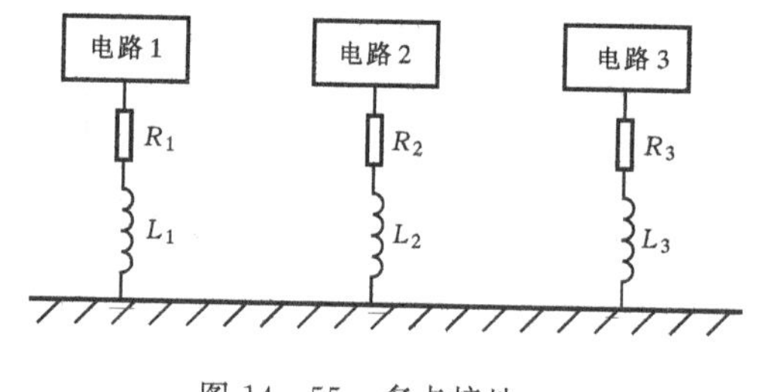

图 14-55 多点接地

一般来说，频率低于 1MHz 时，可以使用一点接地方式；当频率高于 10MHz 时，应采用多点接地方式；频率在 1～10MHz 之间，如用一点接地时，地线长度不得超过波长的 1 / 20，否则应采用多点接地。

3. 不同性质接地线的连接原则

在采用一点接地的数据采集系统中，不同性质的接地线应采取以下原则连接：

在弱信号模拟电路、数字电路和大功率驱动电路混杂的场合应注意做到，强信号地线与弱信号地线应分开；模拟地与数字地应分开；高电平数字地与低电平信号地应分开；各个子系统的地只在电源供电处才相接一点入地。

只有这样才能保证几个地线系统有统一的地电位，避免形成公共阻抗。

4. 接地线应尽量加粗的原则

因为接地线越细，其阻抗越高，接地电位随电流的变化就越大，致使系统的基准电平信号不稳定，导致抗干扰能力下降。所以接地线应尽量加粗，使它能通过 3 倍于印刷电路板上的允许电流，如有可能，接地线应在 2～3 mm 以上。

14.5 微机总线的抗干扰措施

微机总线性能的可靠性直接关系到整个数据采集系统的可靠性。总线的接收，尤其是从一块印刷线路板到另一块印刷线路板之间的传送接收，由于总线信号线上存在寄生电容，总会耦合一些干扰；另外，这些额外电容的作用使得总线信号产生延迟。所以，为了提高总线接收的抗干扰性能，一般在接收端配有缓冲器(又称总线驱动)，其中施密特触发器组成的缓冲器能有效地将耦合干扰滤除掉。

由于总线的数据线是由若干个 I /O 设备分时复用，在用三态输出器件构成的总线中，三态门在未选中时呈高阻态，输出电平不定。这时往往因外来的微小干扰就可能发生高频振荡，通过电磁耦合传给低电平电路，从而成为料想不到的干扰源。如图 14-56 所示，控制信号 1 和控制信号 2 在逻辑上是反相的，而且这两个相位相反的控制信号存在着时间上的偏差，信号 1 由低变高的瞬间，信号 2 还来不及由高变低，在这一瞬间，如果负载是 TTL 电路，其泄漏电流使总线处于电压不稳定的浮空状态，直接影响总线正常工作。

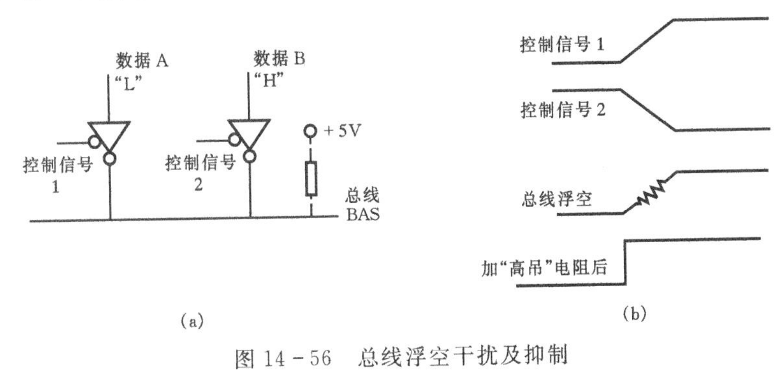

图 14-56　总线浮空干扰及抑制

抑制总线浮空干扰的措施是：在数据总线上加所谓的上拉电阻，如图 14-56(a) 中虚线所示，即在电源和总线之间接入一个大小适中(要远比驱动端负载小)的电阻，把总线在高阻抗状态时的电位固定在高电平上。

图 14-57 为 PC 机 ISA 总线的驱动电路，地址线和控制线是单向传送，而数据总线是双向的。为此采用 74LS244 8 位单向缓冲器来驱动地址线和控制线，双 8 位缓冲器 74LS245 来驱动数据线，传送方向由 $\overline{IOR}$ 或 $\overline{MEMR}$ 总线控制信号控制。一个 220 Ω的电阻和一个 43pF 的电容串联，一端接在总线传输线上，另一端接在＋5V 电源上。从抗干扰的角度来看，这种电路连接有三个方面的作用。

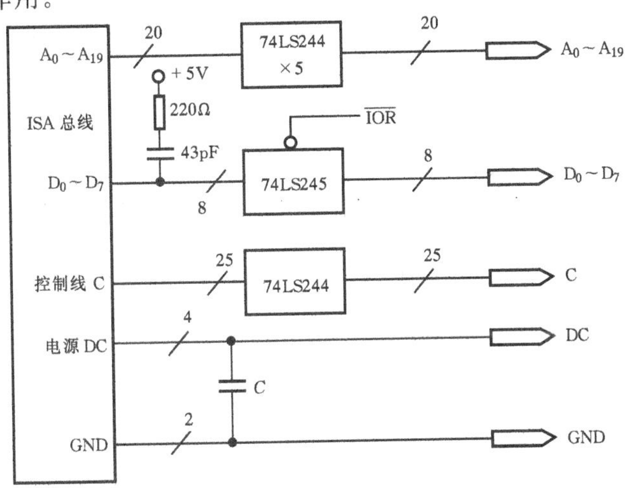

图 14-57　PC 机 ISA 总线驱动电路

(1) 作为一个上拉电阻,可以防止总线浮空高频振荡引起的不确定状态。

(2) 由于PC机的电缆和附加的扩展槽增加了额外的总线电容,数据线在电平过渡(由高至低)时,电容的充放电使信号产生下冲,从而使信号失真。当加入此电路后,由于43pF电容对总线传输线上的稳定表现为开路,此时220 Ω电阻相当于同数据线断开,当传输线电平瞬变时,此电容将220 Ω电阻接到数据线上,从而降低了电路阻抗,这样存贮在总线电容中的电荷消耗在一个阻抗电路中,从而减少了下冲的影响。

(3) 对于经杂散电容耦合的外界瞬态干扰,此电路也能滤除,以保证电平的稳定。

14.6 数据采集软件的抗干扰

前面已从硬件的角度讨论了干扰的产生和抑制,现在让我们换一个角度,从软件方面来讨论干扰的产生和软件的抗干扰。

14.6.1 软件干扰的产生与抑制

数据采集系统除了受到前面介绍的各种干扰以外,还可能受到软件自身产生的干扰。这似乎有点不可思议,然而确实如此。软件对系统的干扰主要表现在以下方面。

1. 不正确的算法产生错误的结果

软件算法不正确,会产生错误的结果,这尤其表现在逻辑判断中。请看如下程序:

```
10  IF  3^3 = 27  THEN  PRINT"YES": END
20  PRINT"NO": END
```

此BASIC程序在IBM－PC机上运行时,结果一定让人大吃一惊。$3^3 = 27$,程序应该显示出"YES",但是,程序却显示出"NO"。如果把程序改写成

```
10  IF  3*3*3 = 27  THEN  PRINT"YES": END
20  PRINT"NO": END
```

再次运行程序,将能正确地显示出"YES"。造成前一段程序运行错误的原因,是因为计算机在计算指数时,将指数化为对数,再经过十进制到二进制的转换,最后求出结果,故结果常常是个近似值。如果在程序条件分支中使用了类似的条件语句,就转移不到预定的分支中,从而得出错误的结果来。

千万要注意:程序中的指数计算是近似计算。

改正的方法有两种:

① 用连乘;

② 把它与要比较的数之差的绝对值同一个相当小的数值比较。

上面程序中的表达式可以改写成

```
IF(3^3－27)<0.0001  THEN  PRINT "YES" : END
```

类似的问题还有连乘除问题,不要把连续乘除中的乘法集中在一起做,应该把乘除法相间进行,否则极易出错。

2. 由于精度不高而引起的噪声

在数据采集处理时,总要涉及到数值计算。是否正确的程序就一定能在计算机上计算出

正确的结果呢？通过以上例子，可以得出否定的回答。下面再来看一个例子。

例 14.1　求方程 $X^2+(\alpha+\beta)X+10^9=0$ 的根。这里 $\alpha=10^9$，$\beta=1$。

解　根据 $AX^2+BX+C=0$ 的求根公式有

$$X_{1,2}=\frac{-B\pm\sqrt{B^2-4AC}}{2A}$$

编写程序并在 IBM－PC 机上计算，求得两根分别为 $X_1=10^9$、$X_2=0$。但从因式分解知

$$X^2+(\alpha+\beta)X+10^9=(X+10^9)(X+1)$$

故应该 $X_1=10^9$、$X_2=1$。产生以上错误结果的原因是，IBM－PC 机只能将数字表示到小数后第八位，β在计算时不起作用，从而造成

$$\begin{aligned}B&=\alpha+\beta=10^9+1\\&=1\times10^9+0.000000001\times10^9\end{aligned}$$

即 $B=\alpha=10^9$，又进而使得

$$B^2-4AC\approx B^2\text{ , }\sqrt{B^2-4AC}\approx|B|$$

从而求得 $X_1\approx10^9$，$X_2\approx0$。尽管编程正确，却产生了谬误。这是由于加减法运算时要对阶，大数“吃掉”了小数，α“吃掉”了 β，使 $\beta=0$。由此进一步的误差积累，最后导致计算 X_2 时出现错误。当然，在某种情况下，大数“吃掉”小数是允许的(例如本例的 X_1)，然而在另一种情况下，不允许大数“吃掉”小数(本例的 X_2)。如运用根与系数的关系来求 X_2，则有

$$X_2=\frac{C}{AX_1}=1$$

求得的结果正确。

不考虑 $A=0$ 和 $B=0$，可按下列步骤编程。

$$\begin{cases}X_1=\dfrac{-B-\text{sign}(B)\sqrt{B^2-4AC}}{2A}\\[2ex]X_2=\dfrac{C}{AX_1}\end{cases}$$

其中，当 $B\geqslant0$ 时，$\text{sign}(B)=1$；$B<0$ 时，$\text{sign}(B)=-1$。

以上例子表明，计算精度不高也是噪声源之一，下溢与噪声有关。因此，要特别注意防止产生下溢的可能性。

双精度计算是大多数计算机所具有的能力，可以用双精度计算来解决计算精度不高引起误差的问题。

前几节已从硬件方面讨论了抗干扰的措施，由于数据采集系统一般都使用计算机，因此，还可以从软件方面增加一些抗干扰措施，来提高系统的可靠性。

14.6.2　软件的抗干扰措施

用软件消除干扰的措施有以下几种。

1. 用软件消除多路开关的抖动

由第 1 章可知，一个数据采集系统在采集两个以上模拟信号时，是通过多路开关依次切换每个模拟信号通道与 A/D 转换器接通来顺序采集模拟信号。

任何一种开关(机械或电子)，在切换初始，由于机械性能或电气性能的限制，都会出现抖

动现象,经过一段时间后才能稳定下来。因此,多路开关在切换模拟信号通道时,同样存在这样的问题。下面以开发特种泵性能参数采集系统时碰到的问题为例予以说明。

例 14.2　用 A/D 板采集三个模拟量:水泵转速、流量、压力。

解　从系统抗干扰方面考虑,模拟信号采用双端方式输入 A/D 板。A/D 板选用 PC-6319 光电隔离模入接口卡。此接口卡的端口地址请参阅第 8 章。

本例确定 A/D 接口卡的基地址为 0100H,水泵转速、流量和压力三个模拟量对应的 TTL 电平分别为:1.5454V,1.5698V,2.9394V。采集系统从通道 1、2、3 分别对这三个模拟量连续采集 10 次,Quick BASIC 程序如下:

```
1   CLS
2   N = 10
3   DIM  U1(N) , U2(N) , U3(N)
4   FOR  I = 1  TO  N
5       CH% = 0
6       CALL CAIJI (CH%, U)
7       U1(I) = U
8       CH% = 1
9       CALL CAIJI (CH%, U)
10      U2(I) = U
11      CH% = 2
12      CALL CAIJI (CH%, U)
13      U3(I) = U
14  NEXT  I
15  PRINT " U1 " , " U2 " , " U3 "
16  FOR  I = 1  TO  N
17      PRINT  U1(I) , U2(I) , U3(I)
18  NEXT  I
19  END
20  SUB  CAIJI (CH%, U)
25      ADDER% = &H100                          '板卡基地址设为 0100H
30      A = INP(ADDER% + 3)                     '清转换及中断标志
35      OUT ADDER%, CH%                         '送通道代码
40      OUT ADDER% + 1, 0                       '启动 A/D 转换
45      IF  INP(ADDER% + 2) >= 128  THEN 45     '查询 A/D 转换状态
50      H = INP(ADDER% + 2)                     '转换结束,读高 4 位结果
55      L = INP(ADDER% + 3)                     '读低 8 位结果
60      U = (H * 256 + L) * 10 / 4096 - 5       '将结果转换为十进制数
70  END SUB
```

按 Shift+F5 键运行以上程序,可得如下运行结果:

U1	U2	U3
1.8603	1.5649	2.62217
1.8554	1.5625	2.62451
1.8554	1.5649	2.62207
1.8579	1.5625	2.62451
1.8554	1.5649	2.62451
1.8579	1.5625	2.62451
1.8554	1.5649	2.62207
1.8579	1.5649	2.62695
1.8554	1.5625	2.62207
1.8579	1.5673	2.62207

观察以上结果可知，从三个通道采集到的数据，与原来的值相比存在着误差，其中 1 和 3 通道的误差较大。造成以上采样误差的原因，是系统在多路开关切换未稳定下来就采集数据而产生的。因此，按第 5 章的叙述，为了减少采样误差，必须等待多路开关稳定之后才能采样。

目前，消除开关抖动的方法有两种：一种是用硬件电路来实现，即用 *RC* 滤波电路滤除抖动；另一种则是用软件延时的方法来解决。由于 A/D 接口卡的电路已是固定的，很难再加入其他器件。因此，从硬件上消除抖动是很困难的。但是，用软件延时的方法来消除抖动却很容易实现。

对以上程序中的 CAIJI 过程程序进行改动，在 35 行与 40 行之间加入一行(36 行)延时语句，改动后的 CAIJI 过程程序如下：

```
20  SUB  CAIJI(CH%, U)
25       ADDER% = &H100                          '板卡基地址设为 0100H
30       A = INP(ADDER% + 3)                     '清转换及中断标志
35       OUT ADDER%, CH%                         '送通道代码
36       FOR  I = 1  TO 100: NEXT  I             '延时,等待多路开关稳定
40       OUT  ADDER% + 1, 0                      '启动 A/D 转换
45       IF  INP(ADDER% + 2) >= 128  THEN  45    '查询 A/D 转换状态
50       H = INP(ADDER% + 2)                     '转换结束,读高 4 位结果
55       L = INP(ADDER% + 3)                     '读低 8 位结果
60       U = (H * 256 + L) * 10 / 4096 - 5       '将结果转换为十进制数
70  END SUB
```

运行修改后的程序可得出以下结果：

U1	U2	U3
1.5454	1.5698	2.9394
1.5454	1.5698	2.9394
1.5454	1.5698	2.9394
1.5454	1.5698	2.9394
1.5454	1.5698	2.9418
1.5454	1.5698	2.9394

1.5454	1.5722	2.9394
1.5454	1.5698	2.9394
1.5478	1.5698	2.9394
1.5454	1.5698	2.9394

由以上结果可知，加入一行延时语句之后，采样精度有了很大的提高。由此可见，软件延时的方法是简便有效的。

2. 用软件消除采样数据中的零电平漂移

在数据采集系统中，应用了大量的电子器件，这些器件大多数对温度比较敏感，其工作特性随温度变化而变化。反映在输出上，是使零电平随温度变化而有缓慢的漂移。这种零电平漂移必定会叠加到采集的数据上，导致采样误差的增加。

为了提高数据采集的精度，在用计算机对模拟输入通道进行巡回采集时，首先对未加载的传感器进行检测，并将所有零电平信号 $U_{zoi}(i=1,2,\cdots,N)$ 读入计算机内存中相应的单元，然后才开始采集程序的执行。在采集程序中，每读入一批数据，都要先经过"清零点过程程序"处理。"清零点过程程序"将采集到的数据与零电平相减，得出的是受零电平漂移影响很小的数据，从而使采集到的数据基本上消除了所包含的零电平漂移分量。

零电平漂移量 U_{zoi} 的采集方法是：每过一段时间将传感器置于零输入下，扫描各通道 U_{zoi} 值，并将它们存入相应的内存单元。

软件的抗干扰措施，除了上面介绍的以外，还可以用软件对采集到的数据做粗值剔除，或用数字滤波等方法抑制干扰。

习题与思考题

1. 常见的干扰有哪几种类型？

2. 简述抗干扰的措施和步骤。

3. 强电磁干扰是通过什么途径？以何种形式窜入数据采集系统的？

4. 试从阻抗特性的角度解释浮置的抗干扰机理。

5. 试叙述双绞线的抗干扰原理。

6. 理想的抗干扰器件应具有何种特性？光电耦合器为什么对尖脉冲电磁干扰有较大的抑制作用？对有用信号呢？

7. 光电耦合器应置于模拟输入信号通道的何处为佳？

8. 模拟输入信号通道对光电耦合器有何特殊要求？

9. 模拟信号远距离传输时，波形的畸变主要是什么原因引起的(假设不考虑外界电磁场的干扰)？

10. 什么叫长线？0.5 m长的传输线对ECL和TTL芯片是否是长线？1 m长的传输线对TTL和CMOS芯片是否算长线？

11. 什么叫长线传输的阻抗匹配(包括驱动器和负载)？

12. 长线传输阻抗不匹配会产生什么现象和后果？

13. 如何检验长线传输阻抗是否已匹配？

14. 用长线传输模拟信号，理想的介质是什么？为什么？

15. 两条节距相同的双绞线并在一起传输信号和两条节距不相同的双绞线并在一起传输信号，哪一种情况效果更好？为什么？

16. 在高频印刷电路板设计中，在安装元件的一面全部用铜箔作为地线，因而在其反面印刷电路之间的相互感应会显著地降低。这种措施的依据是什么？

第 15 章　数据采集系统设计

通过前面各章的学习，读者已经掌握了数据采集系统各部分的工作原理、硬件的组成和软件的编写及数据预处理算法等方面的知识，因而具备了设计数据采集系统的一些必要知识。为此，本章进一步介绍数据采集系统的设计问题。

15.1　系统设计的基本原则

对于不同的采集对象，系统设计的具体要求是不相同的。但是，由于数据采集系统都是由硬件和软件两部分组成的，因此系统设计的一些基本原则却是大体相同的。下面从硬件设计和软件设计两方面介绍数据采集系统设计应遵循的基本原则。

15.1.1　硬件设计的基本原则

1. 经济合理

系统硬件设计中，一定要注意在满足性能指标的前提下，尽可能地降低价格，以便得到高的性能价格比，这是硬件设计中首先要考虑的一个主要因素，也是一个产品争取市场的主要因素之一。微机和外设是硬件投资中的一个主要部分，应在满足速度、存储容量、兼容性、可靠性的基础之上，合理地选用微机和外设，而不是片面追求高档微机以及外设。当用低分辨率、低转换速度的数据采集系统可以满足工作上的要求时，就不必选择高分辨率、高转换速度的芯片。当对试验曲线没有特殊精度要求时，可以充分利用打印机输出图形的功能，而不必购置价格昂贵的绘图仪。

总之，充分发挥硬件系统的技术性能是硬件设计中的**重要原则之一**。

2. 安全可靠

选购设备要考虑工作环境的温度、湿度、压力、振动、粉尘等要求，以保证在规定的工作环境中，系统性能稳定、工作可靠。要有超量程和过载保护，保证输入、输出通道正常工作。要注意对交流市电以及电火花等的隔离。要保证连接件的接触可靠。

确保系统安全可靠地工作是硬件设计中应遵循的一个**根本原则**。

3. 有足够的抗干扰能力

有完善的抗干扰措施，是保证系统工作正常、不产生错误及其精度的必要条件。如强电与弱电之间的隔离措施，对电磁干扰的屏蔽，正确接地、高输入阻抗下的防止漏电等。

15.1.2　软件设计的基本原则

1. 结构合理

程序应该采用结构模块化设计。这不仅有利于程序的进一步扩充，而且也有利于程序的修改和维护。在程序编写时，要尽量利用子程序，使得程序的层次分明，易于阅读和理解，同时还可以简化程序，减少程序对于内存的占用量。当程序中有经常需要加以修改或变化的参数时，应该设计成独立的参数传递程序，避免对程序的频繁修改。

2. 操作性能好

操作性能好是指使用方便。这点对数据采集系统来说是很重要的。在开发程序时，应该考虑如何降低对操作人员专业知识的要求。因此，在程序设计时，应该采用各种图标或菜单来实现人机对话，以提高工作效率和程序的易操作性。

3. 具有一定的保护措施

系统应设计一定的检测程序，例如状态检测和诊断程序，以便系统发生故障时，便于查找故障部位。对于重要的参数要定时存储，以防止因掉电而丢失数据。

4. 提高程序的执行速度

当程序的执行速度是程序设计的主要矛盾时，可以采用下面的方法来提高程序的执行速度。

(1) 当程序为汇编语言程序时，指令尽可能采用零页寻址方式，少用或不用间接寻址指令。

(2) 当进行单通道数据采集时，不要将通道选择指令包括在循环体内。

(3) 尽量采用高级语言与汇编语言混合编程，以发挥各种语言的特点，提高程序的运行速度。

5. 给出必要的程序说明

15.2　系统设计的一般步骤

数据采集系统的设计，虽然随采集对象、设备种类、采样方式等而有所差异，但系统设计的基本内容和主要步骤是大体相同的，一般有以下几步。

1. 分析问题和确定任务

在进行系统设计之前，必须对要解决的问题进行调查研究、分析论证，在此基础上，根据实际应用中的问题提出具体的要求，确定系统所要完成的数据采集任务和技术指标，确定调试系统和开发软件的手段等。另外，还要对系统设计过程中可能遇到的技术难点做到心中有数，初步定出系统设计的技术路线。这一步对于能否既快又好地设计出一个数据采集系统是非常关键的，设计者应花较多的时间进行充分的调研，其中包括翻阅一些必要的技术资料和参考文献，学习和借鉴他人的经验，这样可使设计工作少走弯路。

2. 确定采样周期 T_S

采样周期 T_S 决定了采样数据的质量和数量。由第 2 章可知，T_S 太小，会使采样数据的数量增加，从而占用大量的内存，严重时将影响计算机的正常运行；T_S 太大，采样数据减少，会使模拟信号的某些信息丢失，使得在由采样数据恢复模拟信号时出现失真。因此，必须按照第 2 章介绍的采样定理一来确定采样周期。

3. 系统总体设计

在系统总体设计阶段,一般应做以下几项工作。

(1) 进行硬件和软件的功能分配

数据采集系统是由硬件和软件共同组成的。对于某些既可以用硬件实现,又可以用软件实现的功能,在进行系统总体设计时,应充分考虑硬件和软件的特点,合理的进行功能分配。

一般来说,多采用硬件可以简化软件设计工作,并使系统的快速性得到改善,但成本会增加,同时也因接点数增加而增加不可靠因素。若用软件代替硬件功能,可以增加系统的灵活性,降低成本,但系统的工作速度也将降低。因此,要根据系统的技术要求,在确定系统总体方案时,进行合理的功能分配。

(2) 系统 A/D 通道方案的确定

确定数据采集系统 A/D 通道方案是总体设计中的重要内容,其实质是选择满足系统要求的芯片及相应的电路结构形式,通常应根据以下方面来考虑。

① 模拟信号输入范围、被采集信号的分辨率。

② 完成一次转换所需的时间。

③ 模拟输入信号的特性是什么,是否经过滤波,信号的最高频率是多少。

④ 模拟信号传输所需的通道数。

⑤ 多路通道切换率是多少,期望的采样/保持器的采集时间是多少。

⑥ 在保持期间允许的电压下降是多少。

⑦ 通过多路开关及信号源串联电阻的保持器旁路电流引起的偏差是多少。

⑧ 所需精度(包括线性度、相对精度、增益及偏置误差)是多少。

⑨ 当环境温度变化时,各种误差限制在什么范围,在什么条件下允许有漏码。

⑩ 各通道模拟信号的采集是否要求同步。

⑪ 所有的通道是否都使用同样的数据传输速率。

⑫ 数据通道是串行操作还是并行操作。

⑬ 数据通道是随机选择,还是按某种预定的顺序工作。

⑭ 系统电源稳定性的要求是什么,由于电源变化引起的误差是多少。

⑮ 电源切断时是否可能损坏有关芯片。对 CMOS 的多路开关是安全的,因为当电源切断时,多路开关是打开的,而对结型 FET 多路开关是接通的,因此有损坏芯片的可能。

根据上述系统各项要求,选择满足性能指标且经济性好的芯片和确定系统 A/D 通道方案,这些留到下一节再做详细地讨论。

(3) 确定微型计算机的配置方案

可以根据具体情况,采用微处理器芯片、单片微型机芯片、单板机、标准功能模板或个人微型计算机等作为数据采集系统的控制处理机。选择何种机型,对整个系统的性能、成本和设计进度等均有重要的影响。微型计算机配置方案的确定,留到以后章节再做详细地讨论。

(4) 操作面板的设计

在单片机等芯片级数据采集系统中,通常都要设计一个供操作人员使用的操作面板,用来进行人机对话或某些操作。因此,操作面板一般应具有下列功能。

① 输入和修改源程序。

② 显示和打印各种参数。

③ 工作方式的选择。

④ 启动和停止系统的运行。

为了完成上述功能，操作面板一般由数字键、功能键、开关、显示器件以及打印机等组成。操作面板的设计请参考微机原理与接口技术等书籍。

(5)系统抗干扰设计

对于数据采集系统，其抗干扰能力要求一般都比较高。因此，抗干扰设计应贯穿于系统设计的全过程，所以要在系统总体设计时统一考虑。系统的抗干扰措施见第 14 章。

4. 硬件和软件的设计

在系统总体设计完成之后，便可同时进行硬件和软件的设计。具体项目如下。

(1) 硬件设计

硬件设计的任务是以所选择的微型机为中心，设计出与其相配套的电路部分，经调试后组成硬件系统。不同的微型机，其硬件设计任务是不一样的，以下是采用单片机的硬件设计过程。

① 明确硬件设计任务。为了使以后的工作能顺利进行，不造成大的返工，在硬件正式设计之前，应细致地制定设计的指标和要求，并对硬件系统各组成部分之间的控制关系、时间关系等做出详细的规定。

② 尽可能详细地绘制出逻辑图、电路图。当然，在以后的实验和调试中还要不断地对电路图进行修改，逐步达到完善。

③ 制作电路和调试电路。按所绘制的电路图在实验板上连接出电路并进行调试，通过调试，找出硬件设计中的毛病并予以排除，使硬件设计尽可能达到完善。调试好之后，再设计成正式的印刷电路板。

若在硬件设计中，选用的微型机是单板机或个人微型机，将使硬件设计大大简化。因为与这些微型机配套的功能板都可从市场上购买到，故设计者只需配置其他接口电路。

(2) 软件设计

软件设计是系统设计的重要任务之一。在数据采集系统中，由于其任务不同，计算机种类繁多，程序语言各异，因此没有标准的设计格式或统一的流程图，这里只能对软件设计的过程及相同的问题作一介绍。以下是软件设计的一般过程。

① 明确软件设计任务

在软件正式设计之前，首先必须要明确设计任务。然后，再把设计任务加以细致化和具体化，即把一个大的设计任务，细分成若干个相对独立的小任务，这就是软件工程学中的“自顶向下细分”的原则。

② 按功能划分程序模块并绘出流程图

将程序按小任务组织成若干个模块程序，如初始化程序、自检程序、采集程序、数据处理程序、打印和显示程序、打印报警程序等，这些模块既相互独立又相互联系，低一级模块可以被高一级模块重复调用，这种模块化、结构化相结合的程序设计技术既提高了程序的可扩充性，又便于程序的调试及维护。

③ 程序设计语言的选择

在进行程序设计时，可供使用的语言有两种：汇编语言和高级语言（如 VB、VC、Delphi、C++ Builder 语言），或者是混合语言编程。采用汇编语言编程能充分发挥计算机的速度，可以对数据按位进行处理,可以开发出高效率的采集软件,但是通用性差且数据处理麻烦、编程困难。采用高级语言和汇编语言进行混合编程,既能充分发挥高级语言易编程和便于数据处理的优点,又能通过汇编程序实现一些特定的处理(如中断、对数据移位等)。这种编程方法在数据采集和处理中,已经成为重要的编程手段之一。

选用何种语言与微型机有关。当选用微处理器、单板机、单片机构成系统时,程序必须用汇编语言编写。如果是选用个人计算机(PC)构成系统时,一般可采用高级语言与汇编语言混合编程的方法编写软件。

④ 调试程序

程序调试是程序设计的最后一步,同时也是最关键的一步。在实际编程当中,即使有经验的程序设计者,也需要花费总研制时间的 50%用于程序调试和软件修改。

在程序调试中一般采用如下方法。

a. 首先对子程序进行调试,不断地修改出现的错误,直到把子程序调好为止,然后再将主程序与子程序连接成一个完整的程序进行调试。

b. 调试程序时,在程序中插入断点,分段运行,逐段排除错误。

c. 将调试好的程序固化到 EPROM(系统采用微处理器、单板机、单片机时)或存入磁盘(系统采用 PC 机时),供今后使用。

5. 系统联调

在硬件和软件分别调试通过以后,就要进行系统联调。系统联调通常分两步进行。首先在实验室里,对已知的标准量进行采集和比较,以验证系统设计是否正确和合理。如果实验室试验通过,则到现场进行实际数据采集试验。在现场试验中测试各项性能指标,必要时,还要修改和完善程序,直至系统能正常投入运行时为止。

总之,数据采集系统的设计过程是一个不断完善的过程,一个实际系统很难一次就设计完善,常常需要经过多次修改补充,才能得到一个性能良好的数据采集系统。

15.3 系统 A/D 通道的确定

由第 1 章的讨论可知,系统 A/D 通道的作用,是把某些输入的模拟信号依次进行输入、放大、采样/保持、量化和编码后,输入计算机进行处理。根据设计技术指标,将多路开关、采样/保持器和 A/D 转换器选择好,再加上控制逻辑并按照一定通道方案组成在一起,就构成了系统 A/D 通道。

这一节将讨论系统 A/D 通道芯片和系统通道方案的选择。

15.3.1 系统 A/D 通道芯片的选择

1. 模拟多路开关的选择

模拟多路开关是多个模拟信号通道时分 A/D 转换器的器件。多路开关的主要参数是精度和速度。多路开关的精度以传输误差的大小来间接表示。多路开关的速度以信号通过多路开关的通过率来间接表示。

多路开关的传输误差包括以下两个方面。

(1) 多路开关导通电阻加上信号源阻抗与负载阻抗构成了分压器。当要求精度为 0.01% 时,负载阻抗就应至少是开关导通电阻与信号源阻抗之和的 10^4 倍。在数据采集系统中,多路开关的负载一般是采样/保持器。因为典型的多路开关的导通电阻为 200Ω～2kΩ,所以,如果信号源阻抗在几百欧姆以下,则作为负载的采样/保持器,其输入阻抗应在 10^8 Ω 以上。

(2) 多路开关的漏电流在信号源阻抗上产生偏移电压,而漏电流与工作温度关系很大。因此,应该根据最高工作温度时的漏电流来计算偏移误差。

通过率是衡量多路开关的一个指标,是多路开关从一个通道切换并使下一个通道建立到规定精度所能达到的最高切换率。它一方面取决于多路开关建立时间,并与规定的建立精度有关,另一方面为了避免两个通道同时接通,多路开关被设计为先断后通,这增加了断开到接通的延时,影响了通过率的提高。在确定多路开关的通过率时,要根据系统的采样速率来考虑。

2. 采样/保持器的选择

采样/保持器的选择,同样是以速度和精度作为最主要的因素。因为影响采样/保持器的误差源比较多,所以关键在于误差的分析。在选择时,一般优先考虑单片集成产品,因为它具有中等性能而且价格较低。所谓中等性能,是指采集时间为 4 μs 时,采集误差处于输入值终值 0.1%的误差带内;采集时间为 5～25 μs 时,则采集误差约为 0.01%。单片集成采样/保持器大都需要外接保持电容。保持电容的质量直接关系到采样/保持器的精度,必须慎重选择。

采样/保持器的误差分析最好是列出表格进行。假设工作温度范围为 0～+50℃,并已在 25℃时调整偏移误差和增益误差至零,则可对单片集成采样/保持器做出如表 15－1 所示的误差和性能估算。

表 15－1　采样/保持器的误差估算

误差源	性　　能	误　差
采集误差	额定采集时间相应的误差	0.01%
增益误差	增益误差温度系数为 15×10^{-6} /℃,温度变化为±25℃,所以增益误差为 $15\times10^{-6}\times25$	0.0375%
偏移温漂误差	偏移温漂约为 30 μV/℃,温度变化±25 ℃,所以最大偏移温漂误差为 30×25＝750 μV。对于 10V 满量程输入,误差为 750 μV/10V	0.0075%
非线性误差	一般额定值	0.01%
下降误差	与保持电容质量关系很大,下降率 dV/dt 约为 0.2～100 μV/μs。且是温度的函数。取 dV/dt(25 ℃)＝10 μV/μs,则＋50 ℃时该值将增为 10 倍。假设保持时间 10 μs,则电压下降为 10 μV/μs×10×10 μs＝1 mV,为满量程值的 0.01%	0.01%
介质吸收	一般估计	0.003%
(孔径抖动未计算在内)总误差(最坏情况)		0.078%
总静态误差(均方根值)		0.0421%

选择采样/保持器,除了考虑采集时间和精度外,还要考虑以下问题。

(1) 输入信号的动态范围(量程)。

(2) 采样/保持器进入保持状态时,允许的孔径抖动是多大? 由于孔径抖动是随机的、不可补偿的，所以必定会造成误差。例如，孔径抖动为 5 ns，假设信号的最大变化率为 1 V/μs，则保持电压的不确定值将为 1 V/μs×5 ns=5 mV，这就是可能产生的误差。因此要根据信号的最大变化率及允许的误差选择孔径抖动。

(3) 保持时间多长和允许多大电压降，这是选择保持电容容量的主要依据。

(4) 对电源的波动提出什么要求？

(5)采样/保持器的输入偏置电流流过多路开关的导通电阻和信号源内阻将会造成多大的偏移电压。

3. A/D 转换器的选择

A/D 转换器是数据采集系统的关键器件，选择 A/D 转换器时，要根据系统的采集对象选择其类型。下面用两个实例来说明不同采集对象对 A/D 转换器性能的不同要求。

例 15.1　地震勘探车周围布置有 32 个振动传感器，爆炸物被引爆后 1s，一切归于平静。要求在这一秒钟内每 100 μs 对所有传感器采集一次数据。应选择何种类型的 A/D 转换器？

解　在这种情况下，速度是最突出的问题，每个模拟通道的转换时间约为 3 μs，精度和价格均居次要地位。因此，选择高速 8 位逐次逼近型 A/D 转换器比较合适。

例 15.2　对半导体扩散炉的温度进行控制。要求测量精度达到 0.1℃，对应于热电偶输出变动值约几个微伏。扩散炉由市电降压经可控硅整流器加热炉丝。欲达到以上各项要求，应选择何种类型的 A/D 转换器？

解　信号传输中有电磁干扰，因此环境是恶劣的。由于炉体温度变化不可能很快，故采样速率只要每秒几次就足够了。价格也是要考虑的因素。对于这种情况，选择积分型 A/D 转换器比较合适，因为积分型 A/D 转换器除了有较佳的性能价格比外，还能够在电磁噪声环境下保持精度，并且有些产品有自动校零能力。

以上例子主要说明了在选择 A/D 转换器类型时，应根据被采集对象的性质，从速度方面考虑选择。至于转换器精度能否满足系统要求，情况就复杂些。这里需要注意的是转换器的“相对精度”，它是指在消除掉偏移和增益误差后，在限定的温度内，实际输出值与理论输出值之差，一般不超过 $\frac{1}{2}LSB$。但是，在工作中，不可能经常去调整转换器的偏移和增益误差。如果在某一温度调整转换器的偏移和增益误差为零，则温度改变时，偏移和增益误差就不再是零了。因此要对各项误差做出估算。

对于一个 12 位逐次逼近型 A/D 转换器，大体上可以对其各项误差做如下估算。

设已知估算条件是：在室温 25℃时，偏移和增益误差已调整为零；器件的工作温度范围为 0～+50℃；电源电压由于时间和温度的影响而改变，可能为 ±1%；电源电压敏感度(指电源电压每改变 1%时，对转换误差的影响)为 0.002%。A/D 转换器的各项误差如表 15-2 所示。

由表 15-2 可以看出，所有误差都恰好在同一级的可能性极小，而静态误差则又可能过于乐观，因为毕竟误差源的数目较少。无论如何，A/D 转换器的误差介于 0.04%～0.1135%之间。注意到 12 位 A/D 转换器的 1LSB 是满量程值的 0.024%，当温度改变了 25℃时，相对精度被降低 1～2 位是有可能的。

表 15-2　A/D 转换器的各项误差

误差源	性　　能	误　差
量化误差	(±1/2) LSB	0.012%
微分线性度误差	(±1/2) LSB	0.012%
微分线性度温漂误差	[(2～5)×10⁻⁶/℃]×25℃	0.005%～0.0125%
偏移温漂误差	5×10⁻⁶/℃×25℃	0.0125%
增益温漂误差	[(10～20)×10⁻⁶/℃]×25℃	0.025%～0.05%
电源电压变化	1×0.002%	0.002%
长周期变化		0.02%
总误差(最坏情况)		0.096%～0.1135%
总静态误差(均方根值)		0.0404%～0.0581%

另外，A/D 转换器的分辨率也是一个需要考虑的参数，它影响到系统的量化精度。A/D 转换器分辨率的选择依据，请见第 6 章的叙述，这里不再重复。

以上分别单独介绍了模拟多路开关、采样保持器和 A/D 转换器的选择及误差估算，需要指出的是，这些器件是组成一个整体进行工作的，因此，还应从系统整体上讨论器件误差的估算，这个问题留到以后的章节再做讨论。

15.3.2　系统 A/D 通道方案的确定

在数据采集中，经常要采集多个模拟信号，而且采集要求不尽相同。例如有些模拟信号之间没有什么严格关系，可以一个一个地分别采集；有些模拟信号之间有相位的要求，对这类模拟信号采集时要求同时进行。因此，系统的数据输入通道方案有多种多样，应该根据被测对象的具体情况确定。

目前，常见的系统 A/D 通道方案有以下几种。

1. 不带采样/保持器的 A/D 通道

对于直流或低频信号，通常可以不用采样/保持器，直接用 A/D 转换器采样，如图 15-1 所示。

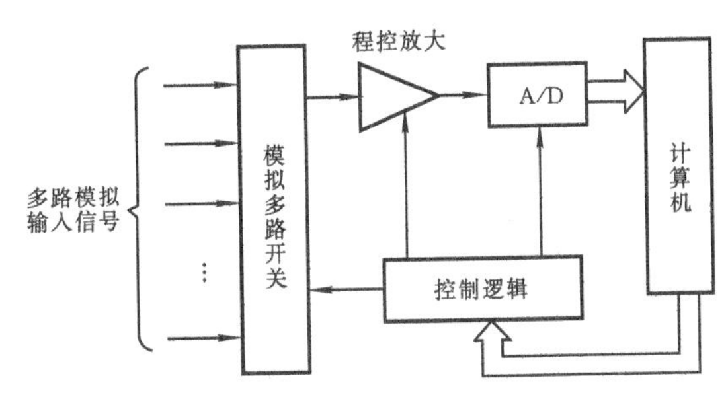

图 15-1　不带采样/保持器的 A/D 通道

模拟输入信号的最大变化率与 A/D 转换器的转换速率有如下关系

$$\left.\frac{\mathrm{d}U}{\mathrm{d}t}\right|_{\max} = \frac{FSR}{2^n t_{\mathrm{CONV}}} \tag{15-1}$$

式中：t_{CONV} 为 A/D 转换器的转换时间；FSR 为 A/D 转换器的满量程电压；n 为 A/D 转换器的位数。

例如，$FSR=10\text{V}$，$n=11$，$t_{CONV}=0.1\text{s}$，则模拟输入信号电压最大变化率为 $\frac{1}{20}$ (V/s)，当实际 U_1 的变化率 $\frac{\mathrm{d}U_1}{\mathrm{d}t}<\frac{\mathrm{d}U}{\mathrm{d}t}\Big|_{\max}$ 时，可以不用采样/保持器。

2. 带采样/保持器的 A/D 转换通道

当模拟输入信号变化率较大时，A/D 通道需要使用采样/保持器。由第 5 章可知，这时模拟输入信号的最大变化率取决于采样/保持器的孔径时间 t_{AP}，其模拟输入信号的最大变化率为

$$\frac{\mathrm{d}U}{\mathrm{d}t}\Big|_{\max}=\frac{FSR}{2^n t_{AP}} \tag{15-2}$$

如果将保持命令提前发出，提前的时间与孔径时间相等时，则模拟输入信号的最大变化率取决于孔径时间的不稳定性，即孔径不定 Δt_{AP}，并可由下式决定

$$\frac{\mathrm{d}U}{\mathrm{d}t}\Big|_{\max}=\frac{FSR}{2^n \Delta t_{AP}}$$

例 15.3 采样频率 $f_S=100$ kHz，$FSR=10$ V，$\Delta t_{AP}=3$ ns，$n=11$。现在想知道采样频率 f_S 是否太高？

解 因为 $\frac{\mathrm{d}U}{\mathrm{d}t}\Big|_{\max}=\frac{5(\text{mV})}{3(\text{ns})}=1.67\ (\text{V}/\mu\text{s})>\frac{FSR}{1/f_S}=1\ (\text{V}/\mu\text{s})$

所以 f_S 不高

但是，当 $f_S=200$ kHz 时，若其他值不变，则

$$\frac{\mathrm{d}U}{\mathrm{d}t}\Big|_{\max}=\frac{5(\text{mV})}{3(\text{ns})}=1.67\ (\text{V}/\mu\text{s})<\frac{FSR}{1/f_S}=2\ (\text{V}/\mu\text{s})$$

这时 f_S 太高了，整个 A/D 转换不能正常进行，所以并不是只要有采样/保持器，采样频率就不受限制，而是仍然存在最高采样频率的限制。

带采样/保持器的 A/D 通道的形式有以下几种。

(1) 多通道共享采样/保持与 A/D 转换器

图 15-2 所示为多路模拟通道共享采样/保持的典型电路原理结构。该系统采用分时转换工作方式。模拟多路开关在计算机控制之下，分时选通各个通路信号，送采样/保持和A/D，经过 A/D 转换后送微机处理。为了使得传感器的输出变成适合数据采集系统的标准输入信号，并有效地抑制串模和共模以及高频干扰，一般需有信号放大电路和低通滤波器。由于各路信号的幅值可能有很大的差异，常在系统中放置程控放大器，使加到 A/D 输入端的模拟电压信号幅值处于(0.5～1)FSR 范围，以便充分利用 A/D 转换器的满量程分辨率。

在使用采样/保持器的数据采集系统中，每路信号的吞吐时间(即 A/D 进行一次转换，从模拟信号的加入到有效数据全部输出所经历的传输时间) t_{TH}，等于采样/保持器的捕捉时间 t_{AC}、稳定时间 t_{ST}、A/D 转换时间 t_{CONV} 与输出时间 t_{OUT} 四者之和。即

$$t_{TH}=t_{AC}+t_{ST}+t_{CONV}+t_{OUT} \tag{15-3}$$

如果系统对 N 路信号进行等速率采样，且模拟多路开关切换时间 $t_{MUX}\ll t_{ST}+t_{CONV}$，$t_{MUX}$

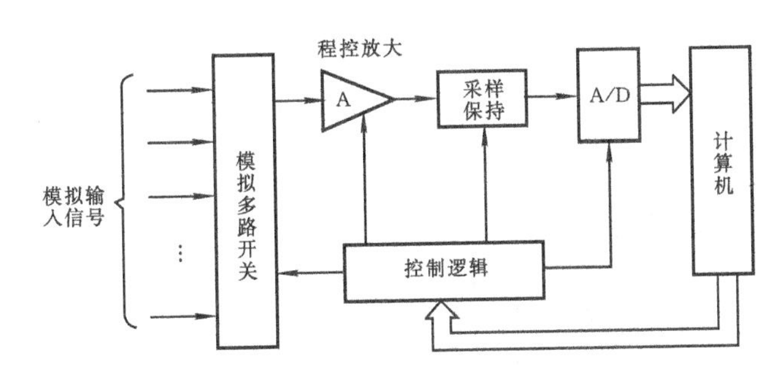

图 15-2 多路通道共享采样/保持与 A/D 转换器

可忽略不计时，则任一通道相邻两次采样时间间隔至少为 Nt_{TH}，故每个通道的吞吐率为

$$f_{TH} \leqslant \frac{1}{N(t_{AC}+t_{ST}+t_{CONV}+t_{OUT})} \tag{15-4}$$

由采样定理一可知，信号带宽应满足

$$f_{max} \leqslant \frac{1}{2} f_{TH} \tag{15-5}$$

这时，由于采样/保持器的孔径时间大大小于吞吐时间，孔径误差已不再构成对信号上限频率的限制，而是吞吐时间限制了信号上限频率。下例可以说明上述结论。

例 15.4 设数据采集系统为 8 路巡回采集，A/D 转换器的位数为 8 位，信号幅值 $U_m = FSR$，$t_{AC} = 3\ \mu s$，$t_{ST} = 2\ \mu s$，孔径不定 $\Delta t_{AP} = 3$ ns，$t_{CONV} = 40\ \mu s$。

解 由式(15-5)可得 $f_{max} \leqslant \frac{1}{2} f_{TH} = 1.39$ kHz，而根据孔径误差确定的信号上限频率为

$$f'_{max} \leqslant \frac{FSR}{2^{n+1} \cdot \pi \cdot \Delta t_{AP} \cdot 2U_m} = 1036\ (\text{kHz})$$

由于 $f_{max} \ll f'_{max}$，信号的上限频率取决于每路信号的吞吐时间，而非孔径误差，使得数据采集系统的速度得到充分的发挥。

(2) 多通道共享 A/D 转换器

图 15-3 为多通道共享 A/D 转换器的系统框图。这种系统的每一模拟通道在通道上都有一个采样/保持器，且由同一状态指令控制，这样，系统可同时采集多路模拟信号同一瞬时的数值，然后经模拟多路开关分时切换输入到 A/D 转换器的输入端，分别进行 A/D 转换和输入计算机。这种系统可以用来研究多路信号之间的相位关系或信号间的函数图形等，在高频系统或瞬态过程测量系统中特别有用，广泛用于振动分析、机械故障诊断等数据采集。系统所用的采样/保持器，既要有短的捕捉时间，又要有很小的衰变速率。前者保证记录瞬态信号的准确性，后者决定通道的数目。

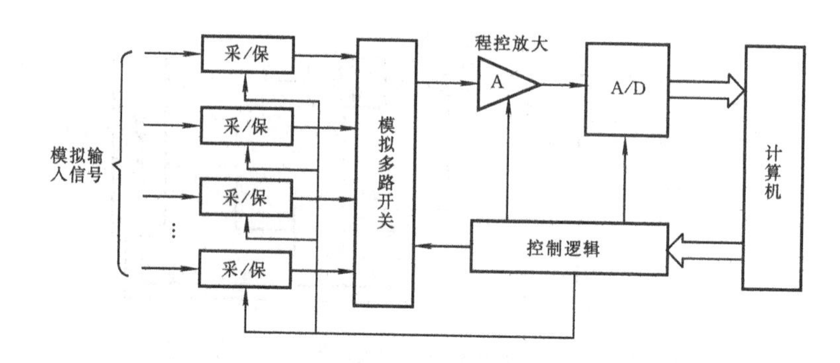

图 15-3　多通道共享 A/D 转换器

(3) 多通道并行 A/D 转换

图 15-4 为多通道并行 A/D 转换的系统框图。该类型系统的每一个通道中都有各自的采样/保持器和 A/D 转换器，它们只对本通道的模拟信号进行采样/保持和转换，A/D 转换器输出的数字量送至计算机。

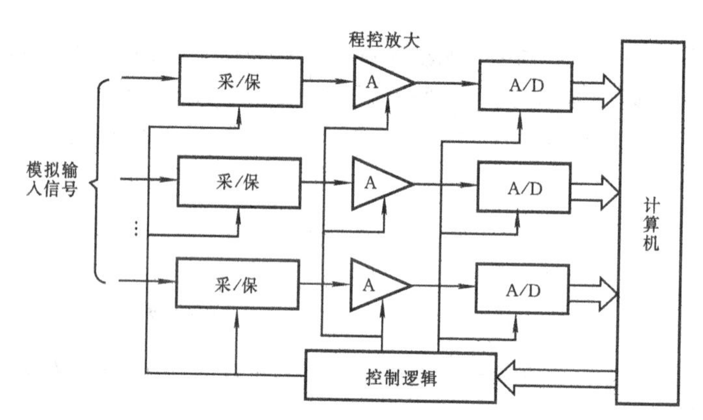

图 15-4　多通道并行 A/D 转换

这种形式常用于高速系统和高频信号采集系统。由于不用模拟多路开关，故可避免模拟多路开关所引起的静态和动态误差，但是，该系统的成本较高。

上述各种通道方案的选择，应根据被采集信号的数量、特性(类型、带宽、动态范围等)、精度和转换速度的要求、各路模拟信号之间相位差的要求和工作环境要求等实际情况而定，使之既在系统性能上达到或超过预期的指标，又造价低廉。

15.4　微型计算机配置方案的选择

在数据采集系统 A/D 通道方案确定之后，就可以考虑选用哪种微型计算机了，可供选择的方案有如下几种。

1. 采用个人计算机系统构成系统

用插入 A/D 板卡到个人计算机扩展槽的方法来构成数据采集系统，是设计数据采集系统的一种方案。适用于这种设计的微机一般应是具有功能扩展插槽的个人计算机。在国内，比较常用的机种有商用 PC 机以及工业 PC(IPC)机。目前,商用 PC 机的主板上已无 ISA 总线扩展槽,只有 PCI 总线扩展槽,可选配显存较大的独立显卡;IPC 机的无源底板仍保留较多的 ISA 总线扩展槽和一定数量的 PCI 总线扩展槽,IPC 机的主板集成了显卡,尚不能选配独立显卡。因此,若选用商用 PC 机构成数据采集系统时,只能使用 PCI 总线板卡;若选用 IPC 机构成数据采集系统时,既可使用 ISA 总线板卡,也可使用 PCI 总线板卡。

目前,由于商用 PC 机或 IPC 机的内存至少为 1GB,因此它们都适用于构成大、中、小规模的数据采集系统。

2. 采用单板机构成系统

单板机是许多初学者首先熟悉的微型机,因此,许多初学者开始进行数据采集系统的设计时,很自然地选用单板机。SDK-85(8085CPU)、TP-801 等是国内前几年较流行的单板机。

用户只需在单板机的扩展布线区扩展存储器、数据采集电路以及相应的 I/O 电路等,即可具备数据采集功能。它有系统成本较低等显著优点。但是,由于单板机的内存容量可扩充性较小,因此,单板机仅适用于小型数据采集系统。

3. 采用标准功能模块构成系统

为了适应计算机应用的通用性和灵活性,各计算机制造厂按照统一标准总线(如 STD,S-100)生产出各种各样的功能模板。例如,CPU 板,内存储器板(RAM 或 ROM),A/D 转换板,D/A 转换板,开关量输入、输出板,并行、串行通信板等等。设计人员可按照需要选用相应的功能模板构成系统。采用这种方案构成数据采集系统的优点是:

① 对系统设计人员的技术熟练程度要求较低;

② 构成系统灵活,配置比较合理,板卡由专业厂家生产,可靠性较高;

③ 检测、调试、开发比较容易;

④ 故障查找和排除较方便;

⑤ 有利于缩短研制周期;

⑥ 可先用通用模块组成标准系统,然后再扩充专用模板,使通用性和专用性获得较合理的统一;

⑦ 扩充方便。

4. 采用微处理器或单片机构成系统

这是一种用微处理器或单片机、ROM、RAM 和各种接口器件,自己动手设计数据采集系统的方法。这种方法称为芯片级设计方法。这种方法的优点是成本较低,缺点是设计工作量较大。由于是从头开始设计,因此对设计者的知识、能力等方面要求较高。

微机是数据采集系统的核心,它的选择对数据采集系统的设计有较大的影响。无论采用哪种配置方案来构成系统,一般应从以下几个方面来考虑所选微机是否符合系统的要求。

(1) 中断处理能力

在数据采集系统中,中断方式往往是主要的控制方式。微机中断处理能力的强弱,直接影响到系统硬件和应用程序的设计。

(2) 字长和速度

字长和速度可以一起考虑。对于同一算法、同一精度要求,如果微机的字长短,则要采用多字节运算,完成数据采集与处理任务所要执行的指令数就多。为了保证数据采集的实时性,必须选用执行速度快的微机。同理,当微机的字长足以保证精度要求时,就不必用多字节运算,完成数据采集与处理任务所要执行的指令数就少,因而就可以选用执行速度慢的微机。对于测量温度等物理量的系统,可选用8位微机。对于速度和精度要求较高的系统,可选用16位或32位微机。

在了解微机的情况后,具体型号的选定就比较容易了。对于采用单板机和个人计算机的系统设计,设计者实际上没有太多的挑选余地,主要是根据已有的条件以及系统的用途和成本来决定机型。如单板机系统设计,一般采用TP-801A或TP-801B。个人计算机系统设计,如果是用于科学实验,一般不必考虑成本等因素,主要是看设计者有什么计算机,或者在几种硬件配置计算机中挑选出更适合完成任务的一种。如果准备设计成商品化的产品,则要将成本列为主要的考虑因素。能用小内存的,尽量不要配置成大内存。

芯片级设计,微处理器或单片机型号的选定要灵活得多,也有较大的选择余地。不过,最根本的选择依据是:设计者是否熟悉芯片,有没有开发条件,配套芯片的货源如何等。设计者不应当脱离这些现实问题去片面追求其他指标。考虑到计算机技术的发展和芯片的配套货源等情况,芯片级的设计推荐采用单片机。在单片机系统设计中,最好要有相应的简易开发系统。一般用无ROM型单片机,如8035、8031等来设计系统,这样,可以不需要专用的单片机ROM或EPROM,避免初学者操作不慎,在编程中损坏芯片。

15.5 系统的误差分配及速度估计

15.5.1 系统的误差分配

设计一个数据采集系统,一般首先给定精度要求、工作温度、通道数目和信号特征等条件,然后根据条件,初步确定系统的结构方案和选择元器件。

在确定系统的结构方案之后,应根据系统的总精度要求,给各个环节分配误差,以便选择元器件。通常传感器和信号放大电路所占的误差比例最大,其他各环节,如采样/保持器和A/D转换器等的误差,可以按选择元件精度的一般规则等具体情况而定。

选择元件精度的一般规则是:每一个元件的精度指标应该优于系统规定的某一最严格的性能指标的10倍左右。

例如,要构成一个要求0.1%级精度性能的数据采集系统,所选择的A/D转换器、采样/保持器和模拟多路开关元件的精度都应该不大于0.01%。

初步选定各个元件之后,还要根据各个元件的技术特性和元件之间的相互关系核算实际误差,并且按绝对值和的形式或方和根形式综合各类误差,检查总误差是否满足给定的指标。如果不合格,应该分析误差,重新选择元件及进行误差的分析综合,直至达到要求。下面举例说明。

例15.5 设计一个远距离测量室内温度的数据采集系统。已知满量程为100 ℃,共有8路信号,要求系统的总误差为±1.0℃(即相对误差为±1%),环境温度为25℃±15℃,电源波动±1%。试进行误差分配,选择合适的器件,构成满足精度要求的数据采集系统。

解 系统的设计可按以下步骤进行。

1. 方案选择

鉴于温度的变化一般很缓慢，故可以选择如图 15－2 所示的多通道共享采样/保持器和 A/D 转换器的通道结构方案，温度传感器及信号放大电路方案如图 15－5 所示。

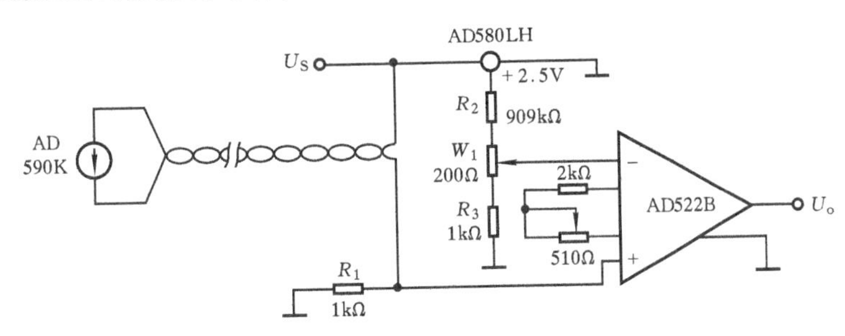

图 15－5　温度传感器及信号放大电路

2. 误差分配

由于传感器和信号放大电路是系统误差的主要部分，故将总误差的 90%（即±0.9℃的误差）分配至该部分。该部分的相对误差为 0.9%，数据采集、转换部分和其他环节的相对误差为 0.1%。

3. 初选元件与误差估算

(1) 传感器选择与误差估算

由于是远距离测量，且测量范围不大，故选择电流输出型集成温度传感器 AD590K。由技术手册可知：

① AD590K 的线性误差为 0.20℃；

② AD590K 的电源抑制误差：当 $+5\ \mathrm{V} \leqslant U_S \leqslant +15\ \mathrm{V}$ 时，AD590K 的电源抑制系数为 0.2℃/V。现设供电电压为 10 V，U_S 变化为 ±0.1%，则由此引起的误差为 0.02℃；

③ 电流电压变换电阻的温度系数引入误差：AD590K 的电流输出传至采集系统的信号放大电路，须先经电阻变为电压信号。电阻值为 1 kΩ，100℃ 对应信号电压为 100 mV。该电阻误差选为 0.1%，电阻温度系数为 10×10^{-6} /℃。AD590K 灵敏度为 1μA/℃。在 0℃时输出电流为 273.2 μA。所以当环境温度变化±15℃时，它所产生的最大误差电压（当所测量温度为 100℃时）为：

$$273.2 \times 10^{-3} \times 10 \times 10^{-6} \times 15 \times 10^{3} = 0.04\ \mathrm{mV}\ (相当于\ 0.04℃)$$

(2) 信号放大电路的误差估算

AD590K 的电流输出经电阻转换成最大量程为 100 mV 电压，而 A/D 的满量程输入电压为 10 V，故需加一级放大电路，现选用仪用放大器 AD522B。放大器输入加一偏置电路。将传感器 AD590K 在 0 ℃时的输出值 273.2 mV 进行偏移，以使 0 ℃时输出电压为零。为此，尚需一个偏置电源和一个分压网络，如图 15－5 中，由 AD580LH 以及 R_2、W_1、R_3 构成的电路。偏置后，100 ℃时 AD522B 的输出信号为 100 mV，显然，放大器的增益应为 100。

① 参考电源 AD580LH 的温度系数引起的误差：AD580LH 用来产生 273.2 mV 的偏置电压，其电压温度系数为：$\pm 25 \times 10^{-6}$ /℃，当温度变化 ±15℃时，偏置电压出现的误差为

$$273.2 \times 25 \times 10^{-6} \times 15 = 0.1\ \mathrm{mV}\ (相当于\ 0.1℃)$$

② 电阻电压引入的误差：电阻 R_2 和 R_3 温度系数为 $\pm 10\times10^{-6}$ /℃，± 15 ℃温度变化引起的偏置电压的变化为

$$273.2\times10\times10^{-6}\times15=0.04\ \text{mV}\ (\text{相当于}\ 0.04℃)$$

③ 仪用放大器 AD522B 的共模误差：其增益为 100，此时的 $CMRR$ 的最小值为 100 dB，共模电压为 273.2 mV，故所产生的共模误差为

$$273.2\times10^{-3}\times10^{-5}=2.7\ \mu\text{V}\quad(\text{该误差可以忽略})$$

④ AD522B 的失调电压温漂引起的误差：它的失调电压温度系数为±2μV/℃，输出失调电压温度系数为±25μV/℃，折合到输入端，总的失调电压温度系数为±2.25μV/℃。温度变化为±15℃时，输入端出现的失调漂移为

$$2.25\times10^{-3}\times15=0.03\ \text{mV}\ (\text{相当于}\ 0.03℃)$$

⑤ AD522B 的增益温度系数产生的误差：它的增益为 1000 时的最大温度系数等于 $\pm 25\times10^{-6}$ /℃，增益为 100 时，温度系数要小于这一数值，如仍取这一数值，且设所用增益电阻温度系数为 $\pm 10\times10^{-6}$ /℃，则最大温度误差(环境温度变化为 ± 15℃)是

$$(25+10)\times10^{-6}\times15\times100=0.05\ ℃$$

⑥ AD522B 线性误差：其非线性在增益为 100 时近似等于 0.002%，输出 10 V 摆动范围产生的线性误差为

$$10\times10^{3}\times0.002\ \%=0.2\ \text{mV}\qquad(\text{相当于}\ 0.2\ ℃)$$

现按绝对值和的方式进行误差综合，则传感器、信号放大电路的总误差为

$$0.20+0.02+0.04+0.10+0.04+0.03+0.05+0.20=0.68℃$$

若用方和根综合方式，这两部分的总误差为

$$\sqrt{0.2^2+0.02^2+0.04^2+0.1^2+0.04^2+0.03^2+0.05^2+0.2^2}=0.31℃$$

估算结果表明，传感器和信号放大电路部分满足误差分配的要求。

(3) A/D 转换器、采样/保持器和多路开关的误差估算

因为分配给该部分的总误差不能大于 0.1%，所以 A/D 转换器、采样/保持器、多路开关的线性误差应小于 0.01%。为了能正确地做出误差估算，需要了解这部分器件的技术特性。

① 技术特性

设初选的 A/D 转换器、采样/保持器、多路开关的技术特性如下。

a. A/D 转换器为 AD5420BD，其有关技术特性如下

线性误差：±0.012%(FSR)

微分线性误差：$\pm\frac{1}{2}LSB$

增益温度系数(max)：$\pm 25\times10^{-6}$ /℃

失调温度系数(max)：$\pm 7\times10^{-6}$ /℃

电压灵敏度：±15V 为±0.004%

　　　　　　±5V 为±0.001%

输入模拟电压范围：±10V

转换时间：5μs

b. 采样/保持器为 ADSHC－85，其技术特性如下。

增益非线性：±0.01%

增益误差：±0.01%

增益温度系数：$\pm 10 \times 10^{-6}$ /℃

输入失调温度系数：±100 μV/℃

输入电阻：10^{11} Ω

电源抑制：200 μA/V

输入偏置电流：0.5 nA

捕获时间(10V 阶跃输入、输出为输入值的 ±0.01%)：4.5 μs

保持状态稳定时间：0.5 μs

衰变速率(max)：0.5 mV/ms

衰变速率随温度的变化：温度每升高 10℃，衰变数值加倍。

c. 多路开关为 AD7501 或 AD7503，其主要技术特性如下

导通电阻：300 Ω

输出截止漏电流：10 nA(在整个工作温度范围内不超过 250 nA)。

② 常温(25℃)下误差估算

a. 多路开关误差估算

设信号源内阻为 10 Ω，则 8 个开关截止漏电流在信号源内阻上的压降为

$10 \times 10^{-9} \times 8 = 0.08\ \mu V$　(可以忽略)

开关导通电阻和采样/保持器输入电阻的比值，决定了开关导通电阻上输入信号压降所占比例，即

$$\frac{300}{10^{11}} = 3 \times 10^{-9}\ (\text{可以忽略})$$

b. 采样/保持器的误差估算

线性误差：±0.01%

输入偏置电流在开关导通电阻和信号源内阻上所产生的压降为

$$(300 + 10) \times 0.5 \times 10^{-3} = 0.16\ \mu V(\text{可以忽略})$$

c. A/D 转换器的误差估算

线性误差：±0.012%

量化误差：$\pm 2^{-13} \times 100\% = \pm 0.012\%$

滤波器的混叠误差取为 0.01%。采样/保持器和 A/D 转换器的增益和失调误差，均可以通过零点和增益调整来消除。

按绝对值和的方式进行误差综合，系统总误差为混叠误差、采样/保持器的线性误差以及 A/D 转换器的线性误差与量化误差之和，即

$$\pm(0.01 + 0.01 + 0.012 + 0.012)\% = \pm 0.044\%$$

按方和根式综合，总误差为

$$\pm\sqrt{0.01^2 + 0.01^2 + 2 \times 0.012^2}\% = \pm 0.022\%$$

③ 工作温度范围(10℃～40℃)内误差估算(最大温度差 $\Delta T = 40 - 25 = 15$℃)

a. 采样/保持器的漂移误差

失调漂移误差：$\pm 100 \times 10^{-6} \times 15 = \pm 1.5$ mV

相对误差：　$\pm \dfrac{1.5 \times 10^{-3}}{10} = \pm 0.015\%$

增益漂移误差：$\pm 10\times10^{-6}\times15=\pm0.015\%$

±15V 电源电压变化所产生的失调误差(设电源电压变化均为1%)为

$$200\times10^{-6}\times15\times1\%\times2=60\ \mu V(可以忽略)$$

b. A/D 转换器的漂移误差

增益漂移误差：$\pm25\times10^{-6}\times15\times100\%=\pm0.037\%$

失调漂移误差：$\pm7\times10^{-6}\times15\times100\%=\pm0.01\%$

电源电压变化的失调误差(包括±15V 和+5V 的影响)：

$$\pm(0.004\times2+0.001)\%=\pm0.009\%$$

最后得出

I. 按绝对值和的方式综合，工作温度范围内系统总误差为

$$\pm(0.015+0.015+0.037+0.01+0.009)\%=\pm0.086\%$$

II. 按方和根方式综合，系统总误差则为

$$\pm\sqrt{2\times0.015^2+0.037^2+0.01^2+0.009^2}\%=\pm0.045\%$$

计算表明，总误差满足要求。因此，各个器件的选择在精度和速度两个方面都满足系统总指标的要求。器件的选择工作到此可以结束。在器件选择完成之后，就可以着手印刷电路、接口、软件等方面的设计了。

15.5.2 速度估计

对于时变信号的采集，除了满足系统总误差要求外，每个通道的吞吐率还必须达到预定的指标，这取决于通道硬件的延迟时间与数据读出时间(程序的执行时间)之和。计算程序运行时间的一般方法是统计执行每条指令所包含的总状态周期个数(若循环体内执行时间不确定，按最长时间统计)，再乘以时钟周期。数据读出时间是限制数据采集系统吞吐率的主要因素。

在系统设计时常画出系统的时序图，以估算在一个采样周期内的硬件延迟时间和软件执行时间的分配是否合理。图15-6所示为一系统时序图。该系统要求采样速率为16次/秒，现由时序图分析，看是否满足要求。由图可知，总的转换时间大于40 ms，即转换速率略低于25次/秒，超过了16次/秒的采样速率要求。

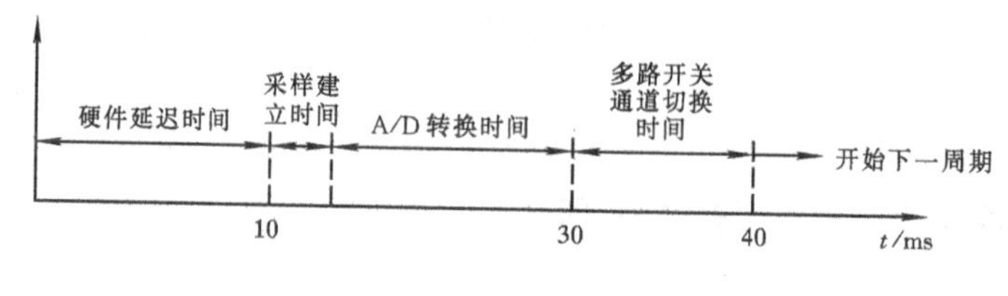

图15-6 系统时序图

习题与思考题

1. 为什么说在硬件设计时要注意充分发挥硬件的技术性能？否则会存在什么问题？
2. 为什么说在硬件设计时要注意确保系统安全可靠地工作？否则会存在什么问题？

3. 为什么说在设计软件时要保证其结构合理？应该怎样做？

4. 在设计数据采集系统时，选择模拟多路开关要考虑的主要因素是什么？

5. 在选择采样/保持器时，要考虑的主要因素是什么？

6. 一个数据采集系统的采集对象是温室大棚的温度和湿度，要求测量精度分别为 ±1 ℃和 ±3 % RH，每 10 分钟采集一次数据，应选择何种类型的 A/D 转换器和通道方案？

7. 如果一个数据采集系统，要求有 1%级精度性能指标，在设计时，怎样选择系统的各个器件的性能指标？

8. 能否说，一个带有采样/保持器的数据采集系统，其采样频率可以不受限制？为什么？

9. 在为一个数据采集系统选择微机时，主要考虑哪些因素？

10. 一个带有采样/保持器的数据采集系统，其采样频率 $f_S = 100$ kHz，$FSR = 10$ V，$\Delta t_{AP} = 3$ ns，$n=8$，试问系统的采样频率 f_S 是否太高？

第 16 章　数据采集系统实例

前一章介绍了数据采集系统的设计原则、方法和系统设计时需要注意的一些问题，让读者对如何设计数据采集系统有了一定的了解。本章介绍几个数据采集系统的设计实例，供读者在实际工程设计时参考。

16.1　发动机台架试验的数据采集系统

发动机试验台架是用于柴油机、汽油机性能测试的专门装置。通常的待测参数有扭矩、转矩、油耗、压力、温度、位移、转角及流量等。传统的旧式台架均由人工进行试验，往往由几个人分工操作、读数和记录。测试人员不能离开现场，工作紧张、疲劳，且测量误差大，效率低。目前，先进的试验台架，均已实现自动测试和数据采集，使发动机性能试验的精确度及工作效率大大提高。

16.1.1　系统概述

图 16－1 为发动机台架试验数据采集系统的结构图。

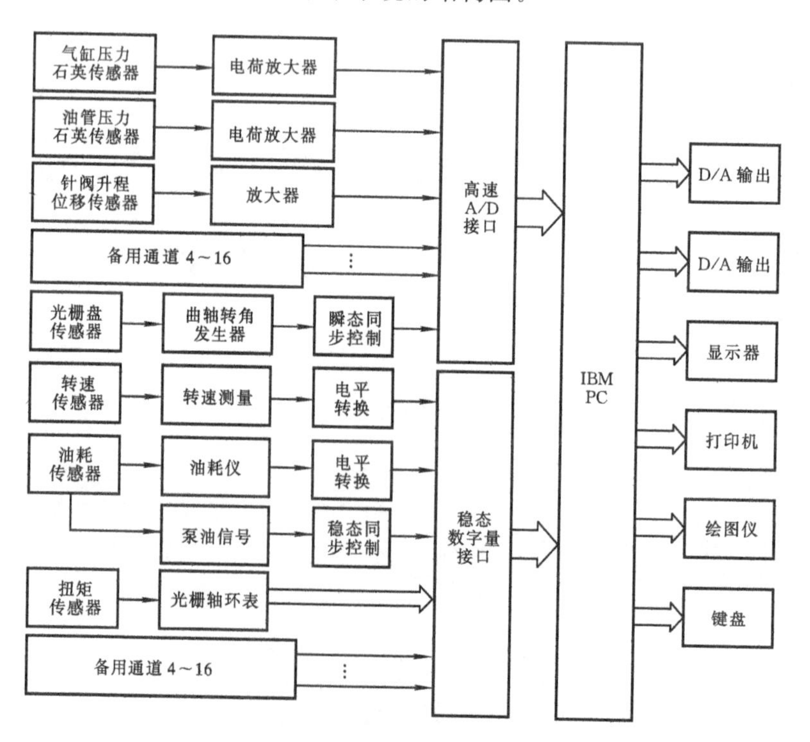

图 16－1　发动机台架试验数据采集系统结构图

其中的光栅轴环表与水力测功器配合测量功率，该表与油耗转速仪的输出均为 BCD 码数字量。此部分的接口电路设计成一块稳态数字量采集接口板。瞬态模拟量接口板则包括 A/D 转换器、D/A 转换器及采样同步脉冲发生器等。两块模板均直接插入 PC 机的 ISA 总线扩展槽，通过屏蔽电缆将其与油耗转速仪、曲轴转角发生器、针阀升程仪、压力传感器与电荷放大器等直接相连，中间无任何其他环节。这样不仅系统结构紧凑，工作可靠性提高，而且系统的研发周期缩短，成本降低，有利于推广应用。

16.1.2 瞬态参数模块的设计

(1) 转角分辨率

当发动机的转速为 n，冲程数为 τ 时，则气缸压力波形的基波频率为

$$f_0 = \frac{n}{30\tau}$$

对于柴油机而言，需要考虑的最高频率 f_{max} 通常为 150 次谐波。于是对于四冲程柴油机有

$$f_{max} = 150 f_0 = 1.25n$$

由此得出采样频率至少应为 $2.5n$。如果每度曲轴转角采样一次，此时的实际采样频率为

$$f_S = \frac{360n}{60} = 6n$$

可见能满足采样定理一的要求，因此决定选用转角分辨率为 $1°\ ((\frac{\pi}{180})\mathrm{rad})$。当然进一步提高转角分辨率有利于信号的保真，但是，这就要求提高 A/D 转换的速率，或降低对转速的上限要求。

A/D 转换器接口采用 DMA 传送方式，采样速率为 100 kHz，当采样通道数为 4 时，试验的转速上限

$$n_{max} = \frac{100000 \times 60}{4 \times 360} = 4000(\mathrm{r\ /\ min})$$

足以满足一般测试要求。

(2) A/D 转换器的分辨率

传感器与二次仪表的综合误差为 1%，实际测量中，仪表与 A/D 转换器并不总是在靠近满量程的情况下工作，系统的实际测量误差将会增大。为保证在较低的量程范围内工作时，仍有较高的精度，系统选用了 12 位 A/D 转换器，单极性电压输入时，量化级可达 2048，这样即使采样值仅为满量程的 5%，量化误差的影响也只有 1%。

(3) 相位差

当多个通道巡回采样时，各通道之间必然存在着采样的时差，使得采样点没有严格同步在同一曲轴转角位置，从而形成各通道采样数据之间的相位时差。为了解决这个问题，可以采取以下几种措施。

① 多片 A/D 转换器同时工作，如图 15-4 所示。每个通道有一片采样/保持器和一片 A/D 转换器，由曲轴转角脉冲同时启动采样和转换，然后将转换后的数据逐一读入内存。这种方案不存在采样时差，但无疑增加了系统的复杂性。当通道较多时是不宜采用的。

② 多片采样/保持器同时工作，各通道共用一片 A/D 转换器，多路开关置于采样/保持器与 A/D 转换器之间，如图 15-3 所示。多片采样/保持器由曲轴转角脉冲同步控制采样后进入保持期，然后由 A/D 转换器顺序转换。在这种方案中，采样/保持器的质量至关重要，保持

电容的泄漏实质上仍然会表现出一定的时差。

③ 尽量提高采样速率。提高采样速率即相当于减小了时差。设计一个采样脉冲发生器，每当转角脉冲到达时，触发该发生器产生与采样通道数相等的若干个同步脉冲，脉冲周期与最高的采样速率相匹配，四通道的时序图如图16-2所示。这一串同步脉冲控制采样/保持器、多路开关、A/D转换器及DMA传送协调工作。无论转速如何变化，都能保证以最高的速率采集一组数据。转速愈低，时差引入的相位差就愈小。本系统就采用这种方法。

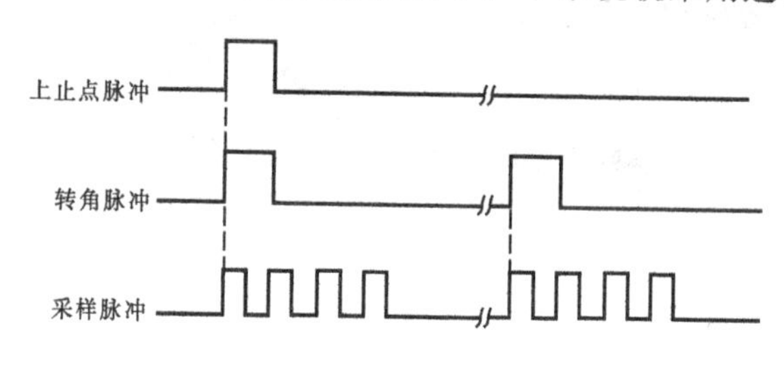

图16-2　采样时序图

(4) 采样起始点

发动机的一个工作循环相当于2转720°，曲轴转角发生器不仅输出720个转角脉冲，而且每转输出1个上止点信号脉冲，其中一个对应压力波形的谷值，下一转的输出则对应压力波形的峰值。采样的起始点只能从谷值开始，才能得到正常的原始数据。图16-3表示两种可供选择的采样方式。通过对比可以发现，当转速很高时，图16-3(b)所示方式因谷值的判断可能漏采一组数据，一旦漏采，采样数据就将与转角位置产生错位，处理结果会产生很大的误差。图16-3(a)所示方式则避免了数据的丢失，值得推荐。

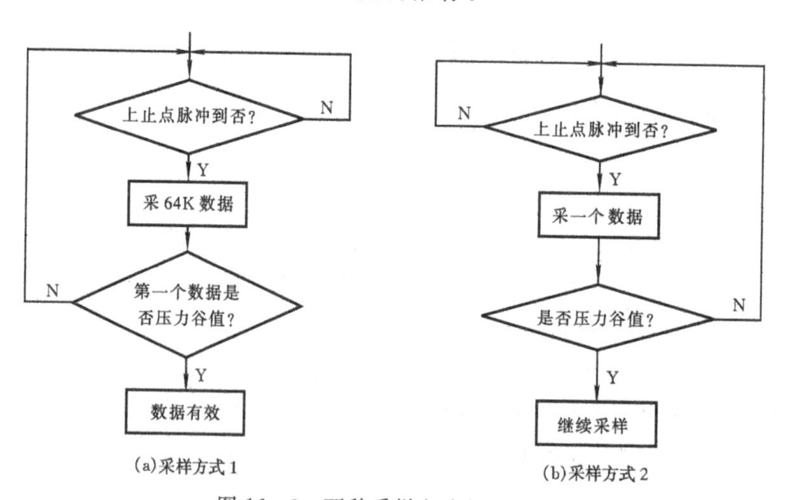

图16-3　两种采样方式的流程图

(5)数据的采集

A/D转换的结果采用DMA方式传送到内存。图16-4为整个模块的工作原理框图。初始化时，设定DMA传送的最大字节长度为64KB。上止点信号到达时打开采样门，每个转角脉冲启动4次A/D转换，转换结束信号控制通道的切换与采样/保持器，同时将结果直接送入内存。当采满65536个字节时，DMA控制器的传送结束信号T/C脉冲将采样门关闭。然后再采下一个 64KB 的数据。64KB 数据相当于发动机 11 个工作循环。可连续采样 5 页计 328KB，即 55 个工作循环。系统设计成可在 1～55 之间任选，以适应性能试验中的不同要求。当进行单个循环的测试时，仍采集 11 个循环，但只采纳一个循环的数据。余下的 10 个循环的参数不予理睬，这样处理既可保证精度又简化了系统的设计。

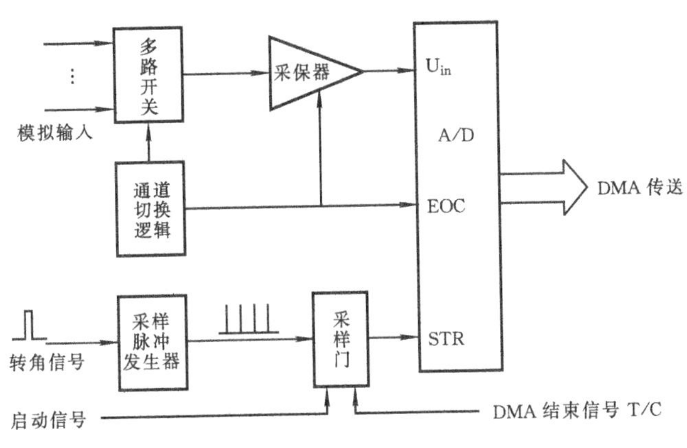

图 16－4　模拟量采集框图

16.1.3　稳态参数的采集

稳态参数测量有耗油量、转速与功率。仪表的输出均为 BCD 码，故可用 8255 并行接口将采样数据输入计算机。但油耗转速测量仪系采用 PMOS 集成电路设计，电源电压为 －24V，高电平输出约在－4V 以上，低电平输出约在－18V 以下，其间必须进行 PMOS－TTL 电平转换。这个模块的硬件原理框图如图 16－5 所示，一共使用了三片 8255。电平转换采用光电耦合器，其优点是具有良好的隔离效果，抑制了干扰。油耗仪的泵油信号输入计算机，CPU 查询到此信号有效时即采样一组数据，实现稳态参数的测量与泵油同步。

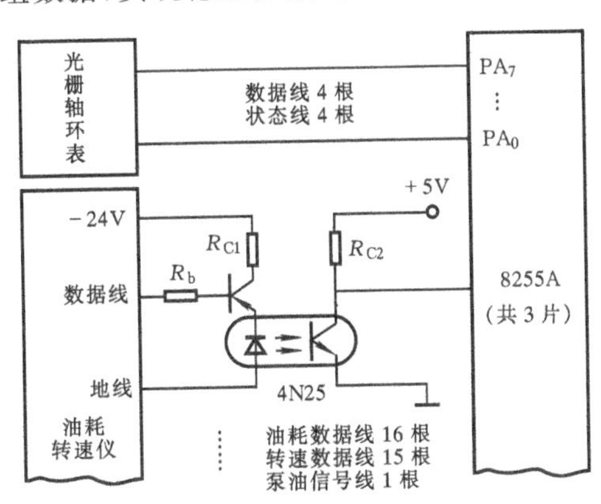

图 16－5　数字量采集框图

16.1.4　抗干扰措施

发动机系统的噪声与干扰脉冲比较严重，如前述，本系统采用重复采样的办法提高抗干扰能力。重复采样 n 次后求平均可使信噪比提高 $\sqrt{n}$ 倍。同时采用肖维纳准则剔除异常数据，由于重复采样的次数在2～55之间选择，异常数据的判断区间是不确定的，数据处理中求出平均值$\overline{U}$及均方差$\hat{\sigma}(U)$后，再根据n查肖维纳准则表中对应的系数ch，判断最大测量值的残差

$$|U_{i}-\overline{U}|>ch\times\hat{\sigma}(U)$$

是否成立。若成立，则视U_{i}为异常数据做剔除处理。

台架试验的工作环境比较恶劣，计算机系统必须离开一定的距离，为避免信号在传输中受到干扰，所有信号线都使用单芯屏蔽电缆。

除前面介绍的光电隔离外，本系统的模拟信号地与数字信号地严格分开，最后才接到一点，且将该点通过粗铜线接铜板，埋入1 m深的地下。

由于本系统结构紧凑，不存在接口箱等中间环节，又采取了以上一些抗干扰措施，经现场试验，系统工作稳定可靠，完全达到了实用的要求。

16.2　土壤工作部件性能参数数据采集系统

移动式土壤工作部件泛指犁、松土铲、除草铲、开沟器等在土壤中作直线运动的部件，是农业机械中基本的工作部件，其性能的好坏影响着整机的工作质量、工作效率、能耗等指标。本节介绍的土壤工作部件性能参数数据采集系统采用计算机软件对机组的位移脉冲信号连续计数，以确定采样点的位置和采集牵引阻力等数据。

16.2.1　试验装置和数据采集系统的构成

移动式土壤工作部件性能试验装置为室内模拟试验形式，主要由土槽、电动拖拉机(拖拉机由调速电机驱动)、线性测力悬架、拉力传感器、位移测试装置等组成，如图16-6所示。

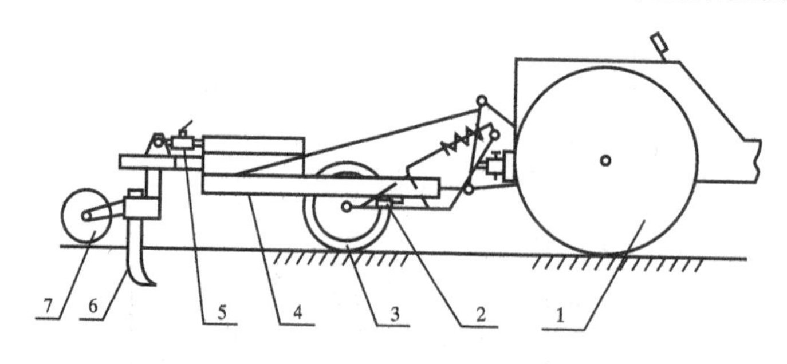

图16-6　移动式土壤工作部件性能测试装置

1—电动拖拉机；2—光电传感器；3—测量轮；4—线性测力悬架；
5—拉力传感器；6—土壤工作部件；7—配重

数据采集系统由拉力传感器、动态电阻应变仪、光电传感器、数字测试仪、接口箱、A/D接口板、PC计算机及外部设备组成。数据采集系统结构如图16-7所示。

由图16-6可知，拖拉机在调速电机的驱动和变速机构的控制下，以设定的速度牵引线性测力悬架带动土壤工作部件沿着土槽直线运动，为实现定点等距采集机组牵引阻力值，需要不断地测试机组的位移量。机组位移量用位移测试装置测试，位移测试装置由测量轮、安装机架、齿形编码盘和反射式光电传感器组成，如图16-8所示。

位移测试装置与拖拉机刚性连接，测量轮与拖拉机同步运动且作纯滚动(测量轮转过的周

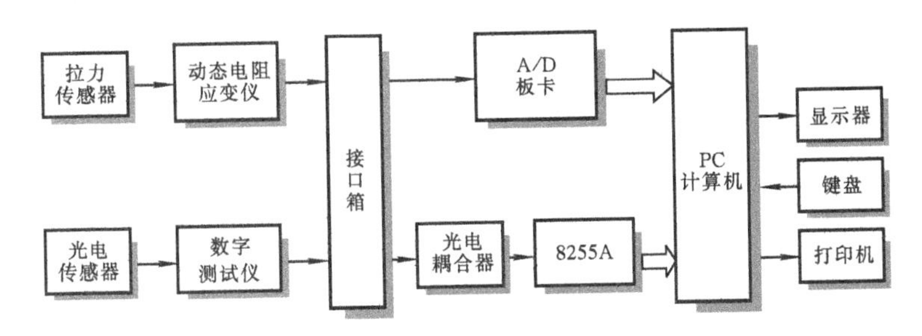

图 16-7 数据采集系统结构

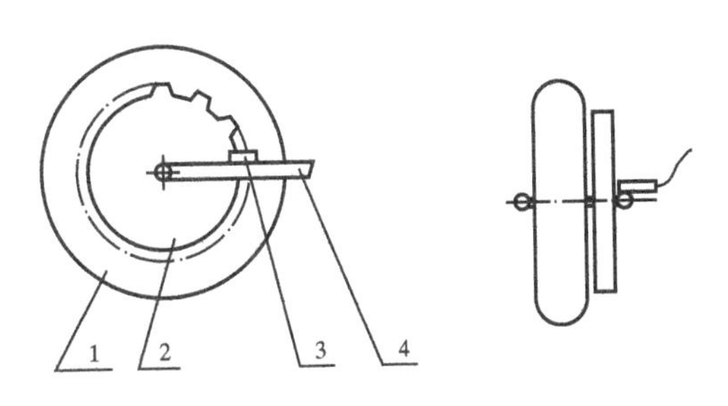

图 16-8 位移测试装置

1—测量轮;2—齿形编码盘;3—反射式光电传感器;4—安装机架

长即为机组的位移量),齿形编码盘随测量轮作同步转动。位于编码盘侧面的反射式光电传感器向编码盘发射出一束连续光线,当光线射向有齿部分时,光线被齿面反射;当光线射向齿盘缺口部分时,则不反射。光电传感器接收到反射光线时输出电信号。这样,随着测量轮的不断转动,便可得到一近似正弦信号,然后用数字测试仪将信号整形、放大成 TTL 电平脉冲方波信号,最后通过 8255A 芯片将位移脉冲方波信号传入计算机。

16.2.2 定点等距采集数据的算法

为便于离线将采集到的牵引阻力与相应测点的土壤情况(如坚实度、土壤湿度等)作对比,本系统采用定点等距的方法来采集测点处的数据。定点等距采集数据方法的核心是将相对土槽起始位置的机组位移脉冲计数值与某一系列规定值进行比较:若两者相等,则此刻机组的位移为采样点位置,并采集牵引阻力;若两者不相等,则继续比较,直到采集完全部数据为止。算法如下。

(1) 对位移脉冲信号进行计数

为了能正确地对位移脉冲信号进行计数,规定程序在波形由低电平跳变到高电平的上升沿处计数一次,其他情况下不计数。脉冲计数有硬件计数和软件计数,本系统采用软件计数法。

由图 16-9 可知,程序中采用了一个位移脉冲计数变量 C、一个采样点计数变量 S 和两个控制变量 A、B。变量 A 的值反映 8255 芯片的 PC_0 位电平的变化情况:A=1 表示 PC_0 位是高电平;A=0 表示 PC_0 位是低电平。变量 B 的值反映 PC_0 位电平的延续情况:B=1 表示 PC_0 位为高电平延续阶段;B=0 表示 PC_0 位为低电平延续阶段。当 A=1 且 B=0 时,变量 C 的值加 1(计数一次),其他情况下不计数。

(2) 机组位移量的计算

为了便于离线定点研究土壤坚实度、土壤湿度等参数与机组牵引阻力的关系，要求数据采集系统在线采集时，在磁盘中记录下与采样点对应的机组位移量和牵引阻力值。为此，根据以下数学表达式计算出机组的位移量

$$L = C\frac{\pi \cdot D}{Z}$$

式中：D 为测量轮直径；Z 为齿形编码盘齿数。

(3) 采样点位置的确定

根据齿形编码盘的齿数(86)和测量轮直径，确定齿形编码盘每转过5个齿时，作为采样点位置。为此需要根据位移脉冲信号的计数值，按照一定逻辑表达式判断出采样点的位置。

(4) 机组牵引力的采集

若上述逻辑表达式成立，则在磁盘中记录机组位移量并采集、记录机组牵引阻力，同时记录本次数据采集时间。

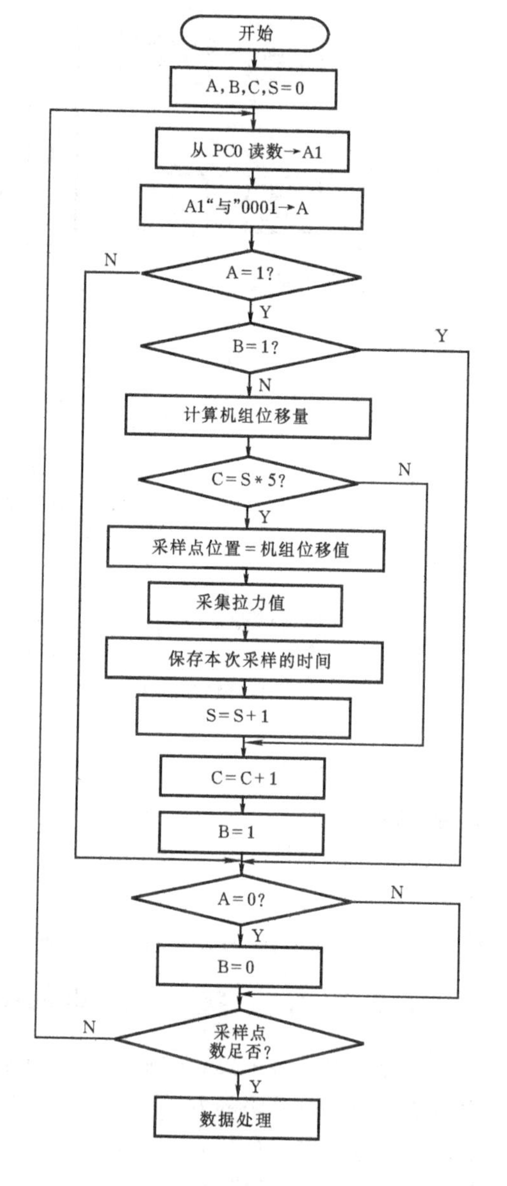

图16-9　定点等距采集数据算法流程图

16.2.3　计算项目和数学模型

系统测试出机组位移量和牵引阻力两个参数后，在此基础上计算出以下各值。

(1) 求出每行程的最大牵引阻力和最小牵引阻力

① 计算每行程牵引阻力的平均值

$$\overline{F} = \frac{1}{n}\sum_{i=1}^{n} F_i$$

式中：F_i 为各测点处的牵引阻力；n 为每行程的测点总数。

② 每行程牵引阻力的标准差

$$S = \sqrt{\frac{\sum (F_i - \overline{F})^2}{n-1}}$$

③ 每行程牵引阻力的变异系数

$$\gamma = \frac{S}{\overline{F}} \times 100\ \%$$

(2) 相邻两测点之间的机组工作速度

$$v = \frac{L_i}{t}$$

式中：L_i 为相邻两测点之间的距离；t 为相邻两测点之间机组运动所用时间。

上式中的 t 为本次测点采集数据时间与前次测点采集数据时间之差。

(3) 消耗的功率

$$N = \frac{F_i \cdot v}{102}$$

16.2.4 几个关键技术问题的处理

(1) 脉冲信号频率的确定

为了保证在对位移脉冲信号计数时不出现丢脉冲现象(即计数错误),需要确定系统可采集脉冲信号的最高频率。已知齿形编码盘的齿数 $Z=86$,测量轮直径 $D=564$ mm,机组最高前进速度 $v_{\max}=3.333$ m /s,则齿形编码盘的平均转速 n 为

$$n = \frac{v_{\max}}{\pi \cdot D}$$

位移测试装置输出的脉冲信号的最高频率 $f_{\max}$ 为

$$f_{\max} = \frac{Z \cdot n}{60}$$

则测试系统采集脉冲信号的采样周期 $T \leqslant \frac{1}{f_{\max}} = 0.00618$ s。

(2) 拉力传感器的标定

在使用拉力传感器之前,需要对拉力传感器进行标定,确定传感器的灵敏度(即传感器的输出量与输入量之比),以便计算机将采集到的信号电压值转换成相应的拉力值后进行数据处理。另外,在使用中传感器有随时间的变化而变化的特性,导致系统采集精度下降,故也需要对传感器定期进行标定。为此,本系统设计了一个标定数据处理程序,在精度为 $\pm 1\%$ 的机械加载装置的配合下,对拉力传感器进行标定,以确定传感器的灵敏度,提高系统的采集精度。

(3) 消除仪器零点漂移

由于环境温度等因素的影响,使牵引力为零时,配接的电阻应变仪输出值不为零,这就是零点漂移现象,这种现象也将影响系统的采集精度。本系统在每次开始运行时,首先采集电阻应变仪的零点漂移值,然后在采集中将采集到的数据做零点漂移误差修正,即可消除零点漂移对系统采集精度的影响。

16.2.5 抗干扰措施

由于本系统的计算机是固定放置在一个房间内,而不是随机组运动,需要通过信号线长距离传送信号;拖拉机采用 22 kW 调速电机驱动,电机在启动和运转中会发出干扰脉冲;电网存在工频干扰。为此本系统采取以下抗干扰措施。

(1)良好的接地是实现信号测量的关键,接地不良会产生严重的干扰,本系统数字地与模拟地严格分接,只在一点共地。

(2)信号线使用金属屏蔽双绞线,并在信号接收端处,金属屏蔽层一端接地。

(3)采用光电耦合器对 A/D 接口板实施三总线隔离,以阻断外界与计算机的电气联系,避免外界对计算机内部的干扰。

(4)采用双端方式采集模拟信号,以提高系统抗共模干扰的能力。

(5)多路开关中暂时不用的模拟通道均与接口板的模拟地短接,以避免模拟通道之间的串扰。

(6)各采样点处的数据采集采取重复采样后取平均值的方法,以消除尖峰脉冲和电网工频的干扰。

16.2.6　数据采集结果

本系统以松土铲为对象,进行了牵引阻力的数据采集。在数据采集之前,首先模拟室外自然状况,将土槽中一定深度的土壤用水湿透,靠自然沉降密实土壤,待土壤干燥到一定程度再进行牵引阻力的数据采集。部分数据采集结果见表 16-1 和图 16-10。

表 16-1　松土铲部分数据采集结果

采样点位置 L/mm	牵引阻力 P/N	采样时间 t/s	采样点位置 L/mm	牵引阻力 P/N	采样时间 t/s	采样点位置 L/mm	牵引阻力 P/N	采样时间 t/s
103	68.401	0.4	1133	351.804	4.7	2164	322.482	8.8
206	254.080	0.8	1237	342.027	5.2	2267	332.259	9.3
309	254.080	1.2	1340	351.804	5.5	2371	312.714	9.7
412	87.946	1.6	1443	302.937	5.9	2474	302.937	10.0
515	283.393	2.1	1546	332.259	6.3	2577	283.393	10.4
618	234.536	2.5	1649	244.303	6.8	2680	254.080	10.8
721	156.357	3.0	1752	205.214	7.2	2783	146.579	11.1
824	195.447	3.4	1855	224.759	7.6	2886	195.447	11.5
927	195.447	3.8	1958	273.625	8.1	2989	146.579	11.9
1030	312.714	4.2	2061	285.393	8.5	3092	117.268	12.3

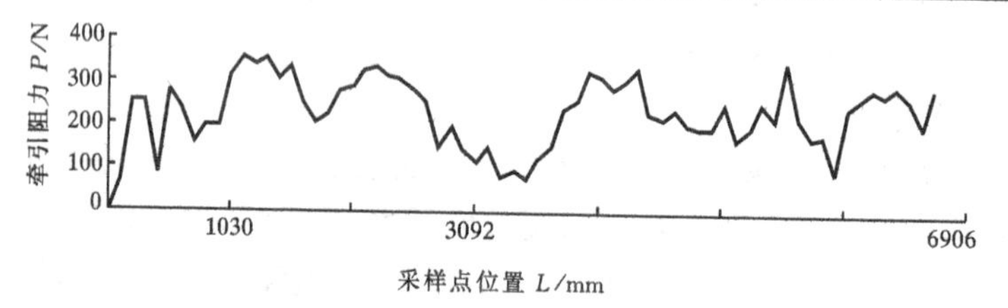

图 16-10　松土铲牵引阻力曲线

综上所述可得到以下结论。

(1) 移动式工作部件性能参数数据采集系统在设计过程中,综合应用了数据采集与处理领域的多种技术思想,集数据采集与处理于一身,采集精度高,运行可靠,经多次实际应用,表明该系统能满足移动式工作部件性能参数的采集要求。

(2) 文中介绍的软件定点等距采集拉力数据的方法,具有系统硬件结构简单,使用方便等优点,对数学模型稍微变动可用于采集农业机械的直线行走速度。

(3) 为保证定点等距的数据采集精度,测量轮一般最好采用非充气轮。

16.3　用 RS-485 构成温室环境远程数据采集系统

植物生长需要一个适宜的环境。在可控环境下,可以不分季节、不分地区地种植所需的植物。温室作为农业生产的重要设施，其内部的环境因子(如空气温度、空气相对湿度、光照度和CO_2浓度等)是植物生长的关键条件，各环境因子之间有相互耦合的关系，不仅影响到植物的生长和健壮程度，还会影响到成株的生长状况和花芽分化的好坏，从而影响到瓜果菜类植物的早熟性、丰产性。所以，对温室环境因子进行数据采集，不仅可以为分析环境与植物生长之间的关系提供依据，而且可以为实现温室环境控制奠定基础。

在规模生产中，一般使用多座温室，温室之间在空间上相对分散，且与计算机监控室也存在一段距离。在这种情况下，采用串行总线技术来构成温室环境远程数据采集系统，是一种较好的技术方案。

目前，串行总线有RS-485、USB、现场总线等。采用RS-485总线技术对现场数据进行采集、管理，相对于如FF、CAN、Lon Works、Profibus等现场总线系统而言，具有结构简易、成本低廉、硬软件支持丰富、安装方便，且与现场仪表接口简单，系统实施容易等特点，因而RS-485总线系统在一定时间内仍是中小规模数据采集系统的主要形式。

本节介绍用RS-485构成温室环境远程数据采集系统。系统主要用于温室内的温度、湿度、光照度和CO_2浓度等环境因子的自动采集，对温室的异常情况进行故障初发期的报警处理，为控制植物生长环境所需的温度、湿度、光照度和CO_2浓度奠定基础。

16.3.1　系统网络拓扑结构

温室环境远程数据采集系统的网络拓扑采用RS-485总线方式，系统以IPC机为主机，以RM417模块为从机，二者通过插在IPC通信插座上的RS-232/RS-485接口转换器连接，系统网络拓扑结构如图16-11所示。

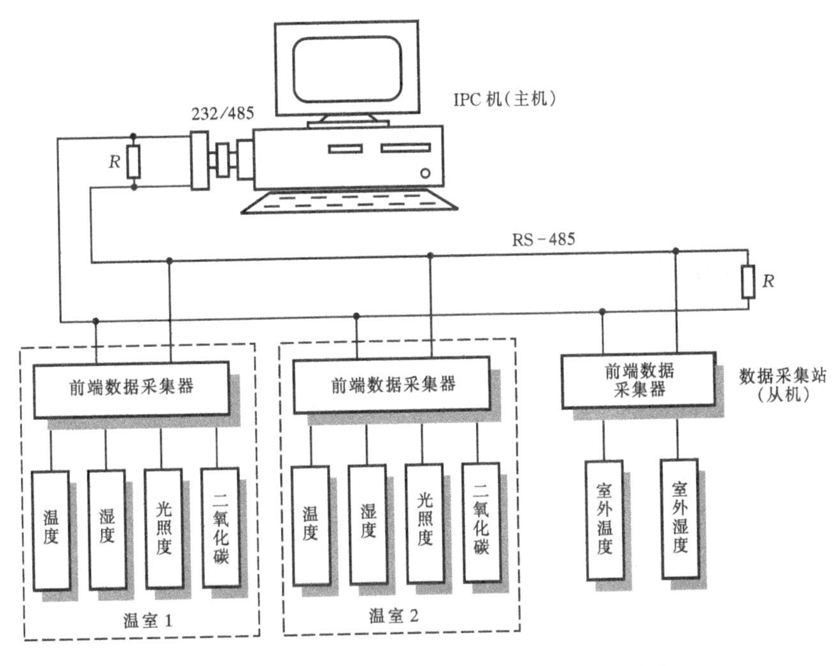

图16-11　温室环境数据采集系统网络拓扑结构

系统采用主从方式进行多机通信，每个从机拥有自己固定的地址，由主机控制完成网上的每一次通信。网络的连接线采用双绞屏蔽线，图16-11中的 R 为平衡电阻，$R=120\ \Omega$，通信波特率为9600 bit/s，串行数据格式为：1位起始位、8位数据位和1位停止位，无奇偶校验位。

系统工作初始，所有从机复位，即处于监听状态，等待主机的呼叫。当主机向网上发出某一从机的地址时，所有从机接收到该地址并与自己的地址相比较，如果地址相符，说明主机在呼叫自己，则将采集到的温度、湿度、光照度和 CO_2 浓度数据发送到网上；如果地址不相符，则不予理睬，继续监听呼叫地址。主机延时等待一段时间，则开始一次数据传输通信。通信完毕，从机继续处于监听状态，等待呼叫。

16.3.2 系统网络协议

为了能使主机读数据命令、从机回传数据在网络上正确地传输，在数据链路层必须提供一定的网络协议，保证在物理层的比特流出现错误时进行检测和校正，同时实现生成命令帧和数据帧的功能。

(1) 主机给从机的控制命令帧

主机读取数据的控制命令帧格式如表16-2所示。

表16-2 控制命令帧

@	AA	R

其中：@为命令标志符；AA为模块地址；R为命令符。

(2) 从机上报给主机的数据帧

从机上报给主机的数据帧如表16-3所示。

表16-3 数据帧

数据包(T RH LI CO2 CH5 CH6 CH7 … CH16)	BCC
64个字节	2个字节

其中：T为温度数据；RH为湿度数据；LI为光照度数据；CO2为 CO_2 浓度数据；CH5～CH16为其余通道的数据；BCC为校验和，长度是2个字节。

16.3.3 系统硬件

1. 传感器

传感器是温室环境因子数据采集的重要器件，用来感知环境因子的变化。因此，传感器精度的高低是影响数据采集系统精度、可靠性和成本的重要因素之一。在精度、可靠性满足系统要求的情况下，应选择价格适宜的传感器。

(1) 温、湿度传感变送器

本系统的室内外温、湿度传感变送器选用E+E公司的产品，温度测量范围：－20～80℃，精度±0.2℃，相对湿度测量范围：0～100%RH，精度：±3%RH，稳定性：5年内在50%RH下，年变化±1%RH，输出信号：4～20 mA。

(2) CO_2 传感变送器

目前，CO_2 传感变送器的类型有两种：一种是基于气体对红外线吸收原理的红外式，优点是精度高、工作稳定可靠、使用方便，缺点是价格较高；另一种是热导池式，优点是价格较低，缺点是要经常更换感受元件、要定期用标准气体标定传感变送器，使用不方便，且可靠性与感受元件有关。从精度、可靠性和使用方便等方面考虑，本系统选用 VAISALA 公司的 GMW22D 红外式 CO_2 传感变送器，测量范围：$0\sim2000\times10^{-6}$，精度：$<\pm20\times10^{-6}$＋读数的 1.5%，重复性：$<\pm20\times10^{-6}$，稳定性：$<\pm100\times10^{-6}$/5 年，输出信号：0～20 mA。

(3) 光照传感变送器

光照传感变送器选用硅光电池作为光敏探测器，将光照强度转换为电流信号，再经运算放大器转换为电压信号输出。测量范围：0.1～199.9klx，准确度：≤测量值的±4%±1 个字，线性误差：≤测量值的±0.2%±1 个字，输出信号：0～5 V。

2. RS－232/RS－485 接口转换器

RS－232/RS－485 接口转换器为中泰研创公司生产的 RM450 通信转换器，该转换器为光隔离型接口转换器，工业化结构，内置自调整时基专用 IC，具有自动控制数据流向功能；无需 RS－232 的控制信号，内部数据自动管理；支持 RS－485 半双工的通信速率及格式(2400bit/s～57.6 kbit/s)；输入、输出双重保护，隔离电压 2000 V；具有瞬变电压抑制功能，开路故障和热关断保护功能；能有效的防止雷击和共地干扰；通信转换器具有数据流向和电源指示，可随时监测故障发生。

RM450 通过 DB－9 插座与主机通信。

3. 前端数据采集器

前端数据采集器为中泰研创公司生产的 RM417 远端模拟量采集模块，该模块为 16 路模拟量输入，12 位 A/D 转换；RS－485 通信，端口光电隔离，隔离电压大于 500 V。

16.3.4　系统软件设计

1. 系统软件基本功能

系统主机为 IPC 机，从机为前端数据采集器，主机与从机的通信采用半双工方式。主机具有发送命令、接收和显示数据、查询历史数据、曲线显示、存储打印等基本功能，还具有友好的操作界面。此外，主机对采集数据进行标度变换、数字滤波等预处理。

2. 系统软件结构

按照网络协议的帧格式编写的数据采集通信软件，通过物理层最终完成主机与从机的数据传送。在温室环境远程数据采集系统中，主机和从机之间传送的命令是 ASCII 格式，模块地址和数据是十六进制格式。在系统中，从机完成数据采集、预处理和上传数据等任务，主机完成数据的集中处理任务，所以数据采集通信软件要使主机和从机协调一致地工作，尽量减小数据通信对系统其他工作的影响。

温室环境远程数据采集系统软件采用 Delphi 5.0 语言编程，采用层次模型组织数据采集系统的软件，数据采集系统软件结构如图 16－12 所示。

3. 程序界面设计

(1) 温室环境数据采集程序界面设计

在温室环境远程数据采集系统中，由于各栋温室与主机监控室存在一段距离，主计算机监控室的操作人员很难用视觉清楚了解温室的运行情况。为了解决此问题和提高系统程序操作

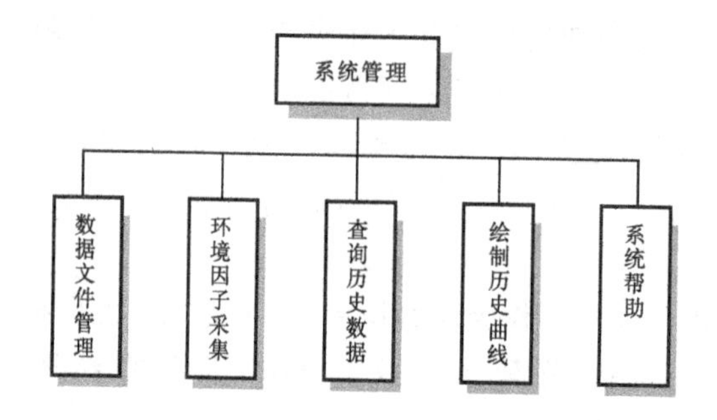

图 16-12　数据采集系统软件结构

的直观性、易用性，本系统程序界面采用模拟现实界面技术，即根据温室的结构形式、配套设备、环境因子采集等具体情况，用商业软件绘制出相应彩色图像，采用动画技术使相关设备和背景图像动作，从而产生与真实场景相近似的效果。

① 使用 Windows/程序/附件/画图功能绘制温室、气象监测站及温室外部环境的彩色图像，并存储为图像文件 GreenHouse. bmp。

② 运行 PhotoShop 7.0 软件，装入温室图像文件 GreenHouse. bmp，在图像文件上部选定一个区域，采取由上而下逐渐变淡的渐变效果进行处理，即可完成温室外部环境的远景绘制，从而使温室环境模拟现实图 GreenHouse. bmp 具备三维效果。

③ 用 Form1 窗体制作系统管理界面，如图 16-13 所示。

④ 用 Form2 窗体制作数据文件管理界面。

⑤ 用 Form3 窗体制作温室环境因子数据采集界面，如图 16-14 所示。

图 16-14 中窗体使用了 6 个 ComboBox 组件，2 个 BitBtn 组件，6 个 Panel 组件，44 个 Label 组件，34 个 Image 组件，4 个 Timer 组件，1 个 RxSwitch 组件和 1 个 MSComm 组件。

⑥ 用 Form4 窗体制作查询历史数据界面。

⑦ 用 Form5 窗体制作绘制历史曲线界面。

图 16-13　系统管理界面

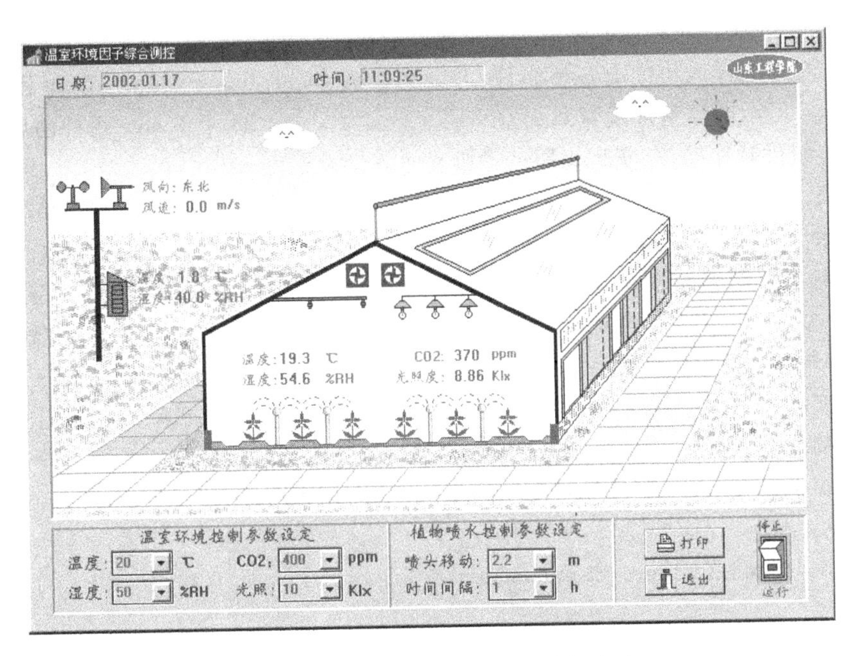

图 16－14　温室环境因子数据采集界面

(2) 太阳动画设计

根据动画片制作原理，将一幅静止图像，分别制作出 24 幅不同动作的子图像，然后在一固定位置 1 s 内顺序播放 24 帧子图像，将使静止图像产生动画效果。因此，图 16－14 窗体中太阳的动画设计制作如下。

① 在 Windows/程序/附件/画图环境中，装入温室图像文件，在天空位置处选取一小块区域，并复制成图像文件 Sun1. bmp。

② 在 Windows/程序/附件/画图环境中，装入 Sun1. bmp 文件，然后在其上绘制太阳帧 1 图，并仍以 Sun1. bmp 文件名保存绘制的图像。

③ 在 Windows/程序/附件/画图环境中，装入 Sun1. bmp 文件，擦去原图像部分内容，然后绘制太阳帧 2 图，并以 Sun2. bmp 文件名保存绘制的图像。

④ 在 Windows/程序/附件/画图环境中，装入 Sun2. bmp 文件，擦去原图像部分内容，然后绘制太阳帧 3 图，并以 Sun3. bmp 文件名保存绘制的图像。

⑤ 按照第(4)步骤，顺序绘制太阳帧 4 图～太阳帧 20 图，并分别以 Sun4. bmp～Sun20. bmp 为文件名保存相应图像。

以上步骤绘制的 20 幅太阳动画帧图如图 16－15 所示。

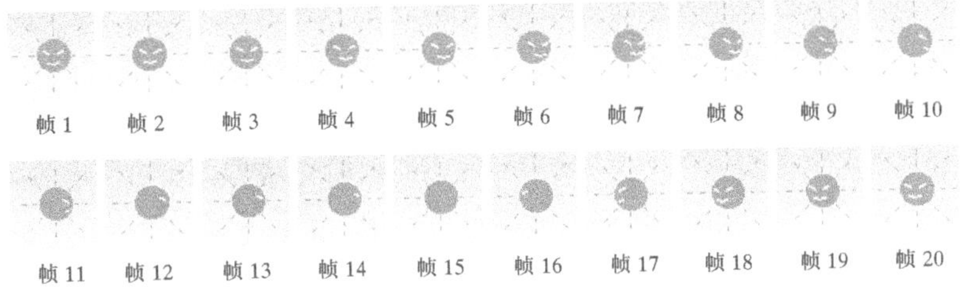

图 16－15　太阳动画帧

⑥ 在 Delphi 程序中产生动画有以下两种方法。

a. 使用 20 个同样大小的 Image 组件，并分别装入 Sun1. bmp～Sun20. bmp 图像文件，然后在图 16-14 所示的温室环境背景天空一固定位置处，将这 20 个 Image 组件前后重叠放置，再用 Timer1 组件顺序播放，实现太阳的动画显示。

b. 使用 1 个 Image 组件，再用 Timer1 组件顺序从硬盘调入 Sun1. bmp～Sun20. bmp 图像文件到 Image 组件，实现太阳的动画显示。

以上两种方法的相同之处：动画显示效果一样。不同之处：第一种方法在实现太阳动画显示时，不用反复读取硬盘，但需要较多的程序行；第二种方法在实现动画显示时，需要反复读取硬盘，但程序行少。

本系统实际编程时采用第一种方法。在撰写本书时，为了减少书中程序占用的篇幅，仅举第二种方法的程序。

Form3 窗体的 Timer1 组件属性 Interval ＝ 300，属性 Enabled ＝False，Timer1 组件编程如下。

```
procedure TForm1.Timer1Timer(Sender: TObject);
var
  S1 , S: String;
begin
  SI: = SI + 1;
  S1: = IntToStr(SI);
  S: = ' E:\ Factory \ Sun ' + S1 + ' . bmp ';
  Image1 . Picture . LoadFromFile(S);
  if  SI = 20  then  SI: = 0;
end;
```

程序中 SI 变量为全局变量，并初始化为 0。在 Form3 窗体中，对风扇、植物喷水等画面采取同样处理，也可获得相应的动画效果。

4. 数据采集通信软件设计

数据采集通信软件是网络层软件，为网络内主机与从机之间的数据流提供服务。由该层软件处理的数据单位为数据分组。在系统中，主机与从机进行的是十六进制数据和 ASCII 码命令的直接传输，因而不需要 OSI 七层参考模型中其他层次软件的支持。

下面给出用 Delphi 5.0 语言编写的用 RS-485 构成的温室环境远程数据采集系统的网络层软件。设定主机为 IPC，通信口为 COM1，从机为 3 块 RM417 模块，地址分别为 1＃、2＃和 3＃，分别用于采集 1＃温室、2＃温室和室外温、湿度。其中，1＃温室环境因子数据采集程序如下。

```
unit Wenshi51;

interface

uses
  Windows, Messages, SysUtils, Classes, Graphics, Controls, Forms, Dialogs,
```

```
  RXSwitch, StdCtrls, Buttons, ExtCtrls, OleCtrls, MSCommLib_TLB;
  procedure Verify1(Vstr:String; Var Rchar,Vchar:Integer);
  procedure Inp(var Vt,Vrh,Vco2,Vlx:Real);

type
  TForm1 = class(TForm)
    Panel1: TPanel;
    Image1: TImage;
    Label3: TLabel;
    Label4: TLabel;
    Label5: TLabel;
    Label6: TLabel;
    Label7: TLabel;
    Label8: TLabel;
    Label9: TLabel;
    Label10: TLabel;
    Label11: TLabel;
    Label12: TLabel;
    Label13: TLabel;
    Label14: TLabel;
    Label15: TLabel;
    Label16: TLabel;
    Label17: TLabel;
    Label18: TLabel;
    Label19: TLabel;
    Label20: TLabel;
    Label21: TLabel;
    Label22: TLabel;
    Label23: TLabel;
    Label24: TLabel;
    Label25: TLabel;
    Image3: TImage;
    Image4: TImage;
    Image5: TImage;
    Image6: TImage;
    Image7: TImage;
    Image8: TImage;
    Image9: TImage;
    Image10: TImage;
```

```
Image12: TImage;
Image13: TImage;
Image11: TImage;
Panel5: TPanel;
Label26: TLabel;
Label27: TLabel;
Label28: TLabel;
Label29: TLabel;
Label30: TLabel;
Label31: TLabel;
Label32: TLabel;
Label33: TLabel;
Label34: TLabel;
ComboBox1: TComboBox;
ComboBox2: TComboBox;
ComboBox3: TComboBox;
ComboBox4: TComboBox;
Panel6: TPanel;
Label35: TLabel;
Label36: TLabel;
Label37: TLabel;
Label38: TLabel;
Label39: TLabel;
ComboBox5: TComboBox;
ComboBox6: TComboBox;
Panel2: TPanel;
Label43: TLabel;
Label44: TLabel;
BitBtn1: TBitBtn;
BitBtn2: TBitBtn;
Label1: TLabel;
Label2: TLabel;
Panel3: TPanel;
Panel4: TPanel;
RxSwitch1: TRxSwitch;
Timer1: TTimer;
MSComm1: TMSComm;
Timer2: TTimer;
procedure FormShow(Sender: TObject);
```

```
    procedure Timer1Timer(Sender: TObject);
    procedure BitBtn2Click(Sender: TObject);
    procedure RxSwitch1On(Sender: TObject);
    procedure RxSwitch1Off(Sender: TObject);
    procedure Timer2Timer(Sender: TObject);
  private
    { Private declarations }
  public
    { Public declarations }
  end;

var
  Form1: TForm1;
  Tstr, RHstr, CO2str, Lstr: String[5];
  JShu: Byte;

implementation

{$R *.DFM}

procedure Verify1(Vstr: String;  Var Rchar, Vchar: Integer);
var
   S: String[2];
   Su: Integer;
   I, Mchar: Integer;
begin
   S: = Copy(VStr, 1, 1);                    //  从字符串VStr中提取首个字符
   Su: = Ord(S[1]);                          //  返回字符对应的ASCII码
   Rchar: = Su;
   forI: = 2  to  64  do
   begin
       S: = Copy(VStr, I, 1);                //  从字符串VStr中提取第I个字符
       Su: = Ord(S[1]);                      //  返回字符对应的ASCII码
       Rchar: = Su  Xor  Rchar;              //  循环,将64个字符异或
   end;
   S: = Copy(VStr, 65, 2);
   Vchar: = StrToInt('$' + S);               //  转换为十六进制数
end;
```

```
procedure Inp( var Vt, Vrh, Vco2, Vlx: Real);
var
   Wait: Integer;
   Ss: String[5];
   Vstr: String[66];
   V: Real;
   Rchar , Vchar: Integer;
begin
   Vt: = 0;
   Vrh: = 0;
   Vco2: = 0;
   Vlx: = 0;
   Form1.MSComm1.PortOpen: = True;          //打开 COM1 口
   Repeat
      Form1.MSComm1.Output: = ´@ 01R´;      //向 1# 从机发索要数据的命令
      For  Wait: = 1  To  110000000  do;    //延时等待,确保全部通道数据接收完毕
      Vstr: = Form1.MSComm1.Input;          //接收从机发送的数据
      Verify1(Vstr, Rchar, Vchar);          //对数据进行校验
      if  Rchar = Vchar  then               //若接收的数据无误
      begin
      //从接收的 66 个字符中提取前一组 4 个字符,并在前面加'$'
        Ss: = ´$´ + Copy(Vstr, 1, 4);
        V: = StrToInt(Ss);                  //  将字符串转换为十六进制数
        V: = V * 5 / 4096;                  //  对数据量化处理
        Vt: = Vt + V;
        //从接收的 66 个字符中提取第二组 4 个字符,并在前面加'$'
        Ss: = ´$´ + Copy( Vstr, 5, 4);
        V: = StrToInt(Ss);
        V: = V * 5 / 4096;
        Vrh: = Vrh + V;
        //从接收的 66 个字符中提取第三组 4 个字符,并在前面加'$'
        Ss: = ´$´ + Copy(Vstr, 9, 4);
        V: = StrToInt(Ss);
        V: = V * 5 / 4096;
        Vco2: = Vco2 + V;
        //从接收的 66 个字符中提取第四组 4 个字符,并在前面加'$'
        Ss: = ´$´ + Copy(Vstr, 13, 4);
        V: = StrToInt(Ss);
        V: = V * 5 / 4096;
```

```
        Vlx: = Vlx + V;
        JShu: = JShu + 1;
      end;
    until JShu >= 3;
    Form1.MSComm1.PortOpen: = False;           //  关闭 COM1 口
    JShu: = 0;
    Vt: = Vt / 3;                              //  对温度电压信号作均值滤波
    Vrh: = Vrh / 3;                            //  对相对湿度电压信号作均值滤波
    Vco2: = Vco2 / 3;                          //  对 CO2 电压信号作均值滤波
    Vlx: = Vlx / 3;                            //  对光照度电压信号作均值滤波
end;

procedure TForm1.FormShow(Sender: TObject);
begin
  MSComm1.Settings: = '9600, n, 8, 1';
  Panel3.Caption: = DateToStr(Date);
  Panel4.Caption: = TimeToStr(Time);
  Timer2.Enabled: = True;
  JShu: = 0;
end;

procedure TForm1.Timer1Timer(Sender: TObject);
var
  T, RH, CO2, Lx: Real;
  Vt, Vrh, Vco2, Vlx: Real;
begin
  Inp(Vt, Vrh, Vco2, Vlx);
  T: = 25 * Vt - 45;                    // 将电压信号作标度变换,转换为温度值
  Tstr: = FloatToStrF(T, ffFixed, 5, 2);
  Label4.Caption: = FloatToStrF(T, ffFixed, 5, 1);     //  显示温度值
  RH: = 25 * (Vrh - 1);                 //将电压信号作标度变换,转换为相对湿度值
  RHstr: = FloatToStrF(RH, ffFixed, 5, 2);
  Label6.Caption: = FloatToStrF(RH, ffFixed, 5, 1);     //显示相对湿度值
  CO2: = 400 * VCo2 ;                   //  将电压信号作标度变换,转换为 CO2 值
  CO2str: = FloatToStrF(CO2, ffFixed, 5, 0);
  Label10.Caption: = FloatToStrF(CO2, ffFixed, 5, 0);    //  显示 CO2 值
  Lx: = (0.1 + 39979.98 * Vlx) / 1000;       //将电压信号作标度变换,转换为光照度值
  Lstr: = FloatToStrF(Lx, ffFixed, 5, 2);
  Label13.Caption: = FloatToStrF(Lx, ffFixed, 5, 2);   //  显示光照度值
```

```
end;

procedure TForm1.BitBtn2Click(Sender: TObject);
begin
  Timer2.Enabled: = False;
  Close;
end;

procedure TForm1.RxSwitch1On(Sender: TObject);
begin
  Timer1.Enabled: = True;
end;

procedure TForm1.RxSwitch1Off(Sender: TObject);
begin
  Timer1.Enabled: = False;
end;
procedure TForm1.Timer2Timer(Sender: TObject);
begin
  Panel4.Caption: = TimeToStr(Time);
end;
end.
```

2#温室和室外温、湿度的数据采集程序与1#温室相同,限于篇幅,在此不再一一列出源程序。

16.4　USB在数据采集系统中的应用

在工业生产和科学技术研究的各行业中,常常利用商用PC或工业IPC机对各种数据进行采集,如液位、温度、压力、频率等。常用的采集方式是通过数据采集板卡、RS-485通信板卡(或RS-232/RS-485转换器)+RS-485总线模块来实现。若采用数据采集板卡方式采集数据,则不仅安装麻烦、易受机箱内环境的干扰,而且由于受计算机插槽数量和地址、中断资源的限制,不可能挂接很多设备;若RS-485通信板卡 + RS-485总线模块方式来采集数据,也存在与数据采集板卡同样的问题;采用RS-232/RS-485转换器 + RS-485总线模块方式来采集数据,安装虽然方便,但是由于数据是通过RS-232/RS-485转换器传入计算机,因此数据传输速度慢。而通用串行总线(Universal Aerial Bus,简称USB)的出现很好地解决了上述问题,实现了低成本、高可靠性、多点的数据采集。

一种采用USB传输的数据采集系统实例如下。

1. 硬件组成

一般来说,实用的USB数据采集系统包括A/D转换器、微控制器以及USB通信接口。为了扩展其用途,还可以加上多路模拟开关和数字I/O端口,如图16-16所示。

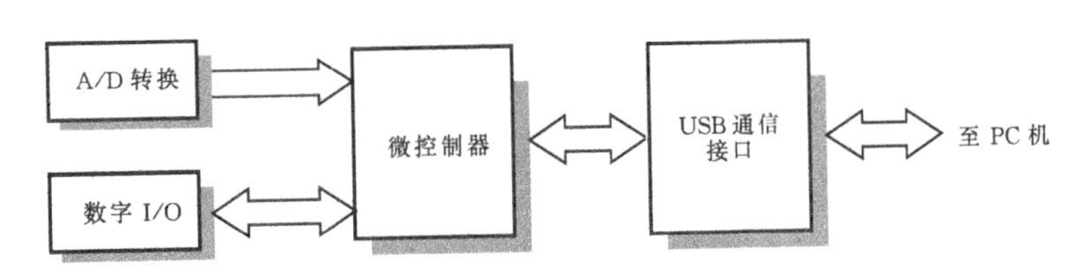

图 16－16 USB 数据采集系统的构成

系统的 A/D 转换、数字 I/O 的设计可沿用传统的设计方法，根据采集的精度、速率、通道数等诸元素选择合适的芯片，设计时应充分注意抗干扰的性能，尤其对 A/D 转换采集更是如此。

在微控制器和 USB 接口的选择上有两种方式，一种是采用普通单片机加上专用的 USB 通信芯片。现在的专用芯片中较流行的有 National Semiconductor 公司的 USBN9602、Scan-Logic 公司的 SL11 等。采用 Atmel 公司的 89c51 单片机和 USBN9602 芯片构成系统，其设计和调试比较麻烦，成本相对而言也比较高。

另一种方案是采用具备 USB 通信功能的单片机。随着 USB 应用的日益广泛，Intel、SGS－Tomson、Cypress、Philips 等芯片厂商都推出了具备 USB 通信接口的单片机。这些单片机处理能力强，有的本身就具备多路 A/D 转换器，构成系统的电路简单，调试方便，电磁兼容性好，因此采用具备 USB 接口的单片机是构成 USB 数据采集系统较好的方案。不过，由于具备了 USB 接口，这些芯片与过去的开发系统通常是不兼容的，需要购买新的开发系统，投资较高。

USB 的一大优点是可以提供电源。数据采集设备耗电量通常不大，因此可以设计成采用总线供电的设备。

2. 软件构成

Windows 98 提供了多种 USB 设备的驱动程序，但没有一种是专门针对数据采集系统的，所以必须针对特定的设备来编制驱动程序。尽管系统已经提供了很多标准接口函数，但编制驱动程序仍然是 USB 开发中最困难的一件事情，通常采用 Windows DDK 来实现。目前有许多第三方软件厂商提供了各种各样的生成工具，像 Compuware 的 Driver Works，Blue Waters 的 Driver Wizard 等，它们能够很容易地在几分钟之内生成高质量的 USB 的驱动程序。

设备中单片机程序的编制也同样困难，而且没有任何一家厂商提供了自动生成的工具。编制一个稳定、完善的单片机程序直接关系到设备性能，必须给予充分的重视。

以上两类程序是开发者所关心的。用户关心的是如何高效地通过鼠标来操作设备，如何处理和分析采集进来的大量数据，因此还必须有高质量的用户软件。用户软件必须有友好的界面，强大的数据分析和处理能力以及为用户提供进行再开发的接口。

3. 实现 USB 远距离采集数据传输

传输距离是限制 USB 在工业现场应用的一个障碍，即使增加了中继或 Hub，USB 传输距离通常也不超过几十米，这对工业现场而言显然是太短了。

现在工业现场有大量采用 RS－485 总线传输数据的采集设备。RS－485 有其固有的优点，即它的传输距离可以达到 1200 m 以上，并且可以挂接多个设备。其不足之处在于传输速度慢，采用总线方式，设备之间相互影响，可靠性差等。RS－485 的这些缺点恰好能被 USB 所弥补，而USB传输距离的限制恰好又是RS-485的优势所在。如果能将两者结合起来，优势互补，就能够产生一种快速、可靠、低成本的远距离数据采集系统。

将USB与RS-485结合构建数据采集系统的基本思路是：在采集现场，用RS-485总线模块将传感器采集到的模拟量数字化以后，利用RS-485总线协议将数据上传。在PC机端有一个双向RS-485/USB的转换接口，利用这个转接口接收RS-485总线模块的数据并通过USB接口传输至PC机进行分析处理。而PC机向数据采集设备发送数据的过程正好相反：PC机向USB口发送数据，数据通过RS-485/USB转换口转换为RS-485总线协议向远端输送，如图16-17所示。

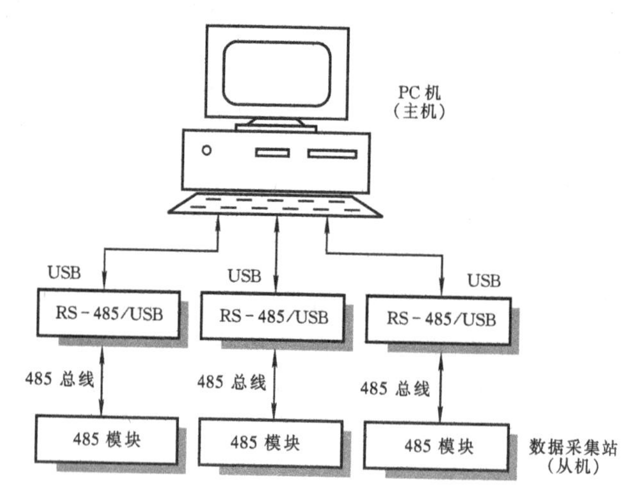

图16-17　USB与RS-485结合实现远距离数据采集

在图16-17中，关键设备是RS-485/USB转换器。这样的设备在国内外都已经上市。已有用National Semiconductor公司的USBN9602 + 89c51 + MAX485实现过这一功能，在实际应用中取得了良好效果的工程实例。

需要特别说明的是，在RS-485/USB转换器中，RS-485接口的功能和通常采用RS-232/RS-485转换器中RS-485接口性能(速率、驱动能力等)完全一样，也就是说，一个RS-485/USB转换器就能够完全取代RS-232/RS-485转换器，且成本要低许多，同时具有安装方便、不受插槽数限制、不用外接电源等优点，为工业和科研数据采集提供了一条方便、廉价、有效的途径。

4. 分布式采集数据传输系统的实现

综上所述，USB的数据传输速率大大高于RS-485，而RS-485总线传输距离远，且每条RS-485总线上可以挂接多个设备。采取USB与RS-485总线结合，可形成如图16-18所示的分布式数据采集传输系统结构。

这种传输系统适用于一些有多个空间上相对分散的工作点，而每个工作点又有多个数据需要进行采集和传输的场合，例如大型粮库，每个粮仓在空间上相对分散，而每个粮仓又需要采集温度、湿度、CO_2浓度等一系列数据。在这样的情况下，每一个粮仓可以分配一条RS-485总线，将温度、湿度、CO_2浓度等数据采集设备都挂接到RS-485总线上，然后每个粮仓再通过RS-485总线传输到监控中心，并转换为USB协议传输到PC机。由于粮仓的各种数据监测

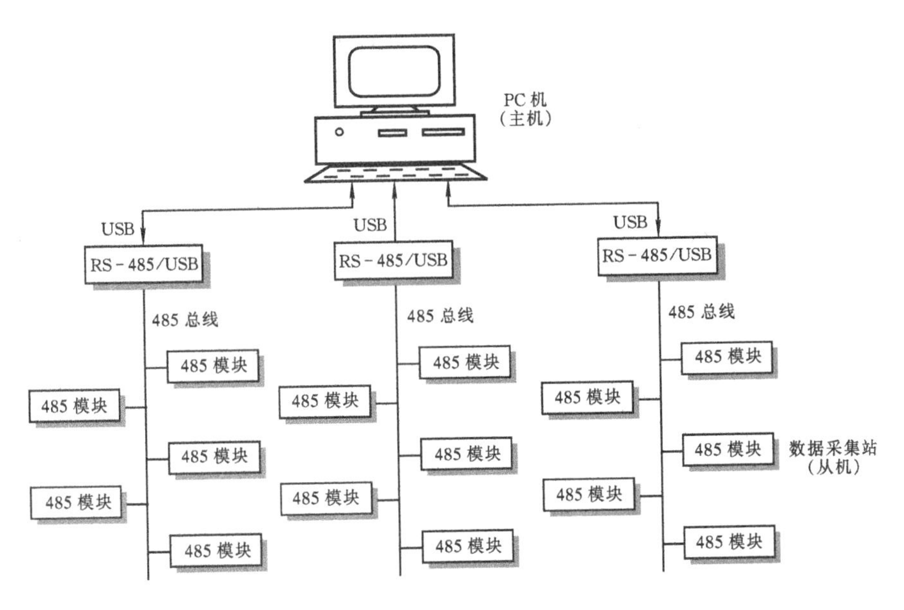

图16-18　采用USB的分布式数据采集传输系统

实时性要求不是很高，因此采用这种方法可以用一台PC机完成对一个大型粮库的所有监测工作。

16.5　基于CAN总线的热网远程数据采集系统

随着现场总线技术的发展及其在工业自动化领域的不断深入，现场控制系统(Field Control System，FCS)已经成为控制系统发展的主流方向，它是分布式控制系统DCS的继承和发展，传统的DCS将会被新一代的现场总线式集散控制系统(Field Distributed Control System，FDCS)所取代，作为自动控制的基础——数据采集也自然要采用现场总线技术。本节介绍的系统能安全可靠地实现热网远程现场数据采集及数据传输。

16.5.1　系统构成

基于CAN总线的热网远程数据采集系统主要由两部分组成：主机和前端控制器。

按照现场总线控制系统的初衷，现场总线数字仪表应该集成有现场总线控制功能，并且可以与主机直接进行通信。但是，在当今大多数工业现场，使用的仍然是常规模拟仪表。若改用现场总线数字仪表，则一次投资太大，不易被用户接受。系统考虑采用一种变通的办法，即仍然沿用传统模拟仪表，在其附近安装以单片机为核心，且具备CAN总线传输能力的前端控制器。一台控制器有8路模拟量输入、2路模拟量输出、4路开关量输入、4路开关量输出。这样，传感器和仪表可以就近连接到前端控制器上，从而构成了如图16-19所示的拓扑结构。

系统工作过程：计算机首先初始化CAN通信适配卡PCI—7841，设置通信卡工作模式、接收码、接收掩码和波特率，然后进入运行状态，在适当条件下与前端控制器进行通信。前端控制器主要完成现场数据的采集与处理等功能，以中断方式与主机进行通信。

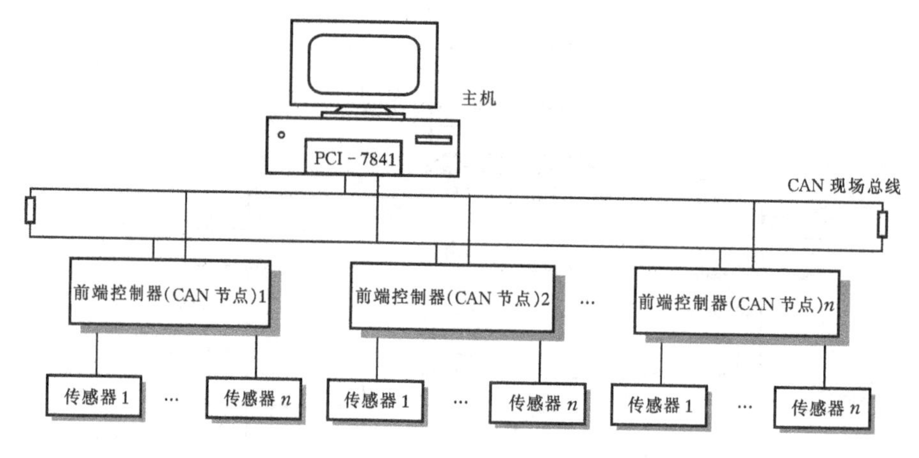

图 16-19 系统拓扑结构

16.5.2 系统硬件

1. PCI-7814 通信卡

PCI-7814 卡是台湾凌华公司生产的内置 CAN 控制器(SJA1000)的总线通信卡,它提供总线仲裁、错误检测及自动重发等功能,从而避免了数据丢失,保证了系统的可靠性。PCI-7841 卡可直接插在计算机的 PCI 扩展插槽上,计算机自动为其分配内存地址和硬件中断号,并将其作为标准内存进行读写。数据的发送和接收方式较为灵活,既可采用查询方式,也可采用中断方式,中断申请号为 05。通信卡的驱动程序提供给用户一个 C++编制的通信函数库(Lib 库和 DLL 库),应用程序可以通过它们调用 CAN 通信卡上提供的若干服务。

2. 前端控制器

前端控制器的结构框图如图 16-20 所示。

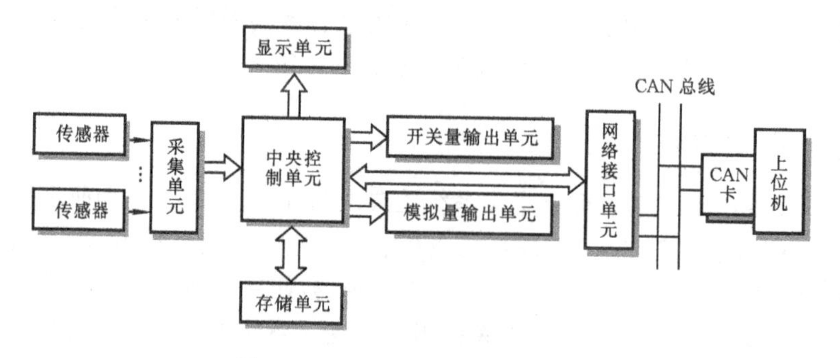

图 16-20 前端控制器结构框图

图 16-20 中的中央控制单元由微控制器(P80C592)、固化芯片以及相关复位、振荡电路和存储器构成,主要完成分析处理来自系统其他单元的标准数字信号,并且完成系统命令的控制输出,协调各单元正常工作。CAN 驱动器是 PCA82C250,它与 P80C592 的连线如图 16-21 所示。

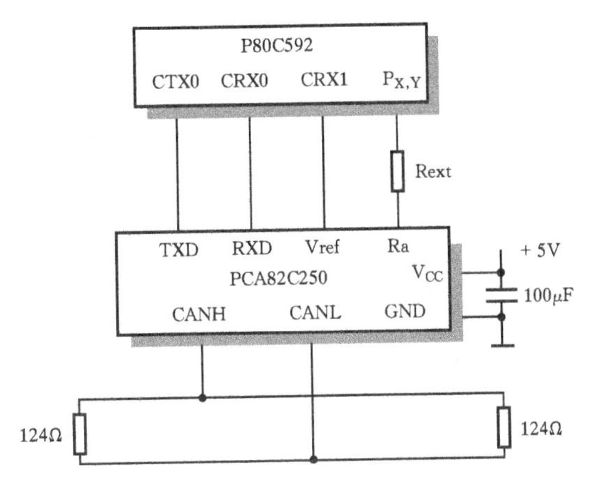

图 16-21　PCA82C250 应用

16.5.3　软件设计

1. 软件基本功能

主机为商用 PC 计算机或工业计算机，从机为前端控制器，主机与从机的通信采用半双工方式。要求主机具有发送命令、接收数据、曲线显示、存储打印等基本功能，这些功能可利用微机丰富的资源和强大的功能实现。除此之外，通过对采集数据的后处理，还可实现数字滤波、PFT 变换等智能化功能。从机接收主机的控制命令，控制数据采集过程按预定要求进行，并向主机发送采集到的数据等。

2. 主机程序设计

在监控主机的通信过程中，实际上起关键作用的是 CAN 通信卡，它就相当于连接在 CAN 总线上的 CAN 通信节点模块，它使监控主机方便地连接到 CAN 总线上，而监控主机与 CAN 通信卡之间的数据交换关系如图 16-22 所示。

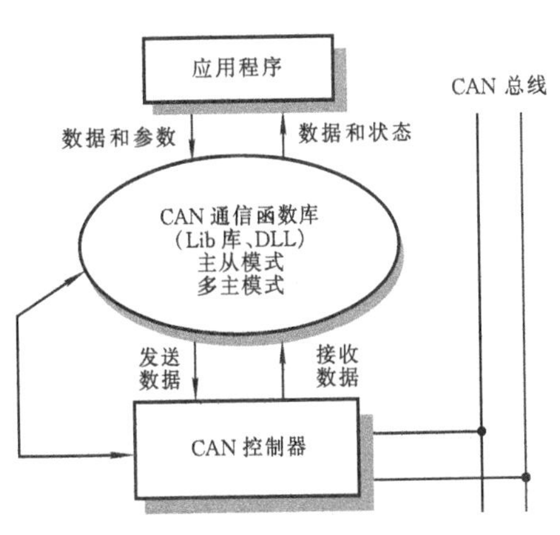

图 16-22　主机通信模式

实际工程应用中，主机采用查询的方式与前端控制器通信，但是这个流程又不可能采取简单的停等协议，这是因为：

(1)具体等待的时间随着硬件规模的扩大也要相应延长；

(2) 根据供热检测标准，要在每 2 s 完成一次数据采集，为此采用发命令与接收数据相分离的通信流程。

流程图如图 16-23 所示。

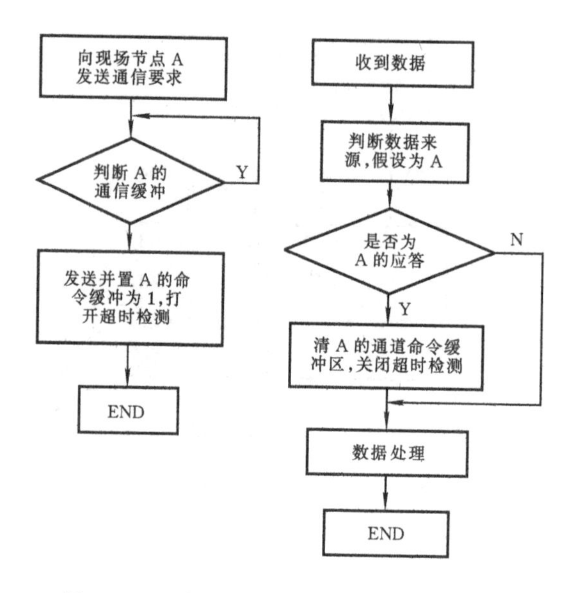

图 16-23　发送数据流程和接收数据流程图

3. 前端控制器程序设计

前端控制器主程序流程图如图 16-24 所示,程序用 ASM51 语言编写。

前端控制器上电复位和初始化后,自动进入运行状态,前端控制器功能如下。

(1) 对模拟量的采集、量程转换、判断是否越过报警限。

(2) 采集开关信号状态,并判断是否报警。

(3) 根据上位机的指令输出相应的信号,实现开关型设备的启停。

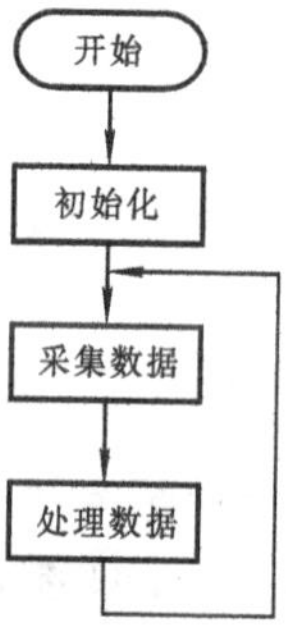

开始
初始化
采集数据
处理数据

图 16-24　前端控制器主程序流程图

在系统运行中,即使网络或主机发生故障,前端控制器仍然可以照常运行,保证现场不会失控。这也是控制功能分散所带来的好处之一。因此,要求控制器保存一段时间的瞬时数据,以防止网络或上位机发生故障时丢失数据。

基于 CAN 总线的热网远程数据采集系统利用控制器局域网实现远程数据采集,采用 CAN 局域通信方式,系统结构简单明了,接线明显减少,施工方便,系统的可靠性得到提高,并且工程造价降低,易被用户接受。本系统具有很强的通用性,其设计可以应用在许多数据采集场合。

16.6　用 CAN 总线构成人工气候室环境数据采集系统

控制植物生长环境的设施和设备由简单的生长箱发展到控制复杂的人工气候室,人工气候室是模拟自然环境气候变化的大型试验设备。植物生长的自然环境状态参数主要是温度、湿度、光照度和 CO_2 浓度,对植物生长的自然环境的人工模拟,过去一直依靠实验人员在各气候室现场逐点抽样,用仪器测量或感官判断。由于人为因素,测量结果的时滞性大,不能及时、准确地反映植物实际的生长状态。

本节介绍基于 CAN(Controller Area Network,即控制器局域网)总线的人工气候室环境数据采集系统。系统主要用于植物生长的温度、湿度、光照度和CO_2浓度等环境因子的自动采集，对人工气候室的异常情况进行故障初发期的报警处理，模拟人类专家的信息融合能力，分析植物生长状态，为控制植物生长环境所需的温度、湿度、光照度和CO_2浓度奠定基础。

16.6.1　系统构成

基于 CAN 总线的人工气候室环境数据采集系统主要由主机、通信线路、数据采集器(CAN 节点)组成，系统采用总线式的网络拓扑结构，具有结构简单、成本较低的优点，系统网络拓扑结构如图 16－25 所示。

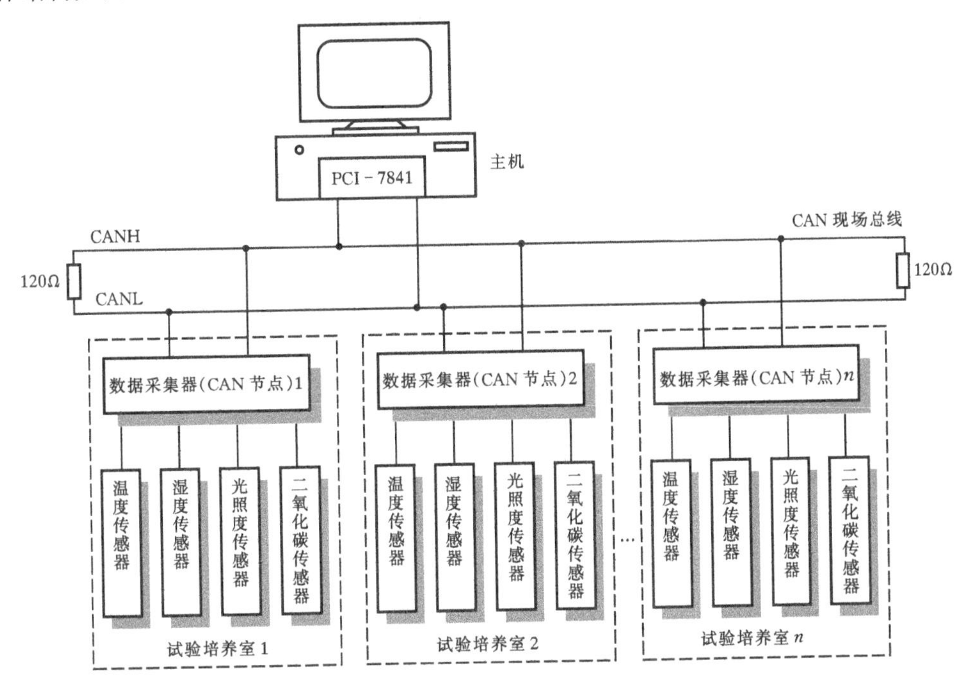

图 16－25　系统网络拓扑结构

系统以 PC 机为主机，其内安装台湾凌华公司生产的 PCI－7841 通信卡。以由微控制器(P80C592)、A/D 转换器、CAN 控制芯片 SJA1000(CAN 总线控制器)、PCA82C250(CAN 总线收发器)及相关配套芯片构成的数据采集器为从机，分别安放在各个培养室。一台主机可以管理 1～200 台从机，一台从机可以连接温度、湿度、光照度、CO_2浓度等传感器达 1～120 个。

系统工作过程：主机首先初始化 CAN 通信适配卡 PCI－7841，设置通信卡工作模式、接收码、接收掩码和波特率，然后进入运行状态，在适当条件下与数据采集器进行通信。数据采集器对试验培养室内的温度、湿度、光照度、CO_2浓度进行采样、数据处理，并同时通过自带的 CAN 接口以中断方式将数据发送到 CAN 总线。反过来，数据采集器也可以接收 CAN 总线传来的指令。

主机通过 CAN 总线，管理着 10 km 范围内安放在培养室中的从机(CAN 节点)，每台从机通过安装在培养室中的各种传感器对植物生长的环境因子进行采集与信息传输。

这种以 CAN 总线结构的串行通信方式，具有实时性好、运行成本低、系统组建方便等优点。而主机通信软件的合理设计是系统稳定、可靠运行的关键，它直接影响着植物生长所需的环境因子。

16.6.2 MSComm 通信控件使用

VB 的 MSComm 控件提供了事件驱动和查询方式两种方法实现串口通信。其中,事件驱动是处理串行端口交互作用的一种非常有效的方法;查询方式是通过 MSComm 控件间接调用 API 函数。充分利用系统已有的 ActiveX 控件实现快速开发正是 VB 的优点之一。事件驱动和查询方式都能实现串口通信和数据信息的传输。

当数据发送时,先将发送的字符串(文本格式传送时)或单字节数组(二进制格式传送时)赋给一个 Variant 类型变量,再把该 Variant 变量赋值给 MSComm 控件的 Output 属性;数据接收时,将 MSComm 控件的 Input 属性赋值给 Variant 变量,再根据不同情况赋值给字符串或单字节数组。串口发送的程序如下。

```
Dim  bytSend()  as  Byte,  varTemp  as  Variant   '定义变量;将待发送数据存入
                                                   bytSend()数组
MSComm1.CommPort = 1                     '使用 COM1 口
MSComm1.Settings = " 9600,N,8,1 "        '9600 波特率,无奇偶校验,8 位数据,1 位停止位
If  Not  MSComm1.PortOpen  then
    MSComm1.PortOpen = True              ' 打开串口
Endif
varTemp = bytSend                        '利用 varTemp 为中介
MSComm1.OutBufferCount = 0               '清除发送缓冲区
MSComm1.Output = varTemp                 '发送打包后的数据
……                                       '其他处理
MSComm1.PortOpen = False
```

16.6.3 系统的 CAN 总线通信设计

1. 系统的 CAN 总线通信方式

CAN 总线是一种有效支持分布式数据采集的串行通信网络,它以半双工的方式工作,一个节点发送信息,多个节点接收信息,可以实现全分布式多机系统,提高数据在网络中传输的可靠性。

CAN 总线的信息存取采用一种称作为广播式的存取工作方式,信息可以在任何时候由任何节点发送到空闲的总线上,每个节点的 CAN 总线接口必须接收总线上出现的所有信息,因此各节点都设置有一个接收寄存器,接收寄存器首先将信息接收,然后根据接收信息的标识符决定是否读取信息包中的数据,即判定是否使用这一信息。CAN 协议的一个最大特点是废除了传统的地址编码,而代之以对通信数据块进行编码。CAN 总线面向数据而不是面向节点,采用这种方法的优点是可使网络内的节点个数在理论上不受限制,加入和减少设备不影响系统的工作。因此,基于 CAN 总线的人工气候室环境数据采集系统,可以根据试验的要求,任意改变传感器的数量,进而任意改变从机的数量。

CAN 总线收发数据的长度最多为 8 个字节,因而不存在占用总线时间过长的问题,可以保证通信的实时性。通信速率最高可达 1 Mb/s(通信距离 40 m),通信距离最远可达 10 km(通信速率为 5 kb/s)。通信介质可以是同轴电缆、光导纤维,也可以采用双绞线。

基于CAN总线的人工气候室环境数据采集系统是一种典型的分布式通信系统，主机既可以与各从机分别进行点对点的双向通信，也可以同时和所有从机进行一点对多点的单向通信，即主机可向所有从机广播数据或命令。同时，系统为了实现对温度、湿度、光照度和CO_2浓度等环境因子的远程数据采集和管理，要求主机与各从机之间的CAN总线数据采集网络能实现两种方式通信：

(1) 点对点通信(点名通信)；

(2) 一点对多点的通信(全网广播通信)。

CAN总线同时具备以上两种通信方式，具备点名、检测、设置和广播冻结等功能，具有其他总线无法比拟的优势。

2. 系统的CAN总线通信特点

系统的CAN控制器采用PHILIPS公司的SJA1000芯片，它具有多主结构、总线访问优先权、成组与广播报文功能以及硬件滤波等突出特点，与之配套的驱动器为82C250，它可以提供总线的差动发送能力和接收能力，并起到保护总线和SJA1000控制器的作用，SJA1000与82C250的连接如图16－26所示。同时，系统使用了SJA1000的增强工作模式。这种工作模式优点很多，如可以进行双滤波方式通信，通信的可靠性很高，不易出错等，其中的双滤波通信方式是本系统最重要的特点。要实现CAN总线增强模式，只需设置SJA1000时钟寄存器的第7位——CDR位为“1”即可。

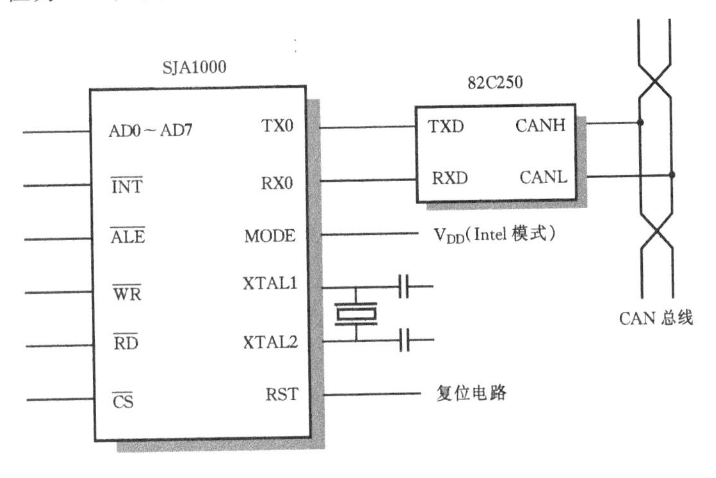

图16－26　SJA1000与82C250的连接

通过对SJA1000的位定时寄存器BTR0、BTR1进行设置来实现不同通信波特率的要求，CAN总线的通信波特率与通信距离有着密切的关系，波特率越高，传输距离越短，反之亦然。

此外，基于CAN总线的人工气候室环境数据采集系统的CAN总线通信还具有以下特点。

(1) 报文以短帧传送，标识符连同RTR位共同规定了报文的优先权(其中标识符的高7位不能全为1)，总线按优先权进行非破坏性仲裁。

(2) CAN不分主、从，以多主方式工作。其任意节点任何时刻都可向总线发送信息，各节点通过ACR、AMR进行报文滤波。

(3) 只要正确设置CAN控制器的一些寄存器(如位定时寄存器BTR0、BTR1，滤波寄存器ACR、AMR，输出寄存器OCR等)，即可实现点对点、一点对多点以及全网广播等几种通信方式。

(4) CAN总线上某一节点通过发送远程帧,可以申请其他节点的数据。由标识符的低三位ID0～ID2可以实现报文的拼接,其通信既方便,又灵活。

基于CAN总线的人工气候室环境数据采集系统的从机(CAN节点)个数为1～200个,它们分别安装在不同的培养室。因此,主机必须事先知道系统从机的个数及其地址,以便主机统一管理。从机连接温度、湿度、光照度和CO_2浓度传感器,每个从机最多可以连接1～128个传感器。因此,系统主机也必须事先知道系统传感器的个数,才可完成对具体试验培养室环境因子的数据采集。主机查询从机和传感器的数量通过点名通信实现。

3. 点名通信的实现

CAN总线是主机的下行通信通道,主机与从机通过CAN总线相连,从机经系统上电初始化后,便具有不同的节点地址,而且该地址可以动态改变。

在实际运行过程中,主机将系统的命令,通过CAN总线通信线路传送给CAN节点,然后,从机将根据该命令对温度、湿度、光照度和CO_2浓度等环境因子数据进行采集。点名、检测、设置和广播冻结等四大通信模块,命令格式相同,因为各自执行的命令号不同,所以能实现不同的功能。系统点名流程如图16-27所示。

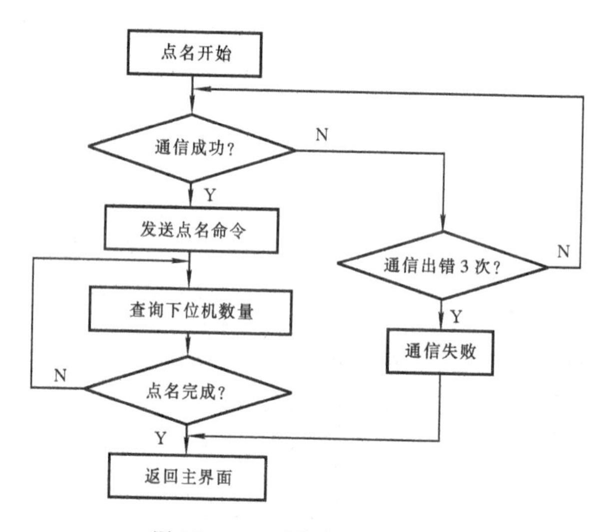

图16-27　系统点名流程图

点名命令主要用来查询从机(CAN节点)个数,以及从机连接的传感器个数,该命令一般在系统初次上电时才被执行。系统主机发送的点名命令格式为:

"0BBH"+CANADD+"0AAH"+cmnd+Byteh+Bytel+adrh+adrl+chkxor+chksum

其中,"0BBH"为主机发送命令的起始码,即命令头;CANADD为系统中CAN节点的地址;"0AAH"为主、从机之间进行通信的命令起始码;cmnd为命令号;Byteh、Bytel分别为所要检测的数据字节数,其中,Byteh为字节高8位,Bytel为字节低8位,所检测的数据总长度=(Byteh * 256 + Bytel)个字节;adrh、adrl分别表示检测对象的传感器型号和传感器编号(每个对象都有其固定的传感器型号和传感器编号,这由协议规定);chkxor、chksum分别为异或校验、和校验。

基于CAN总线的人工气候室环境因子数据采集系统的CAN通信软件,采用全程跟踪和记录技术,方便了用户对通信过程的了解,并提高了系统解决故障的能力。本系统已在实际工程中投入运行。运行结果表明,系统操作简单,测量准确,运行可靠,具有广泛的应用前景。

16.7　单片机温度数据采集系统

本系统是一个以 8031 单片机为核心组成的数据采集系统，可用于过程控制和工业设备中对温度、压力等参数的实时采集，也可作为智能仪表或集散型测控系统的子系统。

16.7.1　系统性能指标

(1) 温度测量范围：0～120 ℃，超范围时声光报警；

(2) 温度检测精度：±0.5 ℃；

(3) 压力测量范围：0～4 kg/cm^2，超范围时声光报警；

(4) 压力检测精度：±0.02 kg/cm^2；

(5)用 9 位 LED 显示测量值，其中 4 位显示温度值(3 位整数，1 位小数)，1 位显示温度代号 T，1 位显示压力代号 P，3 位显示压力值。

(6)每分钟检测一次。

16.7.2　硬件的考虑

1. 系统的配置和电路框图

(1) 输入通道的配置

① 检测电路

由于所测温度和压力都很低，可选用热敏电阻和电阻应变片作传感器，但需配置信号放大器并设定满量程温度为 125 ℃，满量程压力为 5 kg/cm^2。因为在满量程范围内，如选用 8 位 A/D 转换器，其测温精度为 0.49 ℃，测压精度为 0.0196 kg/cm^2，因此既满足了系统所要求的测温和测压精度，又有利于降低硬件的成本和超限的监视。

② 巡回采样电路

由于采样速率很低(1 次/min)，要求的精度也不高，所以可认为被测物理量变化比较缓慢。如选用逐次逼近型 A/D 转换器，其转换时间一般为几十微秒至一百多个微秒，因此完全可以不要保持电路。选用 8 路模拟开关作巡回采样开关，开关的切换速率要大于 A/D 转换速率，以保证 8 路共用一个 A/D 转换器情况下能正常工作。

(2) 输出通道

根据系统要求选用 LED 构成 4 路温度、压力的显示装置，8 个物理量超限共用一个电声报警，以提请操作人员注意，至于哪一个物理量超限则用指示灯和 LED 显示。

(3) 系统控制机

系统控制机采用单片机。为提高单片机处理数据的能力，其巡回检测定时以中断方式报时，1min 由单片机内定时/计数器通道完成。

图 16－28 为相应的电路框图。本系统单片机选用 8031 的原因有二点：一是 8031 单片机内有 2 个定时器，可实现长达 1min 的硬件定时；二是 8051 内部的 4KB ROM 一般用户无法使用，如果选用 8051，会降低系统的性能/价格比。

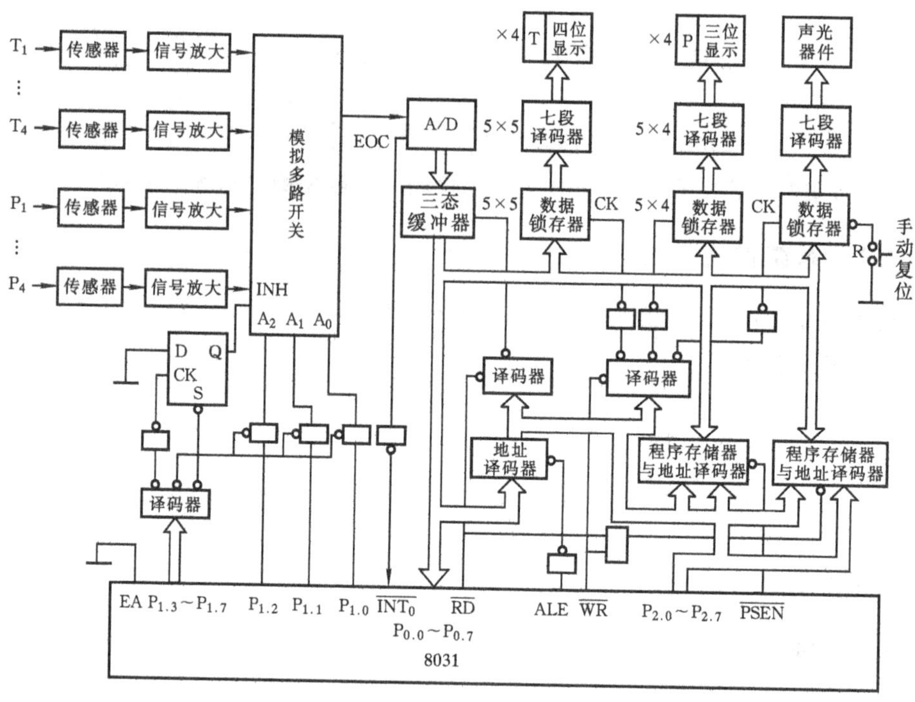

图 16-28　单片机温度采集系统电路框图

2. 器件性能指标和型号的选择原则

(1) 压敏电阻和应变片电阻的选择

压敏电阻和应变片电阻的选择,应从以下方面考虑。

① 应使其量程大于或等于系统所要求的量程。

② 线性度、精度要高于系统要求的精度。系统精度和线性度除了与传感器特性有关外,还与输入通道中的其他器件(如检测桥路、放大器、A/D 转换器等)的精度、线性度、稳定度有关。此外还与各器件间输入输出阻抗匹配情况有关。选择器件精度、线性度,应根据系统的要求,先对各器件的精度、线性度指标做一估算并留有一定的余量后再做选择。这样在实际调整过程中如仍达不到要求,有些指标(如线性度)还可用软件进行修正。

③ 压敏电阻和电阻应变片的阻值取得低些有利于提高抗干扰能力,但对基准电源的负载能力要求也随之增高。因此,在满足抗干扰能力的前提下应尽量取大值。

(2) 信号放大通常是采用测量放大器。对于高精度弱信号的检测,一般用二级放大器:第一级采用测量放大器,以提高输入通道的共模抑制比;第二级一般为运算放大器,以将第一级的输出信号放大至满足 A/D 转换器所要求的输入电压变换范围(通常单极性为 0~5 V 或0~10 V,双极性为 −5~+5 V 或−10~+10 V),如果测试现场干扰很强,有时还要用隔离放大器。

(3) 为简化印刷板布线,可选用带有多路开关的 A/D 转换器(如 ADC0809)。

(4) 声、光报警通道中,由于每一个通道只需一个状态就可实现一路的报警,所以用一个 8 位数字锁存器即可满足需要。

16.7.3　软件设计

由于采样周期很长,为简化程序,采取待 8 个通道数据全部采样结束后,再对各通道数字量进行标度变换并送显示的方式。由第 10 章可知,软件中的标度变换是进行量纲变换。如本系统将数字量 FFH 分别标定为 125 ℃和 5 kg/cm²，所以必须通过软件将实测的数字量变换为对应的温度值和压力值，即分别要进行以下运算

$$T_x = 125x_n/255$$

$$P_x = 5x_n/255$$

式中：x_n 为实测的数字量（经 A/D 转换后用十进制表示的数字量）；T_x、P_x 分别为相应的温度值和压力值（十进制数）。

为了提高抗干扰能力，将采样值经中值滤波后再进行相应的变换与显示。因此该系统的软件包含以下方面程序。

① 主程序。担负初始化任务（包括对 8031 单片机初始化和设置存储采样数据的存储区指针以及设置存储中值滤波结果的存储区指针）和报警、显示等任务。

② 中断服务程序。包含定时 1 min 的中断服务程序和 A/D 转换结束中断服务程序。

③ 子程序。包括将十进制数转换为 BCD 码的子程序、标度变换子程序等。

图 16-29 为相应的主程序和两个中断服务子程序的流程图，两个子程序的流程图请参考前面的章节，因篇幅的关系，具体程序在此省略。

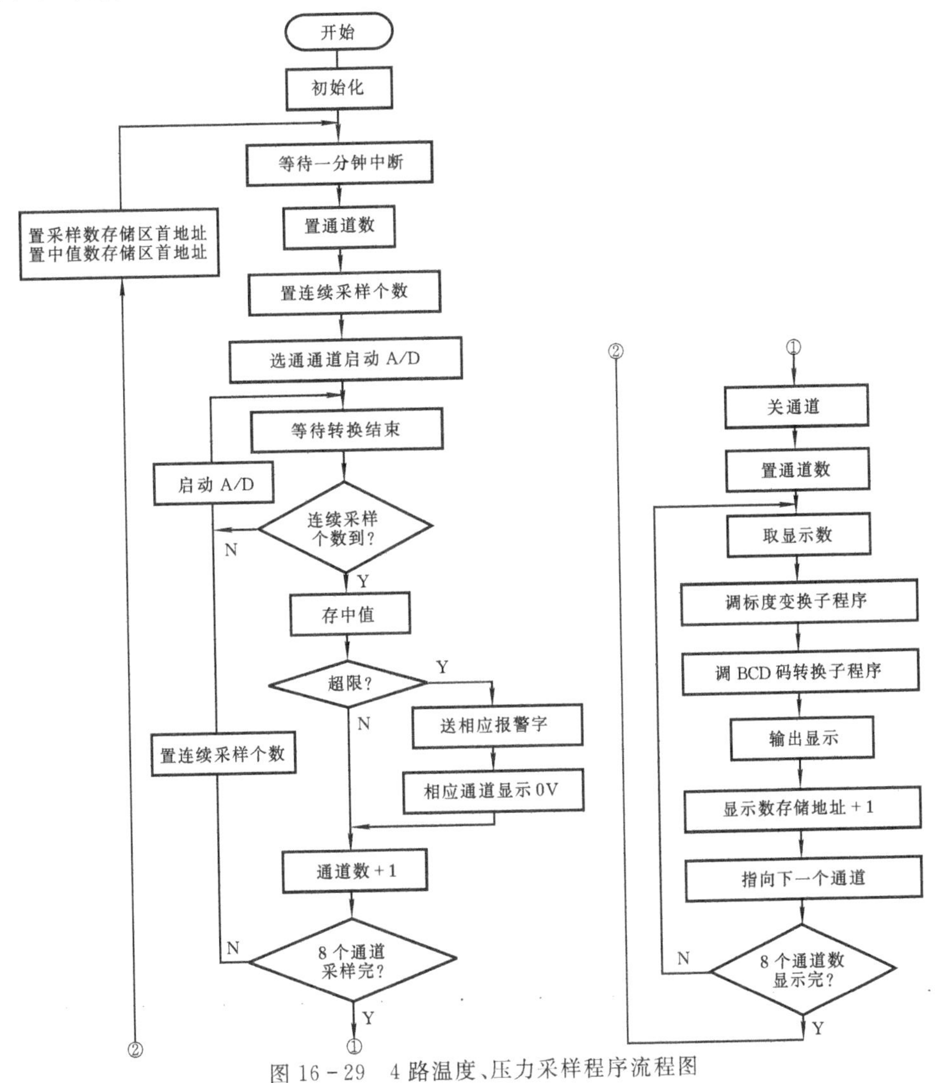

图 16-29　4 路温度、压力采样程序流程图

16.8　结束语

回顾前面各章,读者不难发现,本书按照数据采集系统的组成,分别讲述了硬件和软件的设计及数据预处理技术。在讲述系统硬件时,是按照各器件在系统中所处的位置顺序一一讲述;在讲述软件设计及数据预处理技术时,以几个工程应用为例,系统地讲述了软件设计及数据预处理的方法和过程。由于结合实际应用,因此具有很好的示范效果。

必须指出,本书讲述的硬件设计和软件设计方法不是唯一的,也不一定是最好的,仅仅希望对广大读者起到一个抛砖引玉的作用。作者的宗旨是,学会设计方法比简单地套用某个实例更重要。只要读完本书,读者完全可以掌握本书讲述的知识,并借鉴书中实例的设计思想,根据自己的需要研制出实用、性能良好的数据采集系统。

参考文献

[1] 江正战. 串行通信接口标准 RS-423/422/485 及其应用[J]. 电子技术应用,1994,(9):26-29.

[2] 潘新民. 计算机通信技术[M]. 北京:电子工业出版社,2002.

[3] 张弘. USB 接口设计[M]. 西安:西安电子科技大学出版社,2002.

[4] 邬宽明. CAN 总线原理和应用系统设计[M]. 北京:北京航空航天大学出版社,1996.

[5] 张旭东,廖先芸. IBM 微型机实用接口技术[M]. 北京:科学技术文献出版社,1993.

[6] 李克春. IBM-PC 系列微机接口与通讯原理和实例[M]. 大连:大连理工大学出版社,1990.

[7] 肖冬荣. 微型计算机实时控制系统的抗干扰[M]. 武汉:湖北科学技术出版社,1985.

[8] 刘振安. 微型机应用系统抗干扰技术[M]. 北京:人民邮电出版社,1991.

[9] 李华. MCS-51 系列单片机实用接口技术[M]. 北京:北京航空航天大学出版社,1993.

[10] 谢瑞和,涂仁发,等. 发动机台架试验测试系统中的数据采集[J]. 数据采集与处理,1993,8(1):25-30.

[11] Intel Corporation. Distributed Control Modules Databook[M]. Intel Corporation,1988.

[12] Intel Architecture Software Developer's Manual: V1 [R]. Intel Corporation,1999.

[13] 刘丁,等. USB 在数据采集系统中的应用[J]. 电子技术应用,2000,(4):37-39.

[14] 孙翠娟,等. CAN 总线在远程数据采集系统中的应用[J]. 计算机与现代化,2003(3):54-56.

[15] 蔺金元. CAN 总线在数据采集中的应用[J]. 陕西师范大学学报(自然科学版),2003,30(专辑):117-119.

[16] 江岳春,等. 基于 CAN 总线的人工气候室自动测试专家系统的串行通信[J]. 仪器仪表用户,2003,10(6):57-59.

[17] 孙祥云,郭际明. 控制测量学[M]. 武汉:武汉大学出版社,2006.

[18] 魏子卿. 2000 中国大地坐标系及其与 WGS84 的比较[J]. 大地测量与地球动力学,2008,28(5):1-5.

[19] 程鹏飞,文汉江,成英燕,等. 2000 国家大地坐标系椭球参数与 GRS80 和 WGS 84 的比较[J]. 测绘学报,2009,38(3):189-194.

[20] 李洪涛,许国昌,薛鸿印,等. GPS 应用程序设计[M]. 北京:科学出版社,2000.

[21] 胡伍生,高成发. GPS 测量原理及其应用[M]. 北京:人民交通出版社,2004.

[22] 马明建. 移动式土壤工作部件性能参数测试系统[J]. 农业机械学报,2000,31(2):35-38.